BIBLIOTHÈQUE DES SCIENCES
ET DE L'INDUSTRIE

M. LE Dr BROCCHI

LA

PISCICULTURE

DANS LES EAUX DOUCES

PARIS

ANCIENNE MAISON QUANTIN

LIBRAIRIES-IMPRIMERIES RÉUNIES

MAY & MOTTEROZ, DIRECTEURS

7, rue Saint-Benoît.

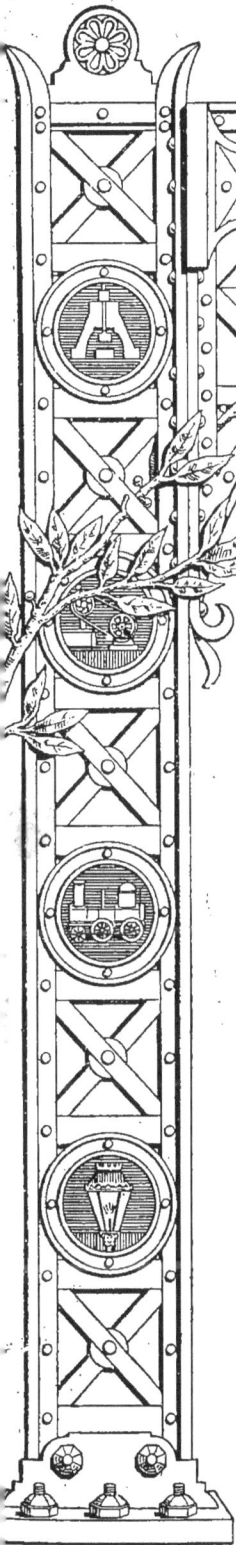

LA PISCICULTURE

DANS LES EAUX DOUCES

BIBLIOTHÈQUE DES SCIENCES ET DE L'INDUSTRIE

———

OUVRAGES PARUS

A. Badoureau. — LES SCIENCES EXPÉRIMENTALES (nouvelle édition entièrement refondue).

O. Chemin et F. Verdier. — LA HOUILLE ET SES DÉRIVÉS.

P. Lefèvre et G. Cerbelaud. — LES CHEMINS DE FER.

E. Lisbonne. — LA NAVIGATION MARITIME.

H. Deutsch (de la Meurthe). — LE PÉTROLE.

Badoureau et Grangier. — LES MINES, LES MINIÈRES ET LES CARRIÈRES.

Guy Le Bris. — LES CONSTRUCTIONS MÉTALLIQUES.

E. Estaunié. — LES SOURCES DE L'ÉNERGIE ÉLECTRIQUE.

F. Bère. — LES TABACS.

———

EN PRÉPARATION

J. Sageret. — LES APPLICATIONS DE L'ÉNERGIE ÉLECTRIQUE.

———

BIBLIOTHÈQUE DES SCIENCES ET DE L'INDUSTRIE

PUBLIÉE SOUS LA DIRECTION

De MM. J. PICHOT et POL LEFÈVRE, anciens élèves de l'École Polytechnique.

LA
PISCICULTURE
DANS LES EAUX DOUCES

PAR

M. LE Dr BROCCHI

Professeur à l'Institut national agronomique
Chargé des Conférences de pisciculture à l'École des Ponts et Chaussées
Etc.

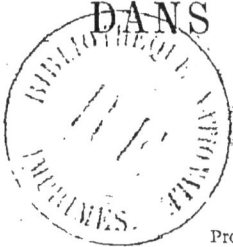

PARIS

ANCIENNE MAISON QUANTIN

LIBRAIRIES-IMPRIMERIES RÉUNIES

7, rue Saint-Benoît

MAY ET MOTTEROZ, DIRECTEURS

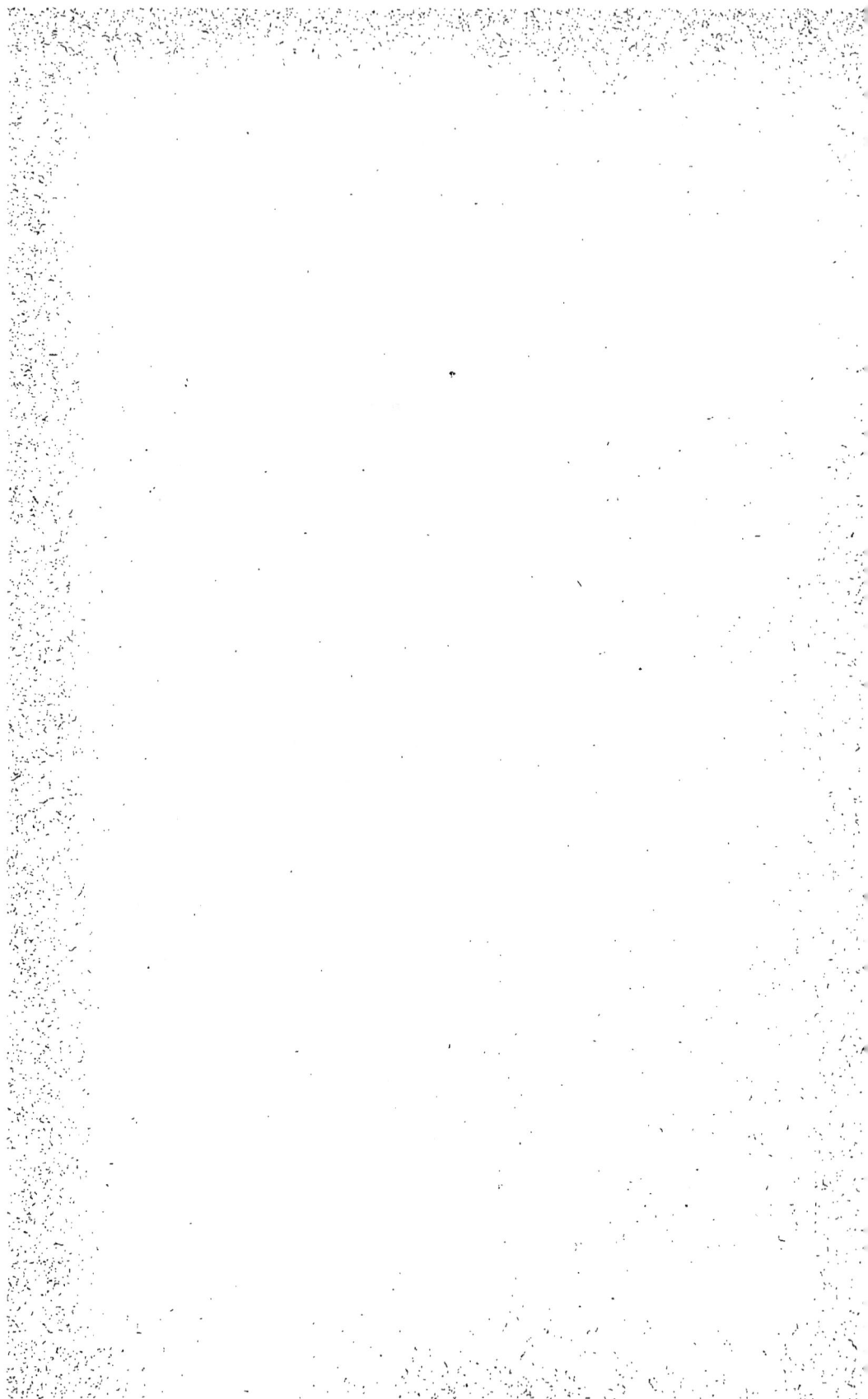

LA PISCICULTURE

DANS LES EAUX DOUCES

CHAPITRE PREMIER

Notions sur l'organisme des Poissons.

Les Poissons sont des animaux vertébrés à sang froid ou température variable, à circulation incomplète (le cœur n'a que trois cavités), à respiration branchiale. Ils sont ordinairement couverts d'écailles.

SQUELETTE

Le squelette des poissons a une consistance fort différente suivant que l'on considère tels ou tels groupes.

Chez un certain nombre de poissons, le squelette est dur, complètement ossifié ; ce sont ceux-là que l'on désigne sous le nom de *Poissons osseux*; chez d'autres, au contraire, les os ont une consistance plus ou moins cartilagineuse; ce sont les *Poissons cartilagineux*.

Le squelette comprend la tête, le tronc et les membres.

Tête. — Cette partie du squelette (fig. 1) offre une complication considérable. On peut la considérer comme formée par un axe constitué par divers os réunis par des sutures, et qui, considéré dans son ensemble, a la forme d'une pyramide à trois faces ayant son sommet dirigé en avant. A cet axe sont suspendus les os de la mâchoire, des joues, etc.

La partie postérieure de cette pyramide est formée par la boîte cranienne dont la partie moyenne est évidée pour former les cavités orbitaires. En avant, le vomer se termine par une

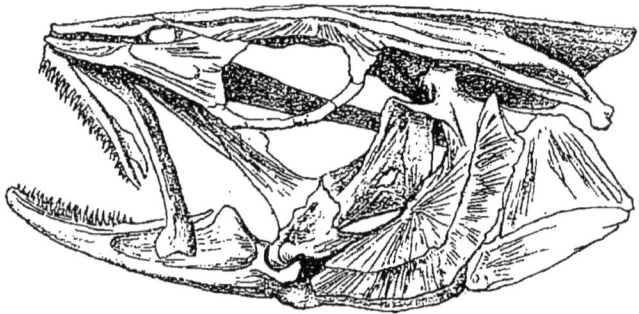

Fig. 1. — Tête osseuse de Morue.

sorte de bouton qui supporte le maxillaire supérieur. Ce dernier est ordinairement mobile, mais chez certains poissons il est soudé au crâne. Chaque cavité orbitaire est complétée en avant par une chaîne de petits os s'étendant depuis l'angle antérieur de cette cavité jusqu'à son angle le postérieur. Plus en dedans et de chaque côté se montre une sorte de cloison verticale, suspendue au crâne et qui sépare les orbites et les joues de la cavité buccale. Cette cloison est formée par plusieurs petits os (*palatins, ptérygoïdiens*, etc.). (Fig. 1.)

Il est important de noter que cette cloison se prolonge en arrière pour former le couvercle de l'appareil respiratoire ou *opercule*. Enfin, à sa partie inférieure vient se fixer la mâchoire inférieure formée de trois pièces.

A la tête se rattache un appareil de grande importance, *appareil hyoïdien* (fig. 2).

Cet appareil a une structure fort compliquée ; ses parties antérieure et médiane (*os lingual*) servent de support à la langue. En arrière se trouve l'os dit hyoïde, formé par une série de pièces osseuses. L'os de la langue s'articule de chaque côté à une branche formée de plusieurs os, et qui remonte sur le côté

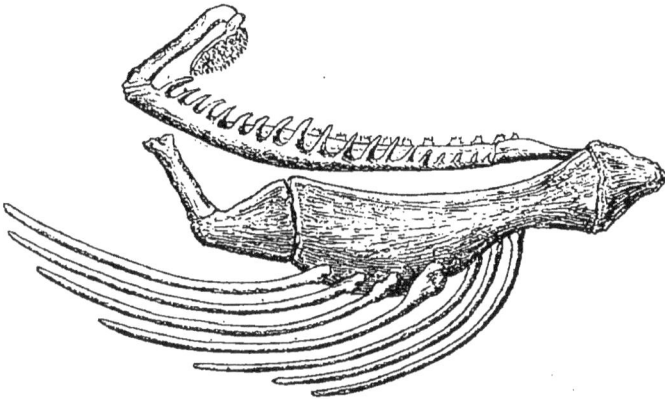

Fig. 2. — Os hyoïde de Morue.

pour aller se fixer sur les parties latérales du crâne. De la partie inférieure de ces branches partent des rayons aplatis, recourbés et réunis par une membrane. Ce sont les rayons et la membrane *branchiostèges*.

Le corps de l'hyoïde donne naissance aux *arcs branchiaux*. Il y a, de chaque côté, quatre de ces arcs qui se dirigent d'abord en dehors, puis se recourbent en haut et en dedans, vers la base du crâne avec lequel ils se fixent par l'intermédiaire de petits os, les os *pharyngiens supérieurs*. En arrière de la dernière paire de ces arcs branchiaux se trouvent deux os en forme de plaques supportant souvent des dents ; ce sont les *pharyngiens inférieurs*. Remarquons, d'ailleurs, que les pharyngiens supérieurs sont souvent également dentés.

En dehors des os faisant partie intégrante de la tête osseuse des poissons existent bien souvent d'autres os, véritables *sésamoïdes*, dont le nombre et la forme sont extrêmement variables.

Enfin, nous rappellerons que, chez certains poissons, les os du crâne sont presque transparents et laissent voir à travers leurs parois les centres nerveux.

Colonne vertébrale. — La colonne vertébrale des poissons ne présente que deux parties distinctes : 1° la portion dorsale ; 2° la portion caudale. Toutes les vertèbres (fig. 3) des poissons sont biconcaves ; le corps de la vertèbre porte des apophyses épineuses et des apophyses articulaires. L'apophyse épineuse supérieure est supportée par un anneau qui donne passage à la moelle épinière. Chez beaucoup de poissons, on voit partir du corps de la vertèbre des petits stylets osseux. Ces stylets constituent, avec des petits os analogues prenant naissance sur les côtes, ce que l'on désigne vulgairement sous le nom d'*arêtes* (fig. 7).

Fig. 3.
Vertèbre dorsale.

Côtes. — Les côtes existent chez beaucoup de poissons, mais manquent chez un certain nombre de ces animaux. Ces côtes qui s'attachent, soit sur les apophyses articulaires des vertèbres, soit sur le corps de ces os, sont toujours libres à leur extrémité inférieure.

Os interépineux. — On trouve, sur la ligne médiane du corps, un certain nombre de petits os, dits *interépineux*; ces petits os s'insèrent ordinairement sur les apophyses épineuses supérieures. En haut, ils s'articulent avec les rayons des nageoires.

Fig. 4. — Vertèbre
à l'origine
de la partie caudale.

Membres. — Les membres antérieurs sont portés par une
série d'os qui forment une sorte de ceinture en arrière de l'appareil branchial. Cette ceinture vient se fixer au sommet du
crâne chez le plus grand nombre des poissons osseux ; chez les
raies, elle vient s'attacher à la colonne vertébrale.

En bas, les os qui forment la ceinture se réunissent sous la
gorge. Ces os sont, en géné-
ral, au nombre de trois et représentent l'épaule ; la pièce
inférieure représentant l'humérus, les deux supérieures
correspondant à l'omoplate des
vertébrés supérieurs. Sur le
bord interne de l'humérus se
fixent deux petits os, cubitus
et radius, portant eux-mêmes
quatre à cinq petites pièces
aplaties que l'on peut considérer comme les os du carpe
et qui portent les rayons des
nageoires pectorales, rayons
représentant les doigts des autres vertébrés.

Les os des membres pos-
térieurs manquent souvent ou
tout au moins restent rudimen-
taires. Ils forment une pièce triangulaire. Cette pièce demeure
libre dans les muscles ou bien vient s'attacher à la ceinture
thoracique. C'est sur cette pièce que viennent se fixer les rayons
des nageoires ventrales.

Ce sont donc les nageoires pectorales et ventrales qui cor-
respondent aux membres des vertébrés supérieurs. On les
désigne souvent sous le nom de *nageoires paires*.

L'on désigne sous le nom de *nageoires impaires* ceux de

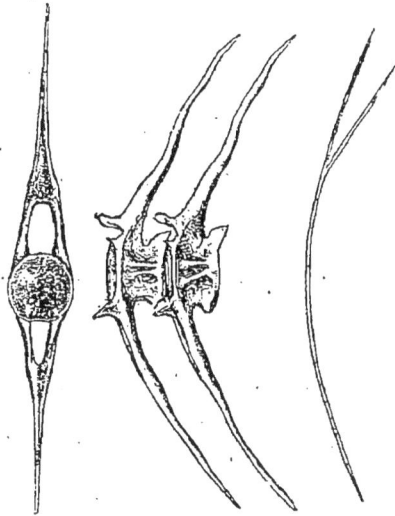

Fig. 5.   Fig. 6.   Fig. 7.

Fig. 5. — Vertèbre de la partie caudale.
— 6. — Deux vertèbres caudales vues de côté.
— 7. — Arête.

ces organes qui se trouvent sur le dos, dans la région anale et

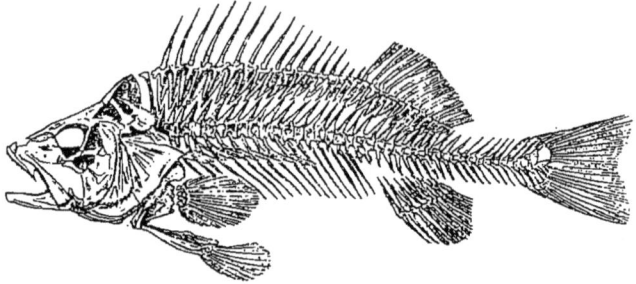

Fig. 8. — Squelette de la Perche.

à l'extrémité postérieure du corps (*nageoires dorsales, anales, caudale*) (fig. 9).

Le nombre et la position des nageoires dorsales et anales

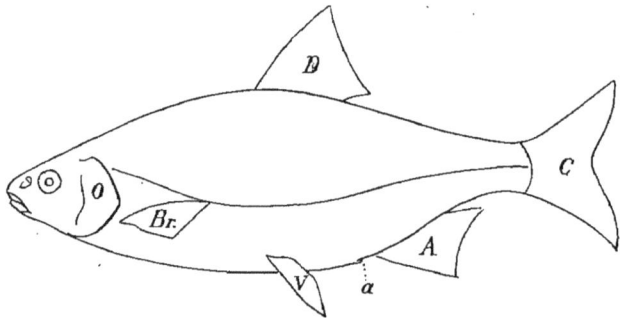

Fig. 9. — Position des nageoires.

O, Opercule. — Br, Nageoire branchiale. — D, Nageoire dorsale. — V, Nageoire ventrale.
a, Anus. — A, Nageoire anale. — C, Nageoire caudale.

sont variables. La caudale peut manquer ; quand elle existe, elle est tantôt symétrique (nageoire *homocerque*), tantôt asymétrique (nageoire *hétérocerque*).

SYSTÈME MUSCULAIRE

Le système musculaire des poissons est presque entièrement constitué par deux grandes masses latérales, dites *muscles latéraux*. Ils s'étendent depuis la tête jusqu'à la nageoire caudale. Outre ces muscles latéraux, on distingue les *muscles grêles du tronc* et le *muscle rouge ou cutané*, faisceau musculaire coloré et placé entre les masses des muscles latéraux. Les muscles des poissons sont toujours plus ou moins décolorés. Il y a cependant d'assez nombreuses exceptions à cette règle.

SYSTÈME NERVEUX

Le système nerveux comprend : le cerveau, la moelle, les nerfs.

Le cerveau des poissons est, en général, peu développé. Il n'occupe qu'une portion de la boîte cranienne, les vides étant comblés par une matière graisseuse, transparente. Chez les poissons osseux, le cerveau est constitué par une sorte de chapelet formé par des lobes disposés à la suite les uns des autres. On admet que les lobes antérieurs sont les *lobes olfactifs,* puis viennent les *lobes* ou *hémisphères cérébraux.* En arrière de ces lobes cérébraux, se montre sur la ligne médiane une petite protubérance, la *glande pinéale.* Viennent ensuite les *lobes optiques* et enfin les lobes représentant le *cervelet.*

En examinant le cerveau par sa face inférieure, on voit au-dessous des lobes optiques deux protubérances (*lobes inférieurs de Cuvier*), et plus en avant la *glande pituitaire.*

Les *nerfs craniens* sont au nombre de douze paires. Chez beaucoup de poissons osseux, le nerf facial semble n'être qu'une

branche du trijumeau. Les nerfs optiques sont très développés.
Les nerfs spinaux naissent, comme chez les autres vertébrés, par
deux racines et vont se distribuer à toutes les parties du corps.
Quant au grand sympathique, il est formé par de nombreux
ganglions placés de chaque côté de la colonne vertébrale ; les
nerfs de ce système offrent de nombreuses anastomoses avec
les nerfs craniens et spinaux.

ORGANES DES SENS

Toucher. — Le sens du toucher s'exerce chez les poissons
par divers organes : 1° par les lèvres et les replis labiaux ;
2° par les *barbillons*, c'est-à-dire par ces prolongements charnus
que l'on observe autour de la bouche de certains poissons ;
3° par les nageoires. Dans toutes ces parties, on trouve, en
effet, de nombreux corpuscules tactiles. Il arrive même que les
nageoires modifiées semblent détournées de leurs fonctions ordinaires pour être spécialement utilisées pour le tact. C'est ainsi
que chez les Trigles ou *Grondins* on voit trois rayons de la
nageoire pectorale devenir libres et servir à fouiller la vase pour
y découvrir les corps organisés qui servent d'aliment au poisson.
Le sens du toucher semble encore s'exercer par le *système de
la ligne latérale*. Lorsque l'on examine un poisson, on distingue vers la ligne médiane du corps une sorte de ligne sinueuse,
formée par des écailles d'une forme spéciale. Sous ces écailles
se montrent des organes d'une structure très compliquée. On
distingue un canal traversant la série d'écailles de forme particulière, canal qui existe non seulement sur les flancs des poissons, mais qui se prolonge également sur la tête, où il se ramifie
en tubes plus ou moins nombreux.

Goût. — Le sens du goût semble peu développé chez les
poissons. Cependant, chez quelques espèces, la langue présente
des papilles nerveuses bien déterminées.

Odorat. — Ce sens existe chez les poissons. L'appareil de l'olfaction est constitué par un double sac placé sur les côtés de la tête. Chacun de ces sacs présente une ouverture antérieure et une ouverture postérieure. On trouve à l'intérieur de ces cavités une membrane pituitaire contenant des éléments nerveux (bâtonnets olfactifs) qui ne permettent pas d'hésiter sur le rôle des sacs dont il est ici question.

Ouïe. — L'organe de l'audition est ici très simplifié. L'oreille externe fait complètement défaut, l'oreille moyenne elle-même n'est pas représentée. Le *labyrinthe* persiste seul, et il est plus ou moins libre dans la cavité cranienne. Il semble inutile de donner une description détaillée de cet appareil. Nous rappellerons cependant que la vessie natatoire semble, chez certains poissons, jouer un certain rôle dans l'audition. On voit, en effet, quelquefois, cette poche remplie d'air reliée au vestibule de l'oreille, soit par un canal (Alose, Hareng), soit par une chaîne d'osselets (Carpe, Loche).

Vue. — Les paupières manquent ordinairement chez les poissons. Cependant, chez quelques-uns d'entre eux (Clupes, Muges, etc.), on peut observer une paupière adipeuse ne jouissant d'ailleurs d'aucune mobilité. Les yeux sont le plus souvent disposés d'une manière symétrique. Seuls, les Pleuronectes (Sole, Turbot, etc.) font exception à cette règle, et encore la symétrie existe chez ces poissons au moment de leur naissance.

L'œil est formé par la sclérotique, la cornée, la choroïde, l'iris, la rétine, le cristallin, l'humeur aqueuse et le corps vitré.

Les procès ciliaires sont remplacés par un organe spécial, le *ligament falciforme,* comprenant deux parties : le *cordon* et la *cloche.*

La cornée est légèrement aplatie; le cristallin est presque complètement sphérique et très volumineux.

D'après MM. Frémy et Valenciennes, le cristallin des poissons s'éloigne entièrement, par sa composition chimique, du cristallin des autres vertébrés. Le noyau est tout à fait insoluble dans l'eau et formé d'une matière spéciale, la *Phaconine*.

Organes électriques. — Au système nerveux se rattachent les organes qui permettent à certains poissons de développer une quantité d'électricité très appréciable et qui semble leur constituer un appareil offensif et défensif. Sans entrer ici dans une description détaillée, nous nous bornerons à rappeler que l'appareil électrique est très développé chez un poisson bien connu sur nos côtes, la *Torpille*.

Téguments. — La peau des poissons comprend deux couches distinctes, l'épiderme et le derme. La couche de Malpighi manque ordinairement. On observe dans le derme de grandes cellules contractiles renfermant du pigment. Ce sont les *chromatophores* ou *chromatoblastes*. Ces cellules sont noires ou rougeâtres. D'après M. Canestrini, ce serait à l'élargissement des chromatophores rouges que seraient dues les vives couleurs présentées par certains poissons à l'époque de la reproduction. Lorsque les poissons sont exposés à une lumière vive, leurs couleurs deviennent plus claires par suite de la contraction des chromatophores. Si, au contraire, ils se trouvent placés dans l'obscurité, les chromatophores se dilatent. M. G. Pouchet a montré que les contractions ou les dilatations des chromatophores se faisaient sous l'influence des nerfs du grand sympathique.

Suivant le même auteur, la vue jouerait un rôle important dans les changements de coloration. Les poissons ont une tendance à prendre une couleur en harmonie avec celle des fonds sur lesquels ils se meuvent. Si, par exemple, un poisson passe d'un fond clair sur un fond sombre, il prend une teinte plus foncée. Or, si l'on vient à enlever l'un des yeux d'un poisson mis en expérience, on le verra encore changer de couleur, mais seulement du côté où l'organe de la vision aura été respecté.

Écailles. — Chez l'immense majorité des poissons, la peau est recouverte d'écailles, quelquefois de plaques osseuses. Ces écailles sont en partie contenues dans des prolongements de la peau. Chacune de ces écailles est enveloppée d'une tunique très mince, parfois garnie d'une substance blanc d'argent.

Les écailles peuvent d'ailleurs présenter de grandes différences de forme et de structure. Agassiz avait même basé toute une classification sur ces caractères. C'est ainsi qu'il distinguait :

1° Les *Ganoïdes*, c'est-à-dire les poissons chez lesquels les écailles très épaisses sont formées de deux substances distinctes et superposées : 1° une couche supérieure luisante et lisse (émail) ; 2° une couche osseuse dite *écusson*.

2° Les *Placoïdes*, chez lesquels les écailles sont presque complètement formées de dentine. Elles forment, soit des petites aiguilles dentelées et pointues, soit des plaques arrondies.

3° Les *Cycloïdes*, poissons chez lesquels les écailles présentent un grand nombre de petites lignes, en général concentriques, partant d'un seul point excentrique d'où rayonnent, vers les bords, des sillons creusés dans l'épaisseur de l'écaille.

4° Les *Cténoïdes*, dont les écailles construites comme les précédentes ont le bord libre dentelé en forme de scie.

Épines appareils vulnérants et appareils à venin. — Un certain nombre de poissons portent des parties épineuses qui peuvent leur servir d'armes offensives ou défensives. Ces épines sont quelquefois de simples instruments vulnérants, mais très souvent elles servent à inoculer un venin sécrété dans des glandes spéciales. M. le Dr Bottard a publié un mémoire d'un vif intérêt sur ce sujet [1]. Parmi les poissons cités par cet auteur, j'appellerai un instant l'attention sur la *Vive*, espèce très commune sur nos côtes. Toutes les espèces de ce genre portent sur l'opercule une épine qui se montre particulièrement dangereuse. Cette épine est creusée au-dessus et au-dessous d'un canalicule s'étendant de la pointe vers la base. Elle est en connexion avec une glande fort bien décrite par le Dr Bottard, qui a montré que sa

1. Dr Bottard, *les Poissons venimeux*, Paris, 1889.

structure était analogue à celle des glandes sébacées. Les épines de la première dorsale sont également venimeuses.

Les *Scorpènes* (Rascasses des Provençaux) et bien d'autres poissons de mer présentent des appareils analogues. Parmi les poissons d'eau douce, M. Bottard signale la Perche (*Perca fluviatilis*) comme dangereuse. Ce sont les rayons épineux dorsaux qui servent d'instruments d'inoculation au venin sécrété par un amas glandulaire peu développé.

APPAREIL DIGESTIF (fig. 10 et 11)

Bouche. — La position de la bouche varie avec le régime des poissons observés, ou plutôt avec l'habitat des petits animaux qui leur servent de pâture. Par exemple, l'esturgeon, qui se nourrit d'animalcules vivant dans la vase, a la bouche reportée complètement en dessous de la tête.

La cavité buccale est souvent garnie de dents, mais ces organes peuvent manquer. En revanche, on trouve chez quelques poissons des dents non seulement aux mâchoires, mais encore sur le vomer, les palatins, les ptérygoïdiens, les sphénoïdes, et quelquefois sur la langue même. Tantôt les dents sont très nombreuses, fines, serrées les unes contre les autres (*dents en velours*), tantôt elles sont plus ou moins effilées, espacées, recourbées à leur extrémité (*dents en carde*). Chez les poissons osseux, les dents sont soudées aux os qui les supportent. Chez les poissons cartilagineux tels que les raies, elles sont simplement implantées dans la muqueuse buccale.

Toujours, d'ailleurs, les dents des poissons tombent facilement ; c'est pour cette raison que la présence ou l'absence de ces organes ne peuvent servir de caractères sérieux pour les classifications. Chez les Cyprins, on trouve dans la fossette basilaire de l'occipital une sorte de plaque plus ou moins développée, plus ou moins dure, et désignée sous le nom de *Pierre de carpe.* Cette plaque est simplement un amas épithélial.

Les dents servent d'ailleurs aux poissons plutôt à la préhension qu'à la mastication des aliments.

La bouche est très souvent pourvue d'un voile membraneux formé par un double repli de la muqueuse et destiné à retenir les matières alimentaires. De plus, une série de dentelures garnissent les bords des fentes hyoïdiennes. Ces ouvertures se trouvent munies ainsi d'une sorte de treillage qui donne libre passage à l'eau destinée à l'appareil respiratoire, mais retient les substances solides.

Comme je l'ai déjà dit, les os pharyngiens placés dans l'arrière-bouche sont souvent garnis de dents. Il résulte de ce fait que les aliments peuvent, dans ce cas, subir une sorte de trituration au passage. Quelques espèces herbivores, la Carpe, par exemple, peuvent faire re-

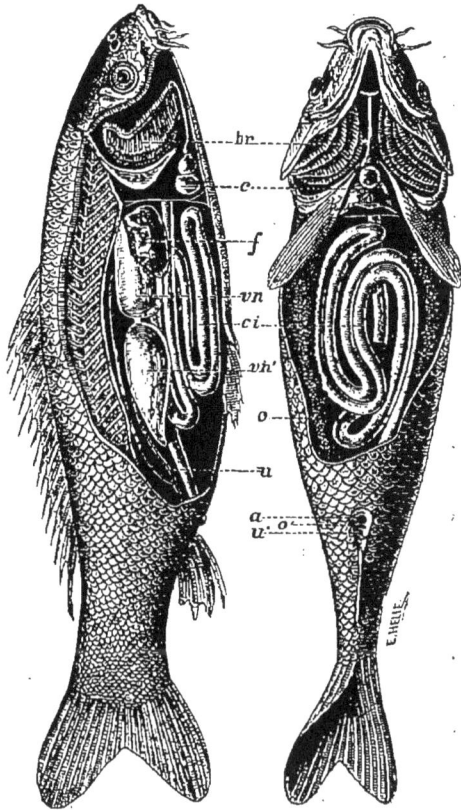

Fig. 10 et 11. — Anatomie de la Carpe.

br, Branchies.	*o*, Œufs.
c, Cœur.	*u*, Uretères.
f, Foie.	*a*, Anus.
vn, Vessie natatoire.	*o'*, Orifice génital.
ci, Intestin.	*u'*, Orifice urinaire.
vn', Vessie natatoire.	

monter les aliments déjà avalés dans l'arrière-bouche et les mastiquer de nouveau ; c'est une espèce de rumination. L'œsophage est court, très dilatable et se confond parfois avec la partie initiale de l'estomac. La forme de ce dernier organe est très variable, et ces variations de forme ont une certaine relation avec le régime des poissons. Chez les poissons herbivores, l'estomac est peu développé, les aliments ne séjournent pas dans l'organe et passent tout de suite dans l'intestin. Le plus souvent, cet estomac présente une forme semi-elliptique. Chez beaucoup de poissons, on trouve dans le voisinage du pylore des prolongements cylindriques et creux dont le nombre est variable. Il y en a trois chez la perche, deux cents chez le maquereau. Ces appendices pyloriques, comparés par quelques auteurs aux glandes de Lieberkühn, débouchent dans l'intestin. Nous verrons que, chez certains poissons, ils semblent servir à emmagasiner de grandes quantités de graisse. La longueur de l'intestin varie beaucoup. Cette longueur est d'ordinaire plus considérable chez les poissons herbivores que chez ceux qui se nourrissent de chair.

L'anus est ordinairement placé en avant de l'ouverture des organes urinaires. Nous devons rappeler aussi que la cavité péritonéale est mise en communication avec l'extérieur ou avec la cavité péricardique par des canaux dits canaux péritonéaux.

Glandes annexes. — Le *Foie* est très développé chez les poissons. Il occupe la plus grande portion de la cavité abdominale. Chez les poissons dits plagiostomes (ex. : Raies), il prend un développement énorme et donne une quantité d'huile considérable.

Le *Pancréas* est également important et forme une masse glandulaire chez les poissons cartilagineux. Chez les poissons osseux, cette glande se retrouve, mais à l'état diffus, c'està-dire que les éléments sont disséminés à la surface des viscères.

APPAREIL CIRCULATOIRE

Le sang des poissons (sauf chez l'Amphioxus) est coloré en rouge; les globules rouges sont presque toujours elliptiques. Le cœur n'a que deux cavités, un ventricule et une oreillette; ce cœur est logé dans la cavité péricardique qui est close chez les poissons osseux, mais qui, comme je l'ai déjà dit, communique avec la cavité péritonéale chez les poissons cartilagineux.

Le cœur est généralement situé entre les branchies; l'oreillette est entourée d'un grand sinus dit *Sinus de Cuvier*; cette cavité est destinée à recevoir le sang qui revient de toutes les parties du corps. Le sinus de Cuvier est en communication avec l'oreillette par une ouverture munie en général de deux replis valvulaires qui s'opposent au retour du sang quand l'oreillette se contracte. L'oreillette communique avec le ventricule par un orifice muni de valvules. Ce ventricule se continue pour ainsi dire en avant par le *bulbe artériel*, c'est-à-dire par une sorte de canal garni de valvules plus ou moins nombreuses.

Le sang partant du ventricule passe dans le bulbe, et de là dans un vaisseau désigné sous le nom d'*artère branchiale*. Cette artère se divise en autant de branches qu'il y a de branchies auxquelles elle doit apporter le sang. Ce dernier, après s'être oxygéné dans les appareils branchiaux, pénètre dans un grand nombre de petits vaisseaux (artères épibranchiales) qui viennent se réunir sur la ligne médiane pour former l'aorte. Ce vaisseau se dirige d'avant en arrière et se prolonge jusqu'à l'extrémité caudale, fournissant sur son parcours de nombreuses branches chargées de porter le sang artériel à toutes les parties de l'organisme.

Le sang est ensuite repris par les veines dont les parois sont minces et délicates et rarement pourvues de valvules. Tout ce sang veineux vient aboutir au sinus de Cuvier, passe dans l'oreillette, et le cycle recommence.

On voit que chez les poissons le cœur ne reçoit jamais que du sang veineux.

Système lymphatique. — Les Lymphatiques sont bien développés chez les poissons. Ils forment de nombreux vaisseaux, des sinus disséminés dans tous les organes. Finalement, ils se réunissent en un ou deux troncs qui viennent déboucher dans les veines sous-clavières.

Quant aux poches lymphatiques sous-cutanées, M. Robin a montré que les sinus *dits lymphatiques* renfermaient du *sang* et non de la lymphe.

APPAREIL RESPIRATOIRE

Tous les poissons respirent par des branchies, mais la disposition de ces appareils peut varier considérablement. Les poissons peuvent même se diviser à ce point de vue en trois grandes sections [1] :

1° Les poissons chez lesquels les lames branchiales sont placées sur des arcs mobiles articulés avec le corps de l'appareil hyoïdien. C'est là le cas le plus ordinaire.

2° Les poissons chez lesquels les branchies se trouvent dans des sacs non supportés par des arcs branchiaux : ex. : Cyclostomes.

3° Ceux enfin chez lesquels les branchies sont placées dans la cavité pharyngienne, cas dont on ne connaît qu'un exemple (Amphioxus).

Le plus souvent les branchies consistent en lamelles triangulaires, étroites, allongées, colorées en rouge et fixées par leur base aux arcs branchiaux, leur pointe demeurant libre. Ces lamelles sont placées parallèlement les unes aux autres et forment presque toujours deux rangées sur chaque arc branchial. Chaque lamelle constituant les branchies a sa surface tapissée par un prolongement de la muqueuse buccale et est soutenue à l'intérieur par une tige osseuse ou cartilagineuse située au bord interne et garnie souvent d'une série de dentelures. On trouve parfois (ex. : Esturgeon) en dehors des branchies fixées sur les

1. E. Moreau, *Histoire des Poissons*, t. Ier.

arcs hyoïdiens une *branchie accessoire* insérée sur la surface interne de l'opercule.

Les choses étant ainsi disposées, c'est par la bouche qu'a lieu l'entrée de l'eau. Cette eau passe à travers les ouvertures pratiquées de chaque côté dans l'arrière-bouche, et, après avoir baigné la surface des branchies, elle est expulsée au dehors par les ouvertures nommées *ouïes* et qui sont recouvertes par l'opercule. Cet opercule est mis en mouvement par des muscles spéciaux.

Telle est la disposition de l'appareil respiratoire chez le plus grand nombre des poissons osseux. Mais chez les cartilagineux, on trouve des dispositions différentes. Nous avons vu que chez les poissons osseux les branchies sont librement suspendues dans la chambre respiratoire, qui ne présente qu'une seule ouverture pour la sortie de l'eau. Au contraire, chez les raies, chez les squales, chaque branchie est enfermée dans une sorte de poche ayant son orifice respiratoire spécial; ce sont des *branchies fixes*.

Il est à noter que les poissons ne se contentent pas toujours d'absorber l'eau nécessaire à leur respiration. On les voit parfois venir à la surface et absorber quelques gorgées d'air atmosphérique. Les branchies peuvent, en effet, absorber l'oxygène gazeux aussi bien que celui dissous dans l'eau.

Il est possible d'élever des carpes pendant un certain temps en les tenant suspendues hors de l'eau dans des espèces de sacs en filets et en leur mouillant de temps en temps les ouïes avec de la mousse humide. MM. de Humboldt et Provençal ont montré qu'il y avait dans ce cas absorption d'oxygène et dégagement d'acide carbonique.

Un autre observateur, Sylvestre, a vu des poissons vivre dans l'eau distillée ou privée d'air par l'ébullition, si on leur permettait de venir respirer à la surface, et périr asphyxiés quand on les empêchait de venir respirer au moyen d'un diaphragme mobile.

Mais ce sont là, pour ainsi dire, des cas particuliers. Beaucoup de poissons périssent dès qu'ils sont retirés de leur élément naturel.

Il en est cependant chez lesquels l'appareil branchial très abrité, ne communiquant au dehors que par des ouvertures très étroites, peut conserver pendant assez longtemps une humidité suffisante pour fonctionner utilement.

En résumé, on n'est pas bien fixé sur les causes qui permettent à certains poissons de vivre assez longtemps hors de l'eau, tandis que d'autres périssent rapidement dans les mêmes circonstances. L'affaissement des lamelles branchiales peut expliquer la mort rapide des poissons qui périssent dès qu'on les sort de l'eau.

Enfin, certains poissons semblent respirer dans une certaine mesure à l'aide de la surface intestinale. Tel est le cas de la Loche d'étang.

Chez quelques poissons, la vessie natatoire communique parfois par un tube ou pneumatophore avec la chambre branchiale. Comme les parois de cette vessie renferment beaucoup de vaisseaux sanguins, on a pensé que l'organe tout entier pouvait jouer le rôle d'un poumon et intervenir dans l'acte respiratoire.

Quoi qu'il en soit, le rôle de cette vessie ne me paraît pas avoir une importance bien grande. On voit, en effet, des espèces de poissons très voisines, vivant dans les mêmes conditions, et dont les unes possèdent une vessie natatoire, tandis que les autres en sont dépourvues. Ainsi des deux espèces de Maquereaux qui vivent dans la Méditerranée, l'une a une vessie natatoire, l'autre n'en porte pas trace.

APPAREIL URINAIRE

L'appareil urinaire comprend des organes sécréteurs (*reins*) et des organes excréteurs (*uretères*). On trouve aussi chez quelques poissons une vessie, mais ce réservoir manque souvent aussi bien que l'urèthre.

Les reins, au nombre de deux, sont plus ou moins séparés en avant et ordinairement réunis en arrière. Ils sont placés dans la région rachidienne et recouverts par le péritoine. Les uretères sont situés sur le bord interne des reins et débouchent le plus souvent dans la vessie, soit isolément, soit après s'être réunis en un seul tronc. Quant à la vessie, elle est plus ou moins contractile et de forme assez irrégulière. Elle s'ouvre au dehors par un canal (*urèthre*) qui débouche tantôt dans un cloaque, tantôt directement au dehors. Ce canal est toujours situé derrière l'anus et presque toujours aussi en arrière des orifices génitaux (fig. 11).

APPAREIL REPRODUCTEUR

Les poissons ont les sexes séparés ; nous étudierons successivement l'appareil femelle et l'appareil mâle.

APPAREIL FEMELLE. — L'appareil femelle est, en général, très simple, et cette simplicité est parfois poussée à l'extrême. C'est ainsi que chez l'Amphioxus les ovaires sont simplement fixés à la voûte de la grande cavité viscérale de chaque côté de la ligne médiane du corps. Ils sont complètement recouverts par le péritoine, et il n'y a pas traces d'un canal évacuateur pour les œufs. Ces derniers, arrivés à maturité, se détachent, tombent dans la cavité abdominale, et, entraînés par le courant expiratoire, sortent par un pore abdominal.

Chez des poissons plus perfectionnés, chez les Cyclostomes (ex. : Lamproie), on voit l'appareil subir un premier perfectionnement. Il n'y a pas encore de canal évacuateur spécial, pas d'oviducte ; les œufs tombent directement dans la cavité abdominale, mais ils sont évacués au dehors par un orifice spécial.

Cette disposition de l'appareil femelle se retrouve chez

quelques poissons osseux. Ainsi, chez les Salmonides, les œufs tombent également dans la cavité abdominale et sortent par les pores péritonéaux. Ces orifices donnant passage aux œufs forment deux canaux très courts qui se réunissent pour déboucher par un orifice conique situé en arrière de l'anus.

Chez un de ces salmonides, l'Éperlan, on voit se produire un perfectionnement. Un repli du péritoine se détache de l'ovaire et forme entre cette glande et la paroi abdominale une sorte d'oviducte qui conduit les œufs vers l'orifice abdominal. Cette disposition nous conduit à celle qui se rencontre le plus ordinairement chez les poissons osseux. Ici, l'ovaire est formé par une série d'appendices foliacés fixés sur un prolongement péritonéal. Ce prolongement s'étend en dehors et en haut, de manière à envelopper la glande dans une poche membraneuse. Chaque ovaire représente donc un sac dont les parois sont intérieurement garnies par les lobes de la glande, et dont la cavité libre, située au centre du sac, forme un réservoir où viennent tomber les œufs au moment de leur maturité.

Ce sac se prolonge en arrière jusqu'au bord de l'orifice génital en formant une sorte d'oviducte.

Il arrive parfois que l'ovaire avorte d'un côté. Par exemple, chez la Perche, l'appareil femelle n'existe que du côté gauche.

Il arrive aussi que l'oviducte, au lieu de venir aboutir à un orifice spécial, vient s'ouvrir dans l'orifice des canaux urinaires. Cette disposition s'observe chez le Brochet. Enfin, on peut voir les ovaires se réunir en arrière, soit partiellement, comme chez la Carpe, soit complètement comme chez le Lançon.

Chez les Plagiostomes, on trouve un véritable oviducte, c'est-à-dire un canal servant au transport des œufs et complètement indépendant de la glande. Les œufs détachés de l'ovaire tombent directement dans la cavité viscérale. Là, ils sont repris par les oviductes présentant à leur extrémité une sorte de *pavillon* rendu béant par des brides péritonéales. Les œufs parcourent tout le canal qui vient s'ouvrir derrière l'anus. Ces oviductes sont constitués par une membrane muqueuse et recouverts à leur partie antérieure par un épithélium vibratile. La portion moyenne et la portion terminale offrent une structure plus compliquée. Ce sont elles, en effet, qui sont chargées de fournir les parties complémentaires de l'œuf, la coque, par exemple. Tandis que, chez les poissons osseux, la coque se forme dans l'ovaire même, ici l'œuf, au moment où il s'échappe de la glande, n'est formé que par le vitellus.

Enfin, chez plusieurs Plagiostomes, la partie terminale de l'oviducte devient un réservoir incubateur, une sorte d'utérus.

Œufs. — Les ovaires sont revêtus d'une tunique mince à structure fibreuse, et la substance même de la glande est constituée par un tissu particulier ou *stroma*. C'est à l'intérieur de ce stroma que les œufs prennent naissance. Le nombre des œufs chez les poissons osseux est parfois véritablement énorme. On compte plus de 300,000 œufs dans les ovaires d'une grosse carpe, 100,000 chez la perche, 166,000 chez le brochet, plus d'un million chez l'esturgeon, neuf millions chez la morue.

Ici comme chez tous les animaux d'ailleurs, le nombre d'œufs est en rapport avec les chances de destruction auxquelles ils sont exposés. La coque, ou mieux la *capsule* de l'œuf, présente une structure assez compliquée. Sa substance est souvent traversée par une multitude de canalicules extrêmement fins, ce qui donne à l'œuf une apparence ponctuée (ex. : œufs de Saumon, de Féra, etc.). Dans d'autres cas, cette surface de l'œuf est comme hérissée de bâtonnets d'une extrême petitesse. Cette capsule de l'œuf se formant dans l'ovaire même [1], on s'est demandé longtemps comment la fécondation pouvait se produire; en d'autres termes, comment le spermatozoïde pouvait arriver à la surface du vitellus. Cette difficulté n'existe plus depuis que Doyère a découvert un petit orifice ou micropyle permettant le passage de l'élément fécondant.

---

1. Plusieurs embryologistes la considèrent comme une production du vitellus.

Chez les Plagiostomes, nous avons vu que l'enveloppe de l'œuf se forme dans l'oviducte. L'œuf prend parfois alors une singulière apparence. Chez les raies, par exemple, il est quadrilatère, bombé et terminé à chaque pointe par un long appendice contourné.

APPAREIL MALE. — L'appareil mâle ressemble beaucoup *extérieurement* à l'appareil femelle. Chez les Cyclostomes, les testicules n'ont pas de canaux évacuateurs; le sperme ou laitance tombe dans la cavité péritonéale et s'échappe par les pores péritonéaux.

Chez les poissons osseux, l'appareil mâle est plus parfait que l'appareil femelle et les testicules sont pourvus de canaux évacuateurs. Ainsi chez les Salmonides on ne trouve pas d'oviductes, tandis qu'il y a des canaux déférents chez le mâle. Cette différence s'explique d'ailleurs facilement. Les femelles doivent simplement laisser tomber les œufs sur le sable, tandis que la laitance doit être projetée avec une certaine force pour assurer la fécondation. La forme des testicules est très variable. Chez les Plagiostomes, ils sont aplatis, tandis que chez les poissons osseux ils sont très gros, bosselés et présentent de nombreux lobules. Ces glandes sont recouvertes par le péritoine qui leur forme un ligament supérieur.

Chez presque tous les poissons osseux et chez les Plagiostomes, l'évacuation de la laitance se fait à l'intérieur même de la glande. Celle-ci est en effet creusée de cavités communiquant avec le dehors. En s'anastomosant, ces cavités finissent par former un canal excréteur qui se réunit presque toujours à son congénère et va déboucher, soit dans les voies urinaires, soit directement en dehors, en avant de l'anus, comme chez la Carpe, par exemple. La structure du canal déférent des poissons osseux est très simple. On peut cependant observer quelquefois une sorte d'élargissement subterminal formant réservoir et de petites glandes accessoires. Mais chez les Plagiostomes, la structure de l'appareil évacuateur se complique davantage.

On peut alors distinguer un épididyme, un réservoir terminal, des glandes accessoires et même un appareil copulateur.

PONTE ET FÉCONDATION

Dans l'immense majorité des cas, les œufs des poissons sont expulsés au dehors avant d'avoir été fécondés. Parfois les poissons creusent dans le sol une petite cavité pour déposer leurs œufs, d'autres font de véritables nids (épinoches). Il faut noter que beaucoup de poissons de mer ont des œufs flottants à la surface de l'eau. Tantôt les œufs sont distincts, séparés les uns des autres (ex. : Salmonides, Truites, Saumons, etc.), tantôt ils sont *adhérents,* formant des sortes de chapelets (ex. : Perche, Carpes, etc.) (fig. 12).

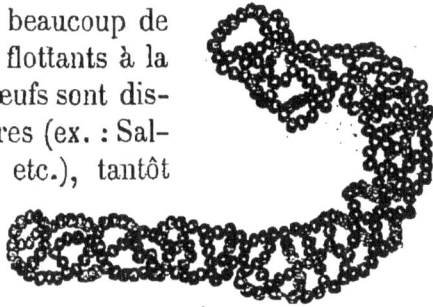

Fig. 12. — Œufs adhérents.

Chez quelques poissons osseux et chez tous les Plagiostomes, les œufs sont fécondés à l'intérieur du corps de la mère. Le plus souvent il y a simplement juxtaposition des orifices mâles et femelles. Chez certains de nos poissons d'eau douce, les mâles ont, à l'époque du frai surtout, les nageoires pectorales et ventrales beaucoup plus développées que chez les femelles. Chez les raies, le mâle possède une papille érectile et des organes préhenseurs d'une grande complication et formant des sortes de tenailles à l'aide desquelles le mâle maintient la femelle.

L'époque de la reproduction varie beaucoup, non seulement suivant les espèces, mais aussi suivant l'âge des individus et la température extérieure. Les saumons et la truite pondent dans l'eau ayant une température de 4° à 8° C. Le brochet dans l'eau à 4°, 6° C. Les carpes ont besoin d'une température supérieure à 20° C., les perches frayent dans l'eau à 15°, 18° C., etc.

Dans les lacs de montagnes, les truites commencent à frayer bien plus tôt que celles qui habitent les cours d'eau de la plaine. Aussi, dans les Pyrénées, les truites commencent à frayer dès le mois de septembre dans les environs de Luchon,

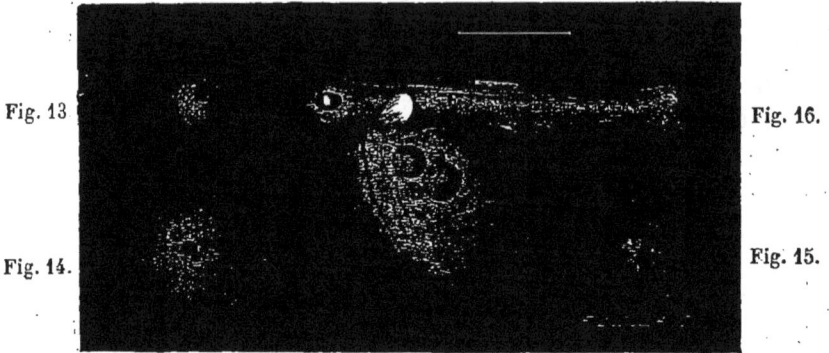

Fig. 13. — OEuf de Saumon après la fécondation.
— 14. — Le même, grossi.
— 15. — OEuf dont l'embryon est distinct à travers la coque.
— 16. — Saumon venant d'éclore (grossi); au-dessus, ligne montrant sa grandeur vraie.

en octobre près de Saint-Béat, et enfin en décembre dans les environs de Toulouse.

A l'époque du frai, beaucoup de poissons quittent les profondeurs des rivières, des lacs, ou de la mer, pour se rapprocher des bords de leurs habitations.

Quelques poissons, tels que les Aloses, quittent la mer pour venir frayer dans les eaux douces; d'autres, au contraire, telles les Anguilles, quittent les eaux douces pour aller frayer dans la mer.

Développement des œufs (fig. 13, 14, 15, 16). — Au moment de la ponte, l'œuf comprend la sphère vitelline ou jaune, la vésicule germinative, quelques gouttes d'huile et la coque munie d'une petite ouverture dite *micropyle*. Peu d'heures après la fécondation, la membrane vitelline s'isole de la coque, et bientôt les globules vitellins se portent sur un point de la surface, le germe apparaît. On aperçoit d'abord une ligne courbe, représentant environ un quart de cercle, se dessinant sur le globe de l'œuf. Cette ligne dite *primitive* représente la colonne vertébrale du futur poisson. Peu à peu, une des extrémités de cette ligne grossit pour former la tête, l'autre s'amincit pour former la queue. Bientôt on distingue sur la tête deux points noirâtres; ce sont les yeux, et nous verrons que ce phénomène est utilisé par les pisciculteurs [1].

Quand le jeune poisson sort de l'œuf, il est muni d'une vésicule dite *ombilicale,* qui n'est autre chose qu'un reste du vitellus. Cette vésicule contient des gouttes d'huile assez grosses et est parcourue par un grand nombre de vaisseaux.

Le contenu de cette vésicule constitue le premier aliment des poissons. Ce n'est qu'après sa disparition que l'alevin a besoin de prendre une nourriture empruntée à l'extérieur.

L'évolution des œufs marche plus ou moins vite. Huit à dix jours suffisent pour le développement de certains œufs (ex. : œufs de perche); au contraire, les œufs de salmonides n'éclosent qu'au bout de deux mois environ.

---

1. Je ne puis entrer ici dans les détails du développement. Les personnes qui voudraient être complètement renseignées consulteront avec fruit un beau mémoire publié par M. le Dr Henneguy sur l'*Embryogénie de la Truite*, Paris, 1888.

CHAPITRE II

Description des espèces intéressant particulièrement la pisciculture.

ACANTHOPTÉRYGIENS

FAMILLE DES PERCOÏDES

Les poissons appartenant à cette famille ont en général le corps oblong et couvert d'écailles *cté-noïdes*, c'est-à-dire barbelées sur leur bord libre (fig. 17). Les mâchoires et le vomer sont armés de dents (fig. 18). Il n'y a pas de barbillons; les ouïes sont largement fendues; l'opercule est épineux; il y a une ou deux nageoires dorsales, et la nageoire anale porte un aiguillon.

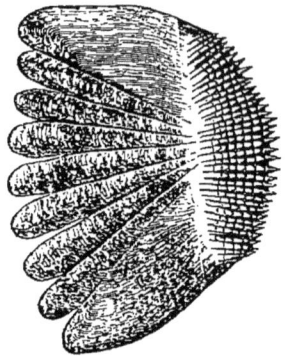

Fig. 17. — Écaille de la Perche vers le milieu du corps.

GENRE PERCHE (*Perca*).

Les Perches ont *une* épine à l'opercule; il y a *deux* nageoires dorsales rapprochées et la tête (fig. 19) est dépourvue d'écailles.

La Perche de rivière (*Perca fluviatilis*). — Noms vulgaires : *Perchaude Perdrix de rivière, Harlin* (Vosges), etc.

Ce poisson a le corps oblong légèrement comprimé ; le dos est arqué ; le museau est arrondi, l'œil bien développé et l'iris teinté de jaune ; l'opercule subtriangulaire porte une épine aplatie dirigée en arrière. La ligne latérale est rapprochée du dos et en suit la courbure.

La Perche est ordinairement d'un vert doré sur le dos et les côtés ; les parties inférieures sont grisâtres. Sur les flancs se distinguent cinq à sept bandes verticales d'un brun plus ou moins foncé. La première dorsale est d'un gris brunâtre ; l'anale, la caudale et les ventrales sont quelquefois rouges.

Mâchoire supérieure.

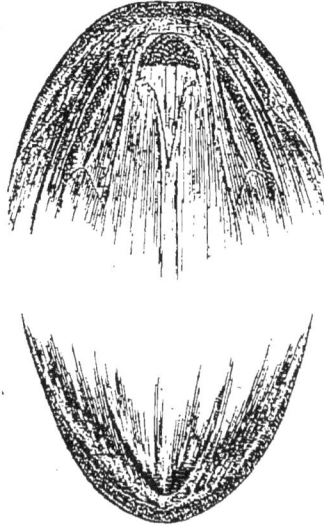

Mâchoire inférieure.

Fig. 18. — Appareil dentaire de la Perche.

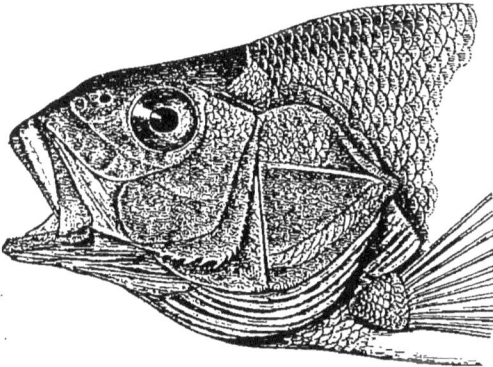

Fig. 19. — Tête et portion antérieure du corps de la Perche de rivière.

La longueur de la Perche varie entre 0^m,18 et 0^m,38. Elle fraye depuis le mois de mars jusqu'à la fin de mai ; chaque femelle donne de 200,000 à 300,000 œufs ayant 2 millimètres à 2^mm,5 de diamètre. Ce sont des œufs adhérents, c'est-à-dire qu'ils sont, au moment de la ponte, agglutinés, formant des sortes de chapelets d'un blanc verdâtre; ces chapelets sont enroulés sur les plantes aquatiques, les pierres du rivage, etc.

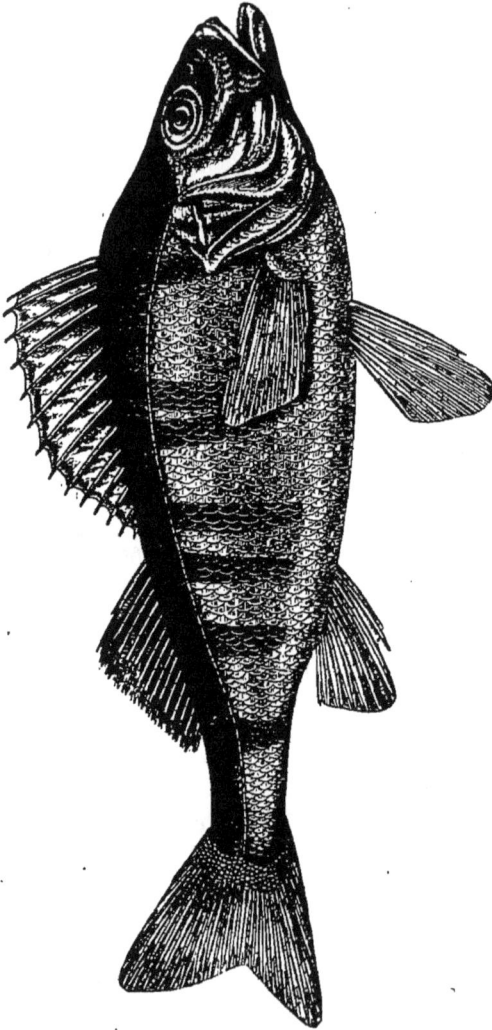

La Perche est commune dans la plupart de nos cours d'eau et de nos lacs. Cependant elle n'existait pas autrefois dans le département de l'Hérault, où elle s'est introduite par le Canal du Midi. Elle semble se plaire surtout dans les eaux limpides, et les *perchettes* se montrent souvent en troupes nombreuses au milieu des roseaux et des joncs, en se groupant de préférence à l'embouchure des ruisseaux.

La chair de la Perche est justement estimée, surtout quand le poisson est pris dans les eaux froides et limpides. Mais cette espèce est redoutée par les pisciculteurs, car, étant très vorace, elle détruit d'autres poissons ayant une valeur commerciale plus grande.

Fig. 20. — Perche de rivière.

Genre Bar (*Labrax*).

Les Bars sont des poissons au corps oblong, comprimé et couvert d'écailles pectinées. Les mâchoires, le vomer, les palatins et la langue portent des dents; l'opercule est armé de deux épines; il y a *deux* nageoires dorsales rapprochées.

Le Bar commun (*L. lupus*). — Noms vulgaires : *Bar, Loup, Loubine, Pique, Barreau, Beigne,* etc.

Le Bar a la tête couverte d'écailles; la bouche est très grande, les lèvres charnues; les épines de l'opercule sont aplaties et dirigées en arrière. Les parties supérieures sont d'un gris plombé; les flancs et les parties inférieures sont d'un blanc d'argent. La longueur de ce poisson peut atteindre 0^m,80.

Le Bar est un poisson de mer, mais il remonte dans les eaux douces; ainsi on peut le pêcher dans le Var, le Rhône, la Charente, etc. Toutefois, il ne s'éloigne jamais beaucoup de l'embouchure des fleuves où il dépose ses œufs au commencement de l'automne.

La chair de ce poisson a toujours été très appréciée; il peut assez facilement s'élever dans les viviers.

Genre Gremille (*Acerina*).

Le genre *Acerina* se distingue facilement des précédents par la présence d'*une seule* nageoire dorsale.

La Gremille (*A. cernua*). — Noms vulgaires : *Perche goujonnière, Goujon perchat, Perche à goujons, Chagrin, Grimou,* etc.

La Gremille (fig. 21) est un poisson au corps oblong; l'opercule porte une épine acérée; la dorsale est très longue.

Ce poisson est commun dans les départements du Nord-
Est, assez commun dans le Nord et le bassin de la Seine; sa
longueur ne dépasse guère 0ᵐ,18.

Les pêcheurs sont convaincus que la Gremille est le résultat
du croisement de la Perche et du Goujon. Il est sans doute inutile d'ajouter que cette opinion n'a rien de sérieux. La Gremille

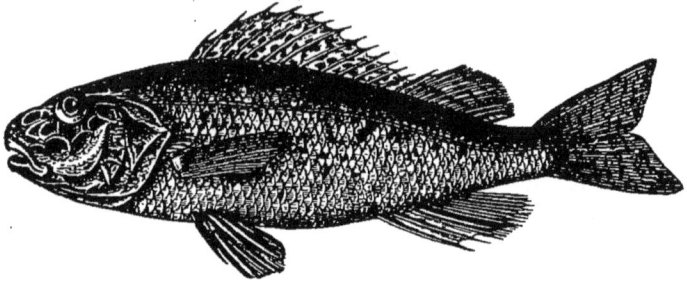

Fig. 21. — La Gremille commune.

fraye en avril, mai; les œufs adhérents, en forme de chapelets,
ont 0ᵐᵐ,4 à 1 millimètre de diamètre,

Ce poisson a les parties supérieures d'un brun verdâtre et
les parties inférieures d'un blanc argenté; la tête, le dos et les
flancs sont parsemés de petites taches noires.

FAMILLE DES MUGILIDES

Les Mugilides ont le corps allongé couvert d'écailles, la
tête est également écailleuse; ces écailles se détachent avec une
très grande facilité. La mâchoire inférieure présente un tubercule médian, plus ou moins saillant et qui est reçu dans une
entaille pratiquée à la mâchoire supérieure. Il y a *deux* nageoires
dorsales éloignées l'une de l'autre.

GENRE MUGE (*Mugil*).

Les Muges sont des poissons à écailles grandes et finement striées ; la bouche est fendue transversalement ; les ouïes largement ouvertes. Ce sont des poissons de mer, mais qui, chaque année, remontent dans les cours d'eau douce assez loin même de l'embouchure des fleuves. C'est ainsi qu'on pêche le Muge dans la Mayenne, dans la Sarthe, de la mi-mars à la fin d'octobre. Dans la Charente, ils remontent au delà de Cognac ; dans le Rhône, jusqu'à Avignon.

Dès que se font sentir les premiers froids, ces poissons regagnent la mer où ils déposent leurs œufs.

D'après Duhamel et quelques autres observateurs, les Muges pourraient séjourner dans les eaux douces et même s'y reproduire.

Ces mœurs des Muges sont connues depuis bien longtemps et la pêche de ces poissons a toujours été fort active.

Noël de la Morinière a donné sur ce sujet des détails intéressants :

« Nous rapportons, dit-il, au *Muge céphale* et autres espèces du même genre, les médailles d'Amphipolis de Thrace, qui ont été frappées sous les empereurs romains et qui prouvent, à certains égards, que la pêche de ce poisson y était florissante sous les Grecs ; elles représentent une femme ayant au-dessus d'elle un poisson et tenant dans sa main une statue de Cérès. Plusieurs de ces médailles font partie de la belle collection d'Ainslie ; d'autres se trouvent dans le Cabinet des Antiques à Paris ; elles font toutes allusion, suivant Sertini, à la pêche des Céphales qui avaient lieu aux bouches du Strymon et dans le lac d'Amphipolis, comme elle s'y pratique de nos jours, bien que cette ville célèbre ne soit plus qu'un misérable village appelé *Jeni-Kioi* par les Turcs, où la pêche et le commerce des Muges salés sont considérables...

« C'est de ce même poisson et de sa pêche que la ville de Céphalède, aujourd'hui Céphalo, sur la côte occidentale de Sicile, emprunta et reçut le nom qu'elle a conservé jusqu'à nous. La ville dont nous parlons porte encore trois de ces poissons sur sa bannière municipale[1]. »

Les espèces les plus communes sur nos côtes sont les suivantes :

Le Muge Céphale (*M. cephalus*).

Ce Muge a le corps un peu comprimé sur les côtés ; la tête légèrement convexe en dessus ; l'œil est pourvu de deux paupières verticales qui s'écartent vis-à-vis de la pupille et se rejoignent en haut et en bas. Le corps est d'un gris plus ou moins foncé ; le ventre est argenté ; il a six à sept bandes verticales brunâtres sur les flancs.

Le Céphale est très commun dans la Méditerranée et le golfe de Gascogne ; mais plus au nord il devient rare et n'a jamais été rencontré au delà de l'embouchure de la Loire[2].

Le Muge à grosses lèvres (*M. chelo*).

Cette espèce se distingue facilement par la disposition de la lèvre inférieure qui est épaisse et dont le bord est garni de cils très visibles, courts, raides et disposé régulièrement. La tête est large ; le museau court et obtus. Cette espèce est assez commune sur nos côtes de l'Océan et de la Méditerranée.

Le Muge Capiton (*M. capito*).

Les écailles sont chez cette espèce aussi longues que larges ; la tête est rétrécie en avant, le museau court et épais, l'œil est

---

1. Noël, *Histoire générale des pêches anciennes et modernes*, t. Ier, p. 84-85 ; Paris, 1815.
2. Moreau, *Ichthyologie française*, p. 388.

recouvert d'une paupière étroite et circulaire. Le dos est brun;

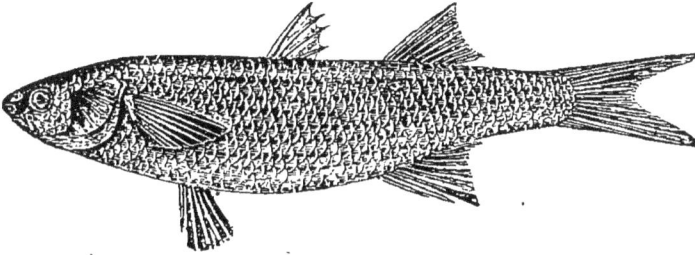

Fig. 22. — Le Muge capiton.

les flancs grisâtres portent six à sept bandes longitudinales.
C'est une espèce commune sur toutes nos côtes.

MALACOPTÉRYGIENS

FAMILLE DES CYPRINIDES

Les Cyprinides ont le corps plus ou moins allongé, les *écailles
cycloïdes*. La tête est dépourvue d'écailles; il n'y a pas de dents
aux mâchoires, mais on en distingue sur les os pharyngiens.

Genre Carpe (*Cyprinus*).

La Carpe commune (*C. carpio*).

La Carpe (fig. 23) a le museau obtus; la bouche porte
quatre barbillons (deux de chaque côté); les ouïes sont largement fendues, l'opercule est strié; la dorsale est longue et comprend deux rayons simples et de 17 à 22 rayons ramifiés.

Ce poisson est, en général, d'un brun verdâtre avec reflets
dorés sur les côtés; mais on connaît de nombreuses modifica-

tions dans la coloration, l'ensemble des formes du poisson, etc.

On distingue quelques variétés ou plutôt monstruosités de cette espèce. Telles sont : 1° les *Carpes dauphins,* qui ont la face raccourcie et chez lesquelles la partie antérieure du crâne fait saillie en avant.

2° Les *Carpes à miroirs,* dites aussi *Reines des Carpes.* Ici les écailles sont peu nombreuses, mais prennent un énorme développement.

3° Les *Carpes à cuir;* les écailles sont atrophiées, le derme acquiert une grande épaisseur et prend l'apparence d'un cuir noirâtre. On élève aussi en France une variété dite *Carpe jaune,* etc.

Quant au *Carpeau,* ce n'est autre chose qu'une carpe chez laquelle les organes reproducteurs semblent atrophiés ; ce poisson peut acquérir un grand embonpoint.

La Carpe est un poisson d'eau douce, mais elle peut vivre

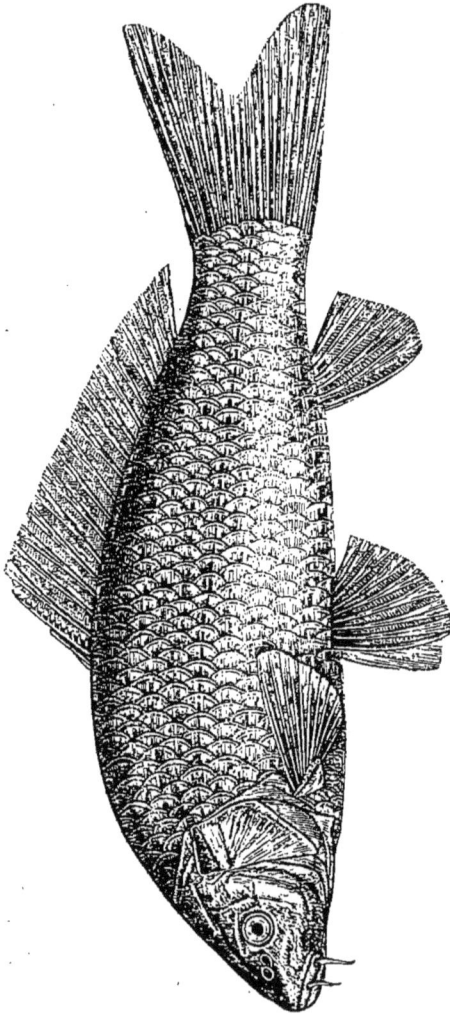

Fig. 23. — La Carpe commune.

dans les eaux saumâtres ; ainsi on en prend de grandes quantités dans la mer Caspienne et dans la mer Noire. J'ai pu en observer également dans les étangs de la Camargue.

Ce poisson se plaît dans les eaux stagnantes et s'échauffant facilement. Il faut en effet que l'eau présente une température de plus de 22° C. pour que la fraye se produise. Il peut d'ailleurs y avoir deux frayes dans la même année, une en mai et l'autre en juillet.

Le nombre des œufs donnés par une Carpe est considérable (300,000 à 500,000). Ces œufs ont $1^{mm},5$ de diamètre. Ce sont des œufs *adhérents* que l'on trouve fixés sur les plantes aquatiques. La Carpe se range parmi les poissons herbivores, mais on sait qu'à certaines époques elle recherche avec avidité les vers, les insectes, et autres petits animaux vivant dans nos étangs. La Carpe peut atteindre des dimensions considérables. On aurait pêché, en Allemagne, quelques-uns de ces poissons ayant $1^{m},50$ de longueur et pesant 30 kilogrammes.

En France, on cite comme tout à fait exceptionnels des poissons de cette espèce pesant 17 kilogrammes. Tel est celui qui aurait été pris à Bruniquel (Tarn-et-Garonne) dans un gouffre de l'Aveyron[1].

Quant à l'origine de ce poisson, on n'est pas absolument fixé, Noël pense que la Carpe nous vient de l'Asie Mineure. Il fait observer que Pline en parle comme d'un poisson de mer parce que de son temps la Carpe venait encore des côtes de l'Asie Mineure où des barques légères allaient chercher les espèces les plus délicates. Ce qui est certain, c'est qu'au moyen âge la Carpe était commune en Allemagne et en France. Noël cite les faits suivants : Albert le Grand parle longuement de ce poisson, et il en parle d'après ses observations personnelles. Cet auteur dit que, dès cette époque, on nourrissait la Carpe dans les étangs, dont les uns étaient destinés à contenir le frai, et les autres à

1. Millet, *Culture de l'eau*, p. 202.

favoriser le développement de sa taille et l'amélioration de sa qualité.

Pennant[1] a fait observer qu'elle ne fut importée que très tard en Angleterre, et Ruty rapporte qu'elle ne fut introduite en Irlande que sous Jacques I[er][2].

Enfin Noël fait observer que la Carpe était déjà très commune en France en 1328, puisque, dans le festin donné par la ville de Reims à l'occasion du sacre de Philippe de Valois et de Jeanne de Bourgogne, il fut servi 2,649 Carpes.

On désigne sous le nom de *Carpe de Kollar* un hybride de la Carpe commune et du Carassin. C'est, d'après M. Moreau, un poisson assez rare et qui existe dans quelques départements du Nord et principalement dans le département de la Somme, aux environs de Péronne.

GENRE CARASSIN (*Carassius*).

Ce genre, voisin du précédent, s'en distingue par l'absence de barbillons et la hauteur plus grande du corps.

Le Carassin commun (*C. vulgaris*). — Noms vulgaires : *Carousse, Carouche, Carreau,* etc.

Le Carassin commun (fig. 24) a le corps élevé, le profil supérieur arqué ; le corps est couvert de grandes écailles ; l'opercule est strié ; la dorsale est longue et le bord postérieur du dernier rayon est finement dentelé ; les parties supérieures et les côtés sont d'un brun verdâtre ; le ventre est jaunâtre.

Le Carassin fraye en mai-juin. Il donne de 100,000 à 300,000 œufs ayant un peu plus de 1 millimètre de diamètre.

Ce poisson n'est pas très commun ; il se pêche surtout

1. Pennant, *British Zoology.*
2. Ruty, *Essay towards a natural of the Corenty of Dublin.*

dans les eaux des départements de l'Est et du Nord. Il aurait été introduit en Lorraine par le roi Stanislas.

Ekstom a montré que la *Gibèle* n'est qu'une variété de

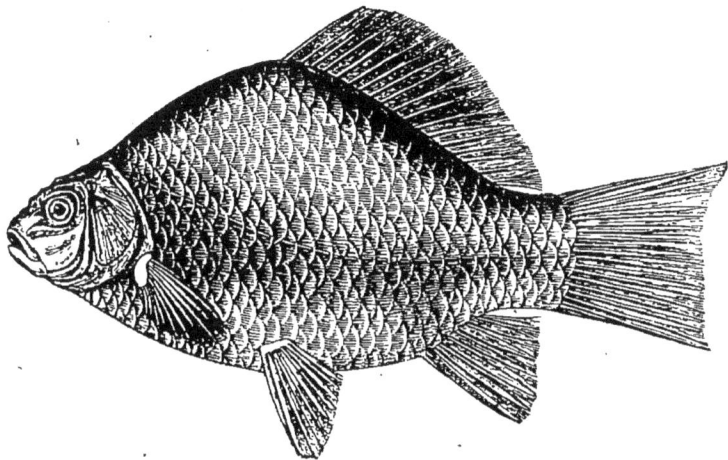

Fig. 24. — Le Carassin.

Carassin chez laquelle le corps est moins haut et la mâchoire inférieure un peu plus allongée.

Le Poisson rouge (*C. auratus*).

Cette espèce (fig. 25) a le corps moins élevé que celui de l'espèce ordinaire ; les écailles sont très grandes.

La coloration est ordinairement d'un beau rouge ; mais, dans nos eaux courantes, cette coloration se perd assez rapidement et le poisson prend la coloration de la Carpe.

Introduit en France au siècle dernier, ce poisson, originaire de la Chine, s'est très bien acclimaté dans nos eaux. On le pêche dans la Seine et ses affluents, mais il a perdu la coloration rouge. Il a été introduit dans les petits étangs des environs de Paris (Chaville, Meudon). On le trouve aussi dans les départements de l'Ouest (Charente, Charente-Inférieure, etc.).

Ce poisson est, dans certains pays, l'objet d'un commerce sérieux, après qu'on lui a fait subir des transformations singulières.

M. Revoil a donné, dans le *Bulletin de la Société centrale d'Aquiculture,* quelques renseignements sur un établissement situé près d'Oldenbourg [1].

Cet établissement, installé sur un terrain tourbeux et mouillé, offre une surface de trois hectares environ. Il comprend

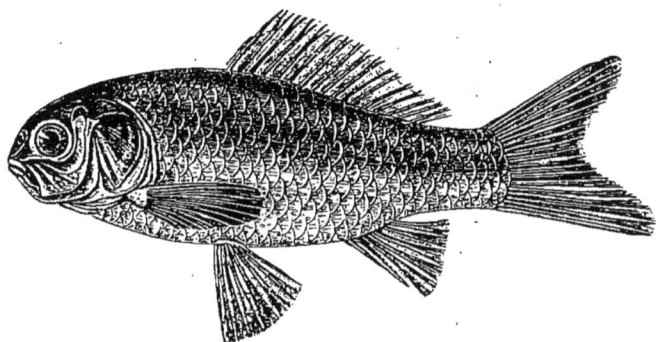

Fig. 25. — Le Carassin doré.

120 bassins, séparés entre eux par des digues ayant 3 mètres de largeur à la base et $1^m,20$ au sommet. Ces bassins sont alimentés par la rivière Hunte qui longe l'établissement et par un ruisseau artificiel formé par les fossés d'égout des prairies voisines. Quelques sources de fonds existent d'ailleurs dans ces étangs, qui reçoivent aussi une certaine quantité d'eau provenant d'une filature voisine.

Les étangs sont divisés en quatre catégories : 1° pour le frai ; 2° pour l'élevage ; 3° pour le *durcissement* de la peau du poisson ; 4° pour les diverses colorations à obtenir.

Dans cette dernière série de bassins, où l'eau présente très peu de profondeur, sa température pendant le mois le plus chaud

1. Revoil, *l'Élevage du Cyprin doré à Oldenbourg (Bull. S. c. d'aq.,* t. III, p. 5).

de l'été est portée à 50° C. à l'aide d'un générateur à vapeur. La question de profondeur de l'eau semble présenter moins d'importance que celle des dimensions des bassins, c'est-à-dire de leur peu d'étendue, qui est une condition *sine qua non* de la réussite.

Le système d'élevage permet d'obtenir des poissons qui se colorent dès la fin de la première année, atteignent la taille marchande à l'automne de la deuxième année et peuvent être amenés à frayer deux et trois fois par an.

La *mise en couleur* des poissons joue un rôle important ; on l'obtient avec le tan, la noix de galle et le fer. Les poissons portant les couleurs de la Prusse ou de l'Empire d'Allemagne sont très recherchés dans le pays. Le prix de ces poissons varie beaucoup suivant la coloration, sa régularité, etc.

Genre Barbeau (*Barbus*).

Les Barbeaux ont le corps allongé, fusiforme, couverts de minces écailles ; la tête allongée porte quatre barbillons autour de la bouche. La caudale est fourchue.

Le Barbeau commun (*B. fluviatilis*). — Noms vulgaires : *Barbillon, Barbarin, Barbet*, etc.

Le Barbeau commun (fig. 26) a le dernier rayon de la nageoire dorsale *dentelé;* le museau est proéminent, la bouche infère à lèvres épaisses et portant deux barbillons de chaque côté. Les parties supérieures sont ordinairement gris bleuâtre ou verdâtre ; le ventre est blanchâtre. La nageoire dorsale est grisâtre, avec quelques points foncés.

Ce poisson est commun dans nos eaux (il semble manquer cependant dans le lac d'Annecy et le lac Léman). Il fraye de mai à juillet. Il a une préférence pour les eaux rapides et les fonds cailouteux. Il dépose ses œufs sur les pierres, et ces œufs passent pour être vénéneux. Cette opinion est loin d'être prouvée ; Bloch rapporte même avoir mangé des œufs de barbeau sans en avoir éprouvé aucun inconvénient.

Il faudrait donc ranger cette opinion à côté de celle, plus singulière encore, qui fait considérer la chair de ce poisson comme contraire à l'amour... Ce serait un anaphrodisiaque... C'était là une opinion très accréditée chez les Grecs.

Quoi qu'il en soit, le Barbeau a été autrefois très estimé : « On prétend, dit Coulon[1], que l'Abbaye du Barbeau, fondée par

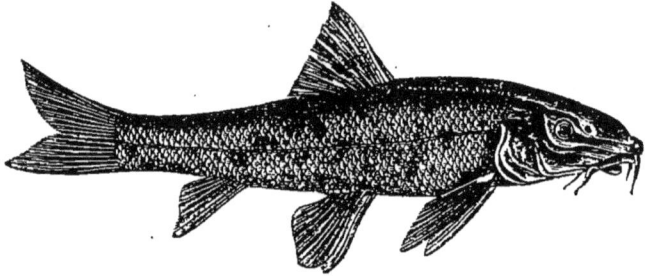

Fig. 26. — Le Barbeau commun.

Louis VII, fut ainsi nommée parce que ce prince, pêchant dans la Seine, prit un de ces poissons ayant dans l'estomac une pierre précieuse. » Le Barbeau fut souvent placé dans les écussons de la noblesse.

La taille de ce poisson peut atteindre $0^m,70$. M. Millet dit avoir vu prendre, en 1857, un Barbeau pesant 7 kilogrammes et demi, à Paris, entre le pont de la Concorde et le pont de l'Alma.

On connaît en France une autre espèce de Barbeau, le *Barbeau méridional*, qui se distingue surtout par l'absence de rayon dentelé à la nageoire dorsale. On le prend dans les eaux des Alpes-Maritimes, et dans le Lez, l'Hérault, la Sorgue, etc. M. Moreau l'a vu pêcher dans l'étang de Thau.

1. Coulon, *Rivières de France*, t. Ier, p. 76.

Genre Tanche (*Tinca*).

Les poissons appartenant à ce genre ont le corps trapu, couvert de très petites écailles ; ils ont seulement deux barbillons. La nageoire dorsale est couverte et arrondie.

La Tanche vulgaire (*T. vulgaris*).

Ce poisson (fig. 27) a le corps légèrement ovalaire ; les écailles, très petites, sont toujours couvertes d'une épaisse couche

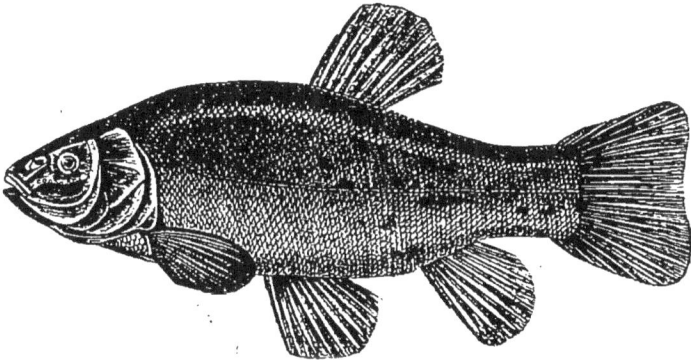

Fig. 27. — La Tanche commune.

de mucus. L'iris est ordinairement rouge. La dorsale courte est plus haute que longue.

La coloration varie avec la nature des eaux ; on peut cependant dire qu'en général cette coloration est d'un brun olivâtre aux parties supérieures, blanchâtre aux parties inférieures. La taille de ce poisson peut atteindre 0m,30, très rarement 0m,50. Il fraye de mai en août et donne de 200,000 à 300,000 œufs.

D'après les observations faites dans les étangs de la Somme, la tanche pourrait frayer à une température d'eau bien moins élevée que la carpe. Ainsi, dans ces étangs, la Tanche fraye dans l'eau à 18°C., tandis que la Carpe ne s'y reproduit pas, et on est obligé d'acheter des alevins.

La Tanche vit dans des eaux fort peu oxygénées. M. Moreau a signalé la présence de la Tanche dans les eaux saumâtres de l'étang de Maguelonne.

GENRE GOUJON (*Gobio*).

Les Goujons ont le corps allongé couvert de grandes écailles (fig. 28); le museau est arrondi; la bouche, reportée en dessous, est garnie d'un barbillon de chaque côté; la dorsale est courte, l'anale fourchue.

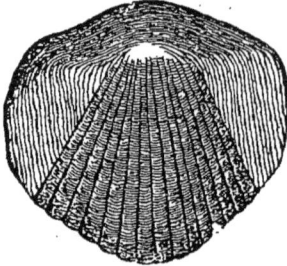

Fig. 28. — Goujon.
Écaille de la région dorsale.

Le Goujon de rivière (*G. fluviatilis*). — Noms vulgaires : *Goiffon, Gofi, Jol* (Hérault), *Tragan, Chabroua*, etc.

Le Goujon (fig. 29) a le corps très élargi en avant et aplati sur les flancs; la tête est large, aplatie en dessus; le museau est gros et arrondi. Les parties supérieures sont d'un brun verdâtre avec quelques

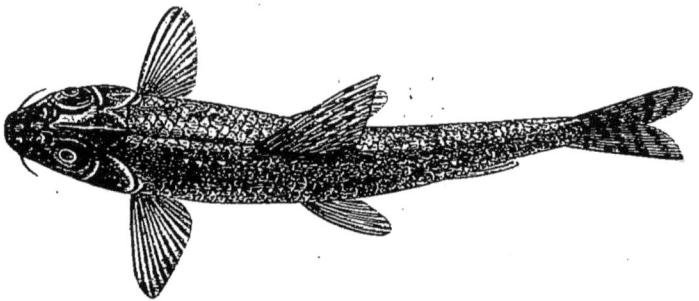

Fig. 29. — Le Goujon de rivière.

taches noirâtres; les flancs sont argentés, ainsi que les opercules. Ces poissons ne sont pas rares dans les eaux courantes et limpides ; ils vont en troupe et aiment les fonds fermes, sablonneux. Les œufs sont déposés en mai et en juin sur les graviers.

On trouve en Auvergne des Goujons de grande taille ; c'est d'ailleurs une simple variété que j'ai pu voir également dans les eaux du Limousin.

GENRE VAIRON (*Phoxinus*).

Les Vérons ou Vairons n'ont pas de barbillon. Il n'y a pas non plus de rayons dentelés aux nageoires (dorsale et anale). Le corps allongé est couvert de très petites écailles. La tête est grosse.

Le Vairon ordinaire (*P. lœvis*). — Noms vulgaires : *Arlequin, Gravier, Sardine, Verdelet,* etc.

Le Véron (fig. 30) se reconnaît facilement à ses petites écailles recouvertes d'une épaisse couche de mucus ; le corps est allongé, le museau court et arrondi.

Ce poisson prend à l'époque du frai une coloration assez

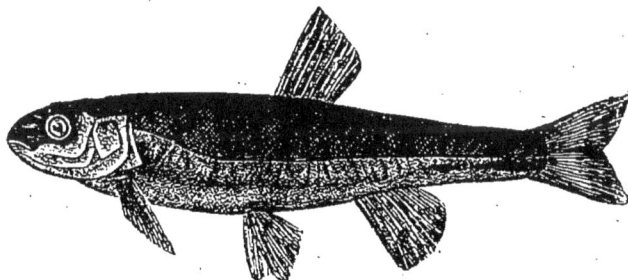

Fig. 30. — Le Vairon commun.

vive. En temps ordinaire, les parties supérieures sont verdâtres, avec les flancs pointillés de noir. Les parties inférieures sont grisâtres. Mais, à l'époque de la reproduction, les *mâles* ont les parties supérieures d'un bleu métallique, les flancs sont parcourus par une bande de la même teinte, et la base des nageoires est d'un rouge vif.

Ce poisson, très commun dans nos eaux, a de 0^m,07 à 0^m,10 de longueur. Il peut avoir une certaine importance au point de vue de l'alimentation des Salmonides. Cependant on a prétendu que ce genre d'aliment serait nuisible aux Truites (?). On a l'habitude de dire que le Véron ne se reproduit qu'à quatre ans ! C'est, comme l'a fait remarquer M. Bertrand[1], une erreur certaine, provenant sans doute d'une faute d'impression qui s'est produite dans l'ouvrage de Lacépède et qui a toujours été reproduite. Le Véron est commun dans la plupart de nos cours d'eau.

Genre Brême (*Abramis*).

Les Brêmes n'ont ni barbillons ni rayons dentelés aux nageoires. Le corps ovale est couvert d'écailles assez grandes. La nageoire anale est très longue et la caudale est fourchue.

La Brême commune (*A. Brama*).

La Brême commune (fig. 31) a le corps ovale, comprimé ; la crête du dos manque d'écailles à sa partie antérieure. Les parties supérieures sont verdâtres ; le ventre blanc argenté avec des teintes roses ; tout le corps est pointillé de noir.

Ce poisson fraye vers la fin d'avril, mai ; au commencement de juin, il donne 200,000 à 300,000 œufs, ayant 1^{mm},05 de diamètre.

La Brême peut atteindre 0^m,70 de longueur, mais cela est rare. M. Millet rapporte avoir vu pêcher, au-dessous de Rouen, des Brêmes de plus de 4 kilogrammes et, au mois de janvier 1853, il aurait vu dans le bateau de M. Filery, fermier de

---

1. Bertrand, *Bull. Soc. centr. d'Aquiculture.*

pêche à Paris, une Brême pesant 4^{kg},750 ; elle avait 0^m,50 de longueur et 0^m,20 de largeur[1].

Nous avons encore dans nos eaux la *Brême bordelière*, dite *petite Brême*. On pêche dans la Moselle, la Meuse, la Somme, la Loire, la Mayenne, la Sarthe, le lac de Sylans, une brême

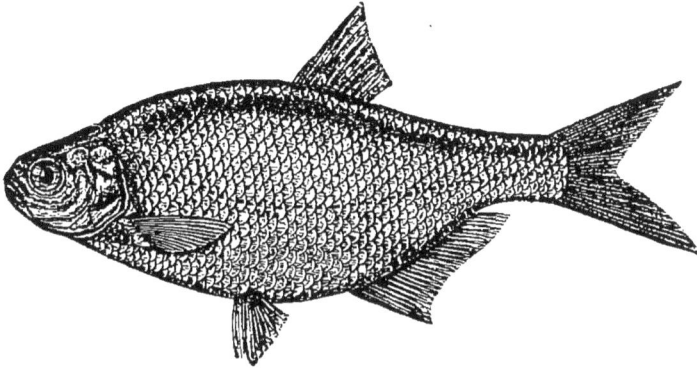

Fig. 31. — La Brême commune.

dite *Brême de Buggenhagen*. D'après M. Moreau, ce poisson ne serait autre chose qu'un produit du croisement de la brême commune avec le gardon[2].

Genre Ablette (*Alburnus*).

Les Ablettes n'ont ni barbillons ni rayons dentelés aux nageoires ; le corps allongé est couvert de minces écailles ; la bouche est obliquement fendue.

L'Ablette commune (*A. lucidus*). — Noms vulgaires : *Blanchet, Ovelle, Ablet, Aublet, Sardine, Mirandelle, Hardipantin, Nablo,* etc.

Ce poisson (fig 32) a le corps allongé, comprimé, couvert d'écailles minces et peu adhérentes ; la tête est plus longue que

1. Millet, *loc. cit.,* p. 197.
2. Moreau, *loc. cit.,* p. 494.

haute, le museau court; la mâchoire supérieure est plus courte que l'inférieure. Les parties supérieures sont verdâtres ou d'un bleu foncé; les parties inférieures et le ventre sont d'un blanc argenté.

Ce poisson se trouve dans presque tous nos cours d'eau, où il fraye vers le mois de mai. Il est recherché à cause de la matière argentée qui recouvre la face interne de ses écailles.

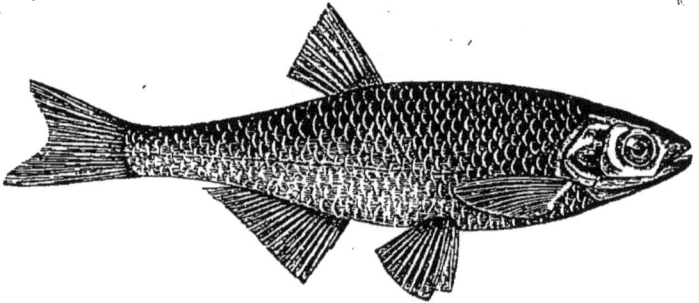

Fig. 32. — L'Ablette commune.

C'est cette matière, connue sous le nom d'*Essence d'Orient*, qui est utilisée pour la fabrication des fausses perles. Il faut environ 4,000 ablettes pour former 500 grammes d'écailles, donnant 125 grammes d'essence d'Orient. Ces écailles se vendraient 20 à 24 francs le kilogramme.

On trouve en France une autre espèce d'ablette, *Ablette spirlin*, chez laquelle la ligne latérale est placée entre deux rangées de points noirs. Quant à l'*Ablette-hachette*, ce serait un métis de l'Ablette et de la Vandoise (?), ou bien encore un métis de l'Ablette avec le Chevaine ou de l'Ablette et du Rotengle (?).

GENRE GARDON (*Leuciscus*).

Les Gardons sont encore des Cyprinides sans barbillons et sans rayons dentelés aux nageoires; ils ont le corps ovalaire couvert de grandes écailles.

Le Gardon commun (*L. Rutilus*). — Noms vulgaires : *Gardon blanc, Roche, Rousselte,* etc.

Ce poisson (fig. 33) a le corps ovale, comprimé, la mâchoire supérieure avance sur l'inférieure; la dorsale est plus haute que longue. Les parties supérieures sont verdâtres, les inférieures sont argentées.

Le gardon est assez commun dans tous nos cours d'eau, cependant M. Moreau n'a pu le trouver dans les Hautes-Pyrénées.

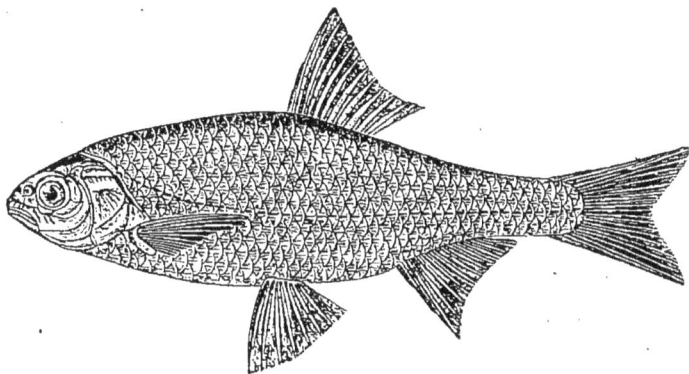

Fig. 33. — Le Gardon pâle.

Il fraye en avril, mai. Les œufs sont déposés sur les fonds couverts d'herbes. La taille du poisson est de 0^m,20 à 0^m,30.

Au même genre appartient le *Vangeron* du lac Léman (L. *prasinus*), qui se reconnaît facilement à la coloration vert pomme de son dos. Il convient aussi de citer le gardon du lac d'Annecy (L. *pallens*), très improprement désigné par les riverains du lac sous le nom de *Véron.*

GENRE CHEVAINE (*Squalius*).

Les Chevaines ont le corps plus allongé, les formes plus élancées que les Cyprinides dont nous nous sommes jusqu'ici occupé. La dorsale courte est placée au-dessus même des ventrales; l'anale est fourchue.

Le Chevaine commun (*S. cephalus*). — Noms vulgaires : *Meunier, Cabot, Chaboisseau, Chevanne, Chevasson, Jeûne, Testard, Cavergne, Rotisson, Vilain, Noiron, Chevenne, Arestou, Laiche à tout*, etc.

Le Chevaine (fig. 34) est de forme oblongue; les écailles sont grandes, striées; l'opercule est également strié. Les parties supérieures sont brun verdâtre, le ventre est argenté. La

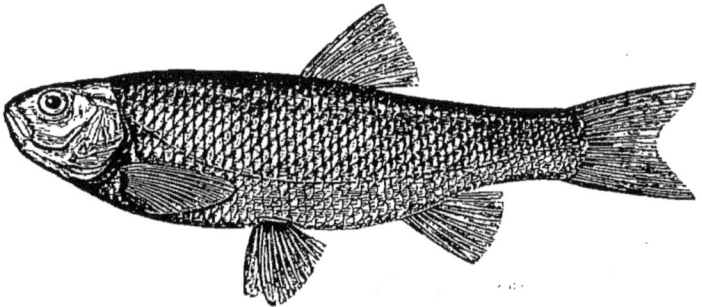

Fig. 34. — Le Chevaine commun.

dorsale et la caudale sont verdâtres, plus foncées au sommet; les autres nageoires sont rougeâtres.

On trouve ce poisson dans presque toutes les eaux de notre pays; il semble cependant préférer les eaux courantes et profondes. Il se nourrit de vers, d'insectes, etc.

Le frai a lieu en mai, juin. Les œufs sont déposés sur les pierres près du rivage. La longueur de ce poisson varie entre 0m,30 et 0m,50.

Dans nos eaux vivent encore : 1° le *Chevaine Soufie* (*Blageon-Saffi*), qui présente une bande brune sur les flancs. Ce poisson se prend dans le Rhône et ses affluents, dans le lac du Bourget, le lac d'Annecy. Le *Chevaine Vandoise* (*Dard, Accourci*, etc.), dont la tête, à profil supérieur courbe, est beaucoup plus étroite que celle du Chevaine commun.

Genre Chondrostome (*Chondrostoma*).

Les poissons appartenant à ce genre ont le corps allongé, à écailles assez grandes; le museau est avancé. Les mâchoires à bords tranchants sont recouvertes d'un étui corné ou cartilagineux (fig. 35).

Le Chondrostome nase (*Ch. nasus*). — Noms vulgaires : *Hottu, Nez, Écrivain, Ame noire, Chiffre.*

Le Nase (fig. 36) a le corps allongé; les écailles sont grandes, minces, striées; le museau est gros, proéminent, allongé. Les parties supérieures sont gris foncé, les flancs d'un gris plus clair et le ventre blanc argenté. Ce poisson fraye en avril, mai. Il donne de 50,000 à 100,000 œufs, ayant 2 millimètres de diamètre.

Voici ce que nous apprend M. Moreau sur la distribution du Nase dans nos eaux :

« Le Nase est plus ou moins commun dans beaucoup de nos cours d'eau : Meurthe, Moselle, Meuse, Somme, Rhône et ses affluents, Saône, Gardon, Durance, Var, Hérault, canal du Midi, Aude, Garonne. Il ne semble pas exister dans le bassin de l'Adour. Il y a une vingtaine d'années, il ne se trouvait pas dans les rivières qui se jettent, soit

Fig. 35. — Tête du Nase, vue en dessous.

dans l'Atlantique, soit dans la Manche, entre l'embouchure de la Gironde et celle de la Somme. En 1860, on reconnut à Sens un poisson pêché dans l'Yonne auquel on donna le nom de *Mulet*.

« Depuis cette époque, le Nase a pullulé d'une façon prodigieuse dans l'Yonne et dans la Seine. En 1876, j'ai été fort surpris d'en voir sur le marché de Moulins. A la question que je lui adressai pour savoir d'où venaient ces poissons, la marchande répondit qu'ils avaient été pris dans l'Allier. Ces poissons, qui sont des *Ombres*, ajouta-t-elle, ont été mis en rivière en 1872-1873. Probablement la Loire et ses affluents seront dans peu de temps envahis par ces hôtes assez peu estimés [1]. »

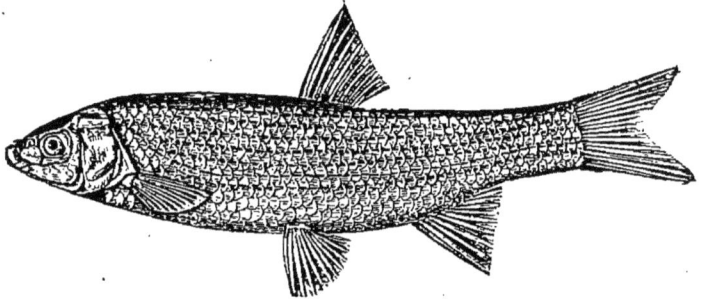

Fig. 36. — Le Nase.

Vallot dit que, dans les villages des bords de la Saône, les Nases et les Vandoises, que les pêcheurs confondent sous le nom de *Souffles*, sont salés et fumés comme des harengs.

Le Nase est un poisson à chair peu délicate et qui offre l'inconvénient de détruire le frai des autres poissons.

GENRE LOCHE (*Cobitis*).

Les Loches se distinguent par la petitesse des ouïes et le grand nombre de dents pharyngiennes; les écailles sont très petites. Il y a autour de la bouche de 6 à 10 barbillons. La dorsale courte n'a pas de rayon épineux.

La Loche franche (*C. barbatula*). — Noms vulgaires : *Barbette, Barbotte, Moutaille, Moulette, Moustache, Dormille, Endormille*, etc.

Ce poisson (fig. 37) a le corps arrondi en avant, comprimé en arrière; les écailles très petites sont assez difficiles à distin-

1. Moreau, *les Poissons de France*, t. III, p. 431.

guer. Il y a 6 barbillons (4 sur la lèvre supérieure et 2 de chaque côté); la caudale est à peine échancrée. Le corps est grisâtre, maculé de noir; les parties inférieures sont jaunâtres.

Ces poissons frayent en avril, mai. Ils ont de 0^m,8 à

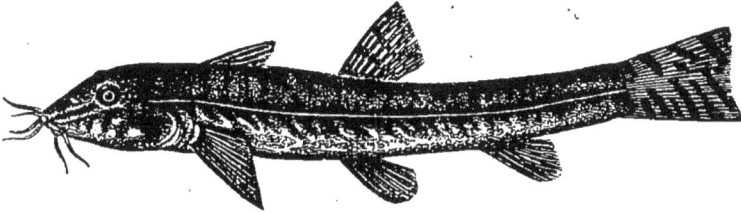

Fig. 37. — La Loche franche.

0^m,12 de longueur; ils sont communs dans nos eaux et leur chair est assez estimée.

L'espèce suivante, la *Loche de rivière* (*C. tœnia*), a le corps très comprimé en arrière. D'aspect rubanné, la chair en est peu estimée.

Quant à la *Loche d'étang*, facile à reconnaître grâce à ses *dix* barbillons, elle est rare en France, très rare même, d'après M. Moreau. Elle a été signalée dans le Gard par Crespon, qui la désigne sous le nom de *Palmo;* on la prend également dans l'étang de Saint-Nicolas' (Maine-et-Loire) et dans le marais d'Aubigny (département du Nord).

FAMILLE DES SILURIDES

Les Silurides ont la peau nue ou portant des plaques osseuses; la bouche est ornée de barbillons.

GENRE SILURE (*Silurus*).

Peau tout à fait nue; tête aplatie; museau court et large; une seule dorsale très courte; l'anale très longue est unie à la caudale; la pectorale porte une forte épine dentelée à son extrémité.

Le Silure Glanis (*S. Glanis*).

Ce poisson a le corps arrondi en avant, comprimé en arrière; le museau est court, aplati; il y a 6 barbillons; 2 à la mâchoire supérieure et 4 sous la mandibule.

Le Glanis a les parties supérieures d'un brun olivâtre; les parties inférieures grisâtres. Ce poisson peut atteindre 2 mètres de longueur et même davantage. Il fraye en mai, juin, donnant 100,000 œufs de 3 millimètres de diamètre.

Le Silure Glanis aime les eaux vaseuses. Il est très rare en France, pêché seulement quelquefois dans le Doubs. Il est, au contraire, assez commun dans certains lacs de Suisse (lacs de Bienne, de Morat, etc.).

On a beaucoup discuté sur la valeur alimentaire de ce poisson et sur l'intérêt que pourrait présenter sa multiplication dans nos eaux. Quelques auteurs anciens qui font mention de ce poisson disent que le Silure a été exclu de nos étangs à cause de sa voracité et du mauvais goût de sa chair.

« Ce poisson, dit Noël, ne fut jamais en grande estime en Italie; on croyait qu'il s'attachait aux cadavres et dévorait quelquefois des hommes. D'après cette opinion, justifiée par l'expérience, on s'abstenait d'en manger ou bien il ne paraissait que sur la table des pauvres [1]. »

En 1865, un journal anglais, le *Builder*, annonçait l'arrivée, à l'établissement de pisciculture de Twickenham, de quatorze jeunes silures provenant de Valachie. Ces silures avaient été envoyés sur la demande de la Société d'Acclimatation anglaise. Ce journal ajoutait que le goût de la chair du silure avait été trouvé supérieur à celui du Saumon et qu'une autorité scienti-

---

1. Noël, *loc. cit.*, p. 179.

fique prétendait que c'était le seul poisson qui méritât d'être introduit dans les eaux de l'Angleterre.

M. Millet s'éleva contre cette opinion ; il avança non seulement que la chair des silures était peu digne d'estime, mais encore que ce poisson très vorace serait un danger pour nos espèces indigènes. M. de Quatrefages appuya cette manière de voir, et M. Sacc conclut en disant que l'on ne pouvait trop désirer voir échouer les essais de multiplication du Silure.

En France, on a essayé l'introduction du Silure, sans résultats d'ailleurs. C'est ainsi que M. Valenciennes avait apporté de ces poissons en France ; il les plaça dans les bassins de Versailles, où ils périrent rapidement. Il en fut de même des individus que M. Coste introduisit dans les lacs du Bois de Boulogne.

FAMILLE DES CLUPÉIDES

Les Clupéides ont le corps allongé, avec des écailles lisses et se détachant facilement ; le ventre porte généralement une carène dentelée ; la tête est nue ; il a une seule nageoire dorsale.

A cette famille appartiennent des poissons très importants au point de vue des pêches maritimes, la Sardine et le Hareng. Nous ne nous occuperons ici que de l'espèce capturée dans nos eaux douces.

Genre Alose (*Alosa*).

Les poissons appartenant à ce genre ont le corps plus ou moins allongé ; les écailles caduques ; la carène ventrale présente des boucliers épineux ; l'opuscule est strié.

L'Alose vulgaire (*A. vulgaris*). — Noms vulgaires : *Poisson de mai, Gatte, Alveiro, Sabre,* etc.

L'Alose (fig. 38) a le corps comprimé ; la carène ventrale est finement dentelée ; le museau est court ; la bouche grande ;

les mâchoires armées de dents, mais ces dents disparaissent souvent de très bonne heure. L'œil porte une paupière adipeuse laissant devant la pupille une ouverture verticale, elliptique. La caudale fourchue est écailleuse à la base. Les nageoires ventrales sont très petites.

Ce poisson a les parties supérieures d'un vert bleuâtre et les parties inférieures bleuâtres; les écailles sont piquetées de noir; on distingue près de l'épaule une tache irrégulière noirâtre.

L'Alose quitte la mer pour venir, au printemps, frayer dans nos eaux douces. Elle remonte alors les fleuves ou les rivières

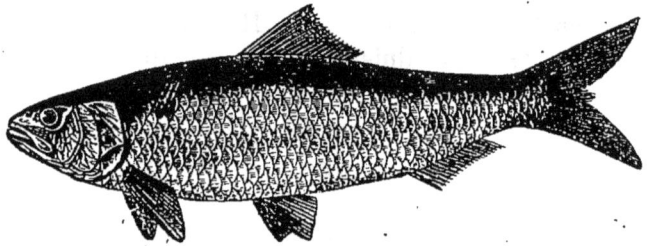

Fig. 38. — L'Alose commune.

s'éloignant beaucoup de la mer. On pêche l'Alose dans les départements de l'Yonne, de la Côte-d'Or, de la Haute-Saône, du Jura, de la Savoie, de l'Isère, de la Haute-Loire. Or, comme le fait remarquer M. Moreau, pour arriver dans ce dernier département, les aloses doivent parcourir un trajet de plus de 800 kilomètres.

Les aloses se rapprochent, pour frayer, des bords des rivières, dans les endroits où l'eau n'a que $0^m,50$ de profondeur.

C'est pendant les premières heures de la nuit qu'a lieu la reproduction. L'évolution des œufs est rapide (de soixante à soixante-dix heures) dans l'eau à 20° C.; une semaine dans l'eau à 16 ou 18° C. Les œufs ont besoin d'être agités pendant l'incubation.

Ce poisson est un de ceux qui étaient autrefois des plus communs dans nos eaux douces.

On pêche également dans nos cours d'eau une espèce très voisine de l'Alose ordinaire, c'est l'*Alose feinte*. Chez cette espèce, il y a une grande tache noire sur l'épaule, et sous cette tache se voient quatre à six marques plus petites et également noires. Les mâles semblent être très précoces en ce qui concerne la reproduction.

FAMILLE DES ÉSOCIDES

Les Ésocides ont le corps couvert de petites écailles; la bouche bien fendue porte une grande quantité de dents. La nageoire dorsale est reportée tout à fait en arrière.

GENRE BROCHET (*Esox*).

La tête est grande; on trouve des dents sur les maxillaires inférieurs, sur le vomer, les palatins et la langue. La mâchoire supérieure n'a pas de dents.

Le Brochet commun (*E. Lucius*). — Noms vulgaires : *Buché, Pognan, Béquet, Bécot*, etc.

Le Brochet (fig. 39) a le corps allongé, prismatique en arrière; les écailles sont petites et minces, mais très adhérentes; la tête, nue en dessus, est grande, large et aplatie; la bouche est très grande. La coloration varie beaucoup avec la nature des eaux; le plus souvent les parties supérieures sont d'un verdâtre foncé avec de grandes taches grisâtres; les flancs sont verdâtres et le ventre blanc argenté.

Le Brochet est commun dans nos cours d'eau; il manque cependant dans le département des Pyrénées-Orientales, dans le Var, l'Hérault, le canal du Midi, le lac d'Annecy.

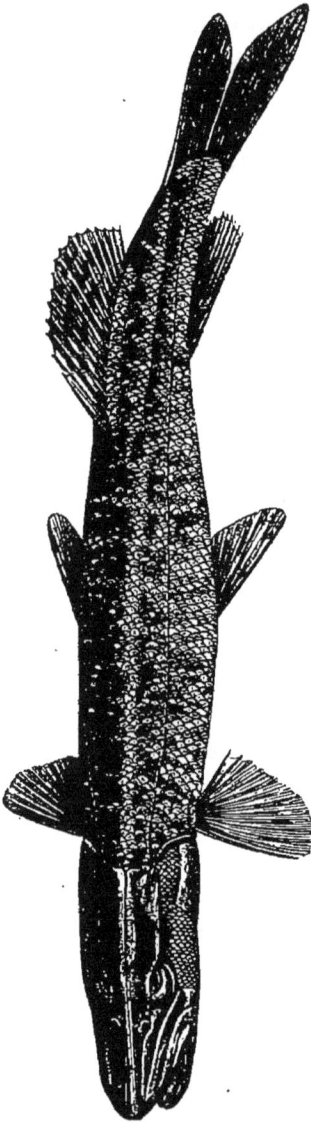

Fig. 39. — Le Brochet commun.

Les Brochets peuvent vivre dans les eaux saumâtres ; on en trouve dans les lagunes de Venise, dans quelques marais de la Camargue.

Ce poisson fraye en février, mars, avril. Les œufs passent pour être vénéneux ; cependant on prétend que, dans quelques parties de l'Allemagne, on fabriquerait avec ces œufs une sorte de caviar, et il est certain que du caviar de brochet est consommé en Russie.

La longueur du poisson peut atteindre et même dépasser un mètre. Le Brochet était connu dans le Nord de toute antiquité. La *Saga* célèbre d'Hervor ne laisse aucun doute à cet égard, et l'on voit dans celle de Hromund qù'il fut pêché en Norvège un brochet si grand qu'il avala une épée !

Dès 1239, en France, on parle de ce poisson dans un acte relatif à la pêche des poissons de la Seine[1], et les ordonnances de 1312 à 1402 en parlent également.

On y voit que dans plusieurs rivières, et notamment dans la Saône, il était défendu de pêcher le brochet avant la Saint-Laurent. Il paraît aussi qu'il y avait alors sur les bords de la Somme des

1. Sommeraye, *Histoire de l'Abbaye royale de Saint-Ouen.*

étangs dits *fosses aux bequiez* qui étaient surtout destinés aux brochets.

On les y nourrissait avec des petits poissons qu'il était permis de pêcher dans la rivière sans encourir la peine que la loi édictait contre ceux qui détruisaient le frai, pourvu qu'on ne leur donnât pas une autre destination que celle de servir de pâture aux brochets. On prétend aussi que sous Charles IX, roi de France, des brochets étaient élevés dans un des bassins du Louvre et qu'ils venaient, à certains appels, chercher leur nourriture.

Le Brochet est un poisson des plus voraces. M. Millet rapporte qu'un de ces poissons qu'il conservait en captivité absorba, en vingt jours, 200 goujons de la grosseur du doigt. Cela me paraît en somme une quantité relativement faible de nourriture pour un poisson tel que le brochet. On a raconté l'histoire de brochets qui auraient vécu un temps considérable. C'est ainsi que nous connaissons un récit disant qu'en 1610 on pêcha dans la Meuse un brochet muni d'un anneau de cuivre portant la date de 1448 ; en 1497, on prit dans le lac de Kaiserweg, près de Manheim, un brochet qui avait plus de *six mètres* de longueur et qui pesait 360 livres ! Il était orné d'un anneau de cuivre doré attaché par ordre de l'empereur Barberousse deux cent soixante-sept ans avant l'époque de cette pêche miraculeuse.

Ces récits ne doivent être acceptés qu'avec d'extrêmes réserves.

FAMILLE DES SALMONIDES

Les Salmonides ont le corps couvert d'écailles lisses ; les yeux sont ordinairement entourés d'une paupière adipeuse. Il y a deux nageoires dorsales, mais la deuxième n'est en réalité qu'une sorte de prolongement adipeux.

Il y a des dents aux mâchoires et souvent même sur le vomer, les palatins et la langue.

Genre Saumon (*Salmo*).

Les Saumons ont le corps allongé, comprimé et couvert de petites écailles adhérentes; les mâchoires, le vomer, les palatins et la langue portent des dents qui peuvent disparaître chez les adultes.

Le Saumon commun (*Salmo salar*). — Noms vulgaires : les petits saumons sont nommés : *Renny* (Moselle), *Tacons, Taconnets, Orgues, Gui-Moisson*..... Suivant leurs livrées diverses, on les désigne sous les noms suivants : *Saumons de carème, Madeleinaux, Cocards, Gros blancs, Saumons d'Alose, Marcassins,* etc.

Nous donnerons une description sommaire de ce poisson dont l'extérieur est si connu. Le corps est allongé, fusiforme; les écailles lisses sont adhérentes (fig. 40). D'après M. Moreau, la tête a, chez les adultes, une longueur égale au sixième de la grandeur totale.

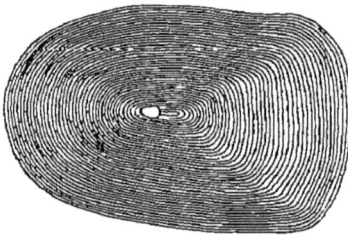

Fig. 40. — Écaille de Saumon prise sur les flancs.

Les mâchoires sont bien garnies de dents; le *chevron* du vomer est denté. Le bord postérieur de l'opercule dessine une courbe régulière; il y a deux nageoires dorsales, la seconde constituée par un prolongement adipeux.

Les parties supérieures sont, *chez l'adulte,* d'un bleu métallique, les flancs gris argenté, le ventre blanc d'argent. Le dessus de la tête et l'opercule sont marqués de taches noires; des taches semblables se montrent au-dessus de la ligne latérale. La coloration varie d'ailleurs avec l'âge du poisson. Chez les jeunes sujets, cette coloration est grise, avec quinze à dix-huit bandes transversales noires (fig. 41). Chez certains sujets, la mâchoire inférieure se recourbe en crochet. Cette déformation est assez prononcée pour que divers auteurs aient considéré cette forme comme constituant une espèce particulière (*Salmo hamatus*). C'est le *Saumon Bécard*. Jusqu'à présent, on a toujours écrit que ces *Bécards* étaient de vieux mâles. C'est

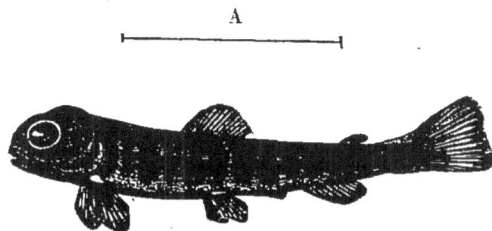

Fig. 41. — Jeune Saumon, après la résorption de la vésicule ombilicale, grossi.

La ligne A indique sa grandeur naturelle.

ainsi que M. E. Blanchard disait : « Aujourd'hui, on est assuré que la courbure parfois très prononcée de la mâchoire inférieure

Fig. 42. — Saumon Bécard (mâle) pris le 14 janvier 1889, à Léry (embouchure de l'Eure), en état de frai. (Poids : 6ᵏ,700.)

Fig. 43. — Saumon franc (femelle) pris le 21 janvier 1889, au Manoir (Seine), venant de frayer. (Poids : 6 kilogrammes.)

des mâles n'est pas un caractère spécifique [1]... » M. Benecke considère le Bécard (*Hakenlaschen*) comme un vieux mâle [2] (fig. 42 et 43).

1. E. Blanchard, *les Poissons des eaux douces de la France*, p. 451.
2. *Handbuch der Fischzucht und fischerei*, p. 159.

Récemment, divers observateurs ont avancé : 1° que les Bécards pouvaient être des *femelles*, bien que cependant la grande majorité de ces Saumons difformes appartînt au sexe mâle; 2° que de *jeunes Saumons* pouvaient être Bécards.

Mœurs. — Nous décrirons ces mœurs telles qu'elles ont été indiquées jusqu'ici par les auteurs classiques, d'après les observations faites en Écosse et en Angleterre.

Coste en 1861, Coumes en 1852, publièrent sur ce sujet des rapports importants dont M. Blanchard a donné le résumé dans son livre sur les poissons de France.

Lorsque le jeune poisson vient d'achever la résorption de la vésicule ombilicale, il a 0^m,03 de longueur, mais il grandit

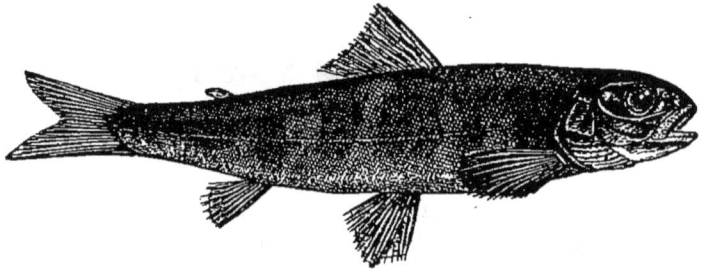

Fig. 44. — Jeune Saumon ou Saumonneau.

rapidement; son corps s'allonge, prend une teinte grisâtre et porte 15 à 18 bandes transversales noirâtres. Il est à l'état de *Parr* et reste sous cette livrée pendant un an ou deux. Puis cette apparence change; les parties supérieures deviennent d'un bleu métallique, des taches de même coloration apparaissent sur les flancs, le ventre est d'un beau blanc argenté : c'est l'état de *Smolt* (fig. 44). Remarquons d'ailleurs qu'un certain nombre de *Parrs* ne se changent pas en *Smolts* au bout d'une année; la moitié environ de ces Parrs conserve la même coloration et séjourne deux ou trois années dans les eaux douces. Quoi qu'il en soit, c'est sous la livrée Smolt que les saumons accomplissent leur premier voyage à la mer. Arrivés à l'embouchure du fleuve, ils s'arrêtent pendant deux ou trois jours, comme s'ils voulaient s'habituer au changement de milieu, puis ils disparaissent dans la mer. Au large des côtes françaises, le Saumon n'est jamais capturé, mais il ne semble pas en être de même partout.

Dans un discours prononcé à la Chambre des députés, M. de la Ferronnays avait dit : « Nous avons en permanence dans nos ports des matelots norvégiens, et tous nous disent que, dans leur pays, quand ils se livrent à la pêche au large des côtes, ils recueillent à la fois dans leurs filets des gros, des moyens et des petits saumons, c'est-à-dire des saumons de tout âge... » M. le professeur Collet, de Christiania, s'est expliqué comme suit dans une lettre adressée à M. Vaillant[1] : « Quant au dire des matelots norvégiens sur la pêche des saumons sur nos côtes, voici ce qui en est : pendant l'été, des milliers de saumons sont capturés dans les filets le long de la côte, depuis le Linderneese jusqu'au Finmark ; la plupart sont de jeunes individus, mais il y en a d'adultes ; ils suivent évidemment le rivage pour chercher l'embouchure des fleuves dans lesquels ils remontent pour frayer... »

Ce n'est donc pas au large des côtes que l'on pêche le saumon en Norvège, mais près du rivage.

Il reste toujours un fait inexpliqué. Que devient le saumon dans les profondeurs de la mer ? « S'il se réfugie dans les régions abyssales, comment se fait-il que les dragages aujourd'hui assez nombreux exécutés par de grandes profondeurs n'en aient pas encore ramené aucun, ou même qu'on n'en ait pas accidentellement pris, comme certains poissons de ces mêmes régions, à la suite des grandes tempêtes ? Ce fait de non-capture paraît d'autant plus extraordinaire que l'accroissement rapide de volume acquis par le saumon dans les eaux marines indique assez qu'il y mène une vie active[2]. »

---

1. Vaillant, *Sur la présence du Saumon dans les eaux marines de la Norvège.* (*R. Sc. nat. app.*, p. 111.)
2. Vaillant, *loc. cit.*, p. 113.

Quoi qu'il en soit, au bout de sept à huit semaines, les saumons reparaissent et remontent les cours d'eau ; mais ils ont encore une fois changé d'aspect. Cet aspect est même tellement différent de celui qu'ils avaient au moment de leur entrée en mer, que pendant longtemps on s'est demandé si l'on se trouvait bien en présence du même poisson. Cependant, dès 1830, un pêcheur d'Écosse ayant marqué un smolt à l'aide d'un fil métallique put le reprendre plus tard à l'état de saumon. Depuis, cette expérience a été maintes fois renouvelée.

Le Saumon retour de la mer ou *Grilse* ne laisse plus voir les bandes transversales noires qui étaient encore visibles chez le *Smolt;* sa tête s'est effilée, mais ce sont surtout les dimensions qui se sont étonnamment modifiées. Tel smolt qui, au moment de sa disparition dans la mer, atteignait à peine $0^m,20$ de longueur, revient poisson pesant parfois 2 kilogrammes.

Sous cette forme, les saumons remontent les cours d'eau se dirigeant vers les lieux de ponte. Ils vont en longues colonnes, les vieux individus tenant toujours la tête. Arrivés vers le haut des fleuves ou dans les rivières, ils procèdent à la ponte. Ne pouvant frayer que dans les eaux froides, les saumons abandonnent souvent les fleuves pour les ruisseaux qui y viennent aboutir. C'est ainsi qu'on les voit quitter la Seine pour l'Yonne et celle-ci pour la Cure.

Quand est venu le moment de la ponte, le mâle et la femelle creusent une sorte de cavité ayant $0^m,15$ à $0^m,25$ de profondeur. La femelle y dépose ses œufs, que le mâle vient ensuite féconder. Quant à l'époque du frai, c'est, au moins dans notre pays, pendant les premiers mois de l'hiver (novembre, décembre) que se fait cette opération. L'époque peut d'ailleurs varier avec l'altitude du lieu de ponte et, par conséquent, la température extérieure. Les œufs sont d'abord blancs, puis ils prennent une teinte jaune *saumonée;* ils ont le volume d'un gros pois. Le temps d'évolution de ces œufs varie avec la température de l'eau dans laquelle ils ont été déposés. Plus l'eau est froide, plus lente est l'évolution. On peut dire que la durée de l'incubation varie entre quatre-vingt-dix et cent quarante jours. Un fait très remarquable et partout constaté, c'est que le saumon, après ses voyages en mer, revient toujours, sauf accident, bien entendu, dans les eaux où il a pris naissance. Ce fait, on le comprend, n'est pas sans importance au point de vue pratique.

Lors du Congrès de Zoologie tenu à Paris en 1889, M. Kunstler a déclaré ce qui suit : « En principe, je puis avancer que les saumons qui remontent les frayères ne le font jamais pour aller frayer; il ne faut donc pas rechercher les individus reproducteurs parmi les saumons remontant les cours d'eau [1]. »

En outre, le savant dont je rapporte l'opinion pense que « la ponte ne peut avoir lieu que tous les deux ans, que la reproduction du saumon est *biennale*. » M. Bureau partage cette opinion [2].

J'ai discuté ailleurs [3] les opinions émises par ces naturalistes, opinions dont la vérité ne me semble nullement démontrée, jusqu'à présent du moins. Il n'en est pas moins vrai que ces nouvelles données sur la reproduction du saumon, soutenues par des hommes de science, doivent attirer l'attention.

Un assez grand nombre d'observateurs prétendent que les saumons ne mangent pas pendant leur séjour dans les rivières ou ruisseaux. M. Buckland pense que, pendant son séjour en eau douce, le saumon vit simplement aux dépens de la graisse accumulée autour des appendices pyloriques pendant son séjour à la mer. Un observateur anglais, Milne-Homme, dit que les saumons mangent fort peu ou pas du tout quand ils remontent une rivière. M. Huxley pense, au contraire, que ces poissons détruisent de l'alevin. M. J. Bullok est du même avis. D'un

1. Kunstler, *Recherches sur la reproduction du Saumon de la Dordogne.* (*Congrès de Zool.*, C. R., p. 83.)

2. Bureau, *le Saumon de la Loire* (*Bull. de la Soc. des Sc. nat. de l'Ouest*, t. Ier, p. 8.)

3. Brocchi, *le Saumon ordinaire et ses mœurs*, etc., p. 8-15.)

autre côté, M. le Dr Miescher-Rusch, cité par M. Raveret-Wattel, s'exprime ainsi : « Je ne puis *qu'adopter* l'opinion d'après laquelle les saumons adultes se passeraient complètement de nourriture en eau douce tant qu'ils n'ont pas frayé, et ne mangeraient qu'exceptionnellement après le frai. Jamais je n'ai trouvé de nourriture dans l'estomac de ceux que l'on prend en Hollande, tandis que ceux que l'on prend dans la mer Baltique et dans la mer du Nord sont toujours gorgés de poissons. »

Un fait intéressant et qui ne paraît pas bien élucidé est celui qui a trait à l'élevage des saumons en eaux closes. Est-il possible de conserver et de faire croître des saumons dans des eaux douces n'ayant aucune communication avec la mer? Le fait ne paraît pas impossible ; mais, dans ces conditions, le saumon n'atteint jamais de grandes dimensions. On n'obtient que des formes naines. C'est ainsi que l'on trouve aux États-Unis, dans les lacs Sebago, Sebee et Schoodie, une variété de saumon (*S. Salar*, *V. Sebago*) qui ne se rend jamais à la mer [1].

En 1893, une Commission, nommée par le Ministre des Travaux publics, a procédé à une enquête sur les époques de montée du saumon, sur celles de sa descente à la mer, de sa ponte, etc. J'ai reproduit les détails fournis par cette enquête dans un travail publié à cette époque [2]. Je me contenterai de donner ici des tableaux dressés par M. Cameré avec le plus grand soin et qui résument les faits principaux constatés à la suite de l'enquête dont je viens de parler.

Des renseignements recueillis, on peut tirer les conclusions suivantes :

En France : 1.º Les Saumons fréquentent l'Adour, la Gironde, la Loire, la Seine et une partie des affluents de ces fleuves. On les trouve également dans un certain nombre de

---

1. Voir Raveret-Wattel, *Rapport sur la situation de la Pisciculture à l'étranger;* 1880, p. 97.

En Norvège, dans le lac Wenner, se trouve également un saumon n'allant jamais à la mer.

2. Brocchi, *loc. cit.*, p. 19 et suiv.

rivières de Normandie et de Bretagne, et aussi dans la Canche ;

2° *La montée* de ces poissons a lieu pendant presque toute l'année, mais avec périodes actives en hiver et au printemps ;

3° *La descente* semble également avoir lieu pendant toute l'année ;

4° Le frai des Saumons a sa période active d'*octobre à janvier* ; cependant, dans les parties basses des bassins, le frai peut se prolonger jusque vers la fin de janvier.

L'Omble-Chevalier
(*S. Umbla*) [1].

L'Omble - Chevalier (fig. 45) (*Charr* des Anglais) est souvent confondu et bien à tort avec l'*Ombre* (*G. Tymallus*). Ici le corps est allongé, comprimé sur les côtés et couvert de très petites écailles, de telle sorte que, suivant une expression de M. E. Blanchard, la peau semble simplement gaufrée. La tête est légèrement convexe. La mâchoire

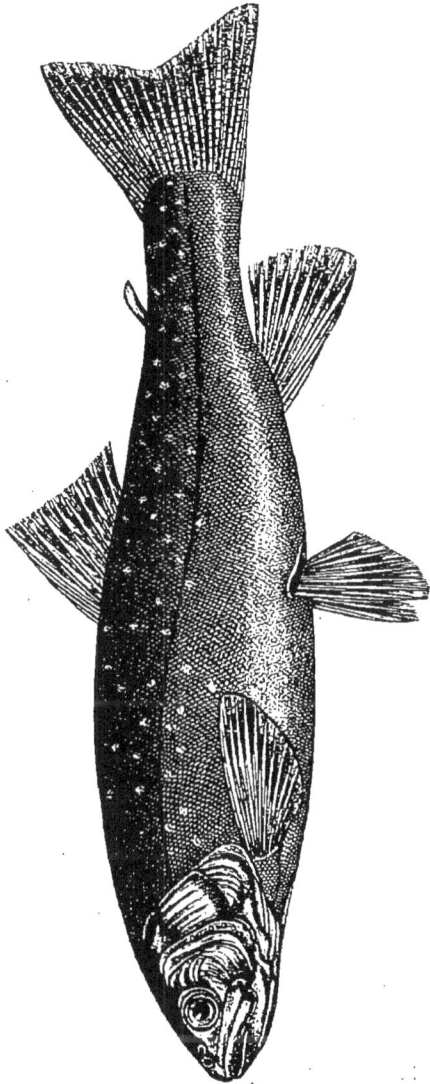

Fig. 45. — L'Omble-Chevalier.

1. On considère parfois l'Omble-Chevalier comme formant un sous-genre (*Umbla*) parce qu'il n'y a ici de dents que sur le *chevron* du vomer.

supérieure ne dépasse pas beaucoup l'inférieure. La coloration est variable ; les parties supérieures sont d'un gris verdâtre ; les parties inférieures sont jaune orangé assez clair, teinté de blanc. Des taches jaunâtres, ayant quelquefois à leur centre un point rougeâtre, se voient sur le dos et les flancs des jeunes sujets. L'anale et les nageoires paires sont jaune orangé pâle.

Ce poisson se pêche dans la Meurthe. Il n'est pas rare dans les lacs des Voges ; on le pêche dans le lac Léman et le lac du Bourget. Enfin, il est assez rare dans l'Ain et le Rhône, et on le prend quelquefois dans le Doubs.

En résumé, les grands lacs semblent être le séjour préféré de ce poisson, qui fraye en octobre, novembre, et atteint une longueur variant de 0^m,30 à 0^m,80 [1].

Genre Truite (*Trutta*).

Le genre Truite est bien voisin du précédent. On peut constater, il est vrai, que la forme de l'opercule est différente. Chez le Saumon, l'opercule est strié et son bord postérieur régulièrement arrondi [2]. Chez la Truite ordinaire, l'opercule est lisse et a son bord postérieur oblique de haut en bas et d'avant en arrière. Enfin, il y a ici des dents sur le *corps* et le chevron du vomer. Mais il n'en est pas moins vrai que les deux genres sont très voisins. C'est une remarque bien ancienne d'ailleurs.

Il y a plus de trois siècles que Rondelet écrivait : « Qui fera comparaison des truites et des saumons, qui regardera aussi leurs parties tant du dehors que du dedans, leurs mœurs et façons de vivre, il verra clairement que truites sont saumons de rivières et de lacs. »

1. On obtient des métis de Truite et d'Omble-Chevalier. Ces métis acquerraient rapidement une taille assez élevée, mais seraient stériles.
2. Nous verrons que la Truite de mer a les mêmes caractères.

La Truite commune (*T. fario*).

La Truite (fig. 46) a la tête forte et large en dessus et
le museau gros, obtus; la nageoire caudale est simplement
échancrée chez les adultes, tandis qu'elle est fourchue chez les
jeunes; elle est même presque carrée chez les sujets de grande
taille; les ventrales sont moins longues que les pectorales. Le

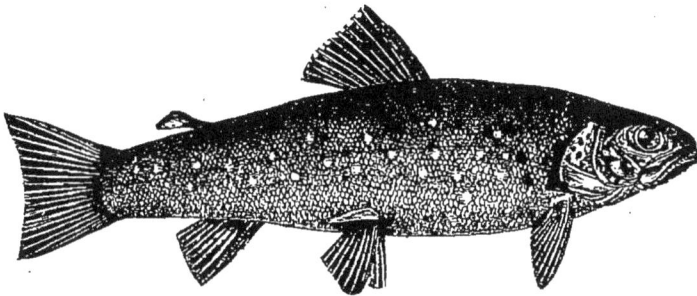

Fig. 46. — La Truite commune.

corps, généralement un peu ovale, a une coloration fort variable. Le plus ordinairement le dos est vert avec le ventre jaunâtre. Des taches foncées et arrondies se voient sur la tête, le
dos, les flancs. Au-dessus et au-dessous de la ligne latérale se
montrent des taches rougeâtres, ocellées (*truitage*). La nageoire
dorsale a des taches noires et des taches rouges. Quelques
truites sont presque bleues, d'autres noires, etc. Ces variétés
tiennent aux différences de la nature des eaux.

La coloration de la chair est également variable. Tantôt
cette chair est blanche, tantôt elle est orangée comme celle du
saumon, saumonée en un mot.

Il est difficile d'indiquer d'une manière précise la cause de
cette différence dans la coloration de la chair. On avait pensé
que la nature de l'eau avait une influence, mais cependant nous
connaissons beaucoup de localités où les truites, vivant dans les

mêmes eaux, ont les unes la chair blanche, les autres la chair saumonée.

On a prétendu que les truites à chair saumonée sont celles qui se nourrissent de crustacés. Mais, dans ce cas également, toutes les truites habitant les mêmes eaux devraient être également colorées. En tout cas, il faut bien noter que la coloration de la chair de la truite n'est ni un caractère générique ni un caractère spécifique.

Les truites se nourrissent de vers, d'insectes, de crustacés, de petits poissons, etc. Elles commencent à frayer dès le mois d'octobre dans les régions très élevées et beaucoup plus tard dans la plaine. J'ai déjà eu occasion d'insister sur ce fait [1] A l'époque du frai, les truites recherchent les endroits peu profonds, les ruisseaux à fond de gravier. La durée de l'incubation varie entre quarante et soixante jours, suivant la température de l'eau. La longueur du poisson varie entre $0^m,30$ et $0^m,60$. On a vu des truites ordinaires atteindre la taille de 1 mètre.

On a signalé une autre espèce de truite habitant les eaux françaises. C'est la *Truite de Baillon,* poisson excessivement rare et qui vivrait dans la Somme.

La Truite de mer (*T. marina*). — Noms vulgaires : *Truite de mer, Truite de Dieppe, Truite saumonée.*

Cette espèce a le museau arrondi, mais la tête plus allongée plus effilée que celle de la truite ordinaire; la bouche est grande; la mâchoire, les palatins, le vomer et la langue sont dentés; le bord postérieur de l'opercule décrit une courbe allongée, et cet opercule est strié; les parties supérieures sont verdâtres, les flancs sont gris et le ventre argenté; la longueur est de $0^m,60$ à $0^m,80$.

---

1. Voir page 24.

Ce poisson a les mêmes mœurs que le Saumon [1]. On le pêche dans la Meuse, la Seine, la Loire. Il fraye de septembre à novembre. La chair de cette espèce est toujours saumonée.

GENRE OMBRE (*Thymallus*).

Les *Ombres* ont le corps allongé, couvert d'écailles assez grandes; la tête est relativement petite ; les mâchoires sont garnies de dents petites et pointues; la nageoire dorsale est longue et la caudale fourchue.

L'Ombre commun (*T. vexillifer*).

L'Ombre (fig. 47) a des écailles assez grandes, sauf cependant sous la gorge et entre les pectorales; là les écailles sont très petites et peuvent même manquer.

Ce poisson a les parties supérieures d'un bleu métallique chez les jeunes individus; plus tard cette teinte devient grisâtre.

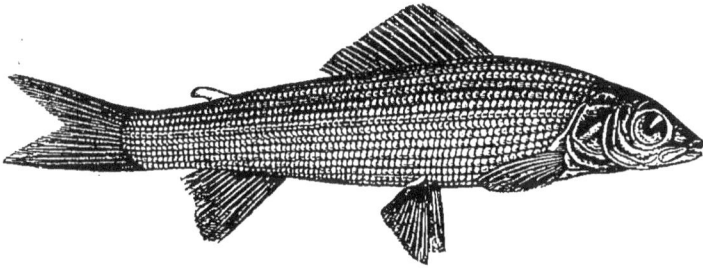

Fig. 47. — L'Ombre commun.

Les flancs et le ventre sont d'un blanc argenté. On distingue souvent sur le corps des bandes longitudinales grisâtres.

Ce poisson se pêche dans la Meurthe, la Moselle, la Meuse,

---

1. On vend parfois des Saumons (*Grilse*) sous le nom de Truites de mer.

le Chiers, le Doubs et l'Ain. On le prend également dans le lac du Bourget, dans le Rhône, le Gardon, l'Hérault, la Loire. Il semble être assez abondant dans les cours d'eau du département de la Haute-Loire. On cite ordinairement le lac d'Annecy comme renfermant l'Ombre. Si tant est qu'il y existe, il doit y être bien rare ; j'ai passé plusieurs étés sur les bords de ce lac sans voir prendre ce poisson.

L'Ombre a une longueur variant entre $0^m,20$ et $0^m,30$, rarement davantage. Un fait remarquable est que ce poisson est le seul de nos Salmonides qui fraye en mars et en avril.

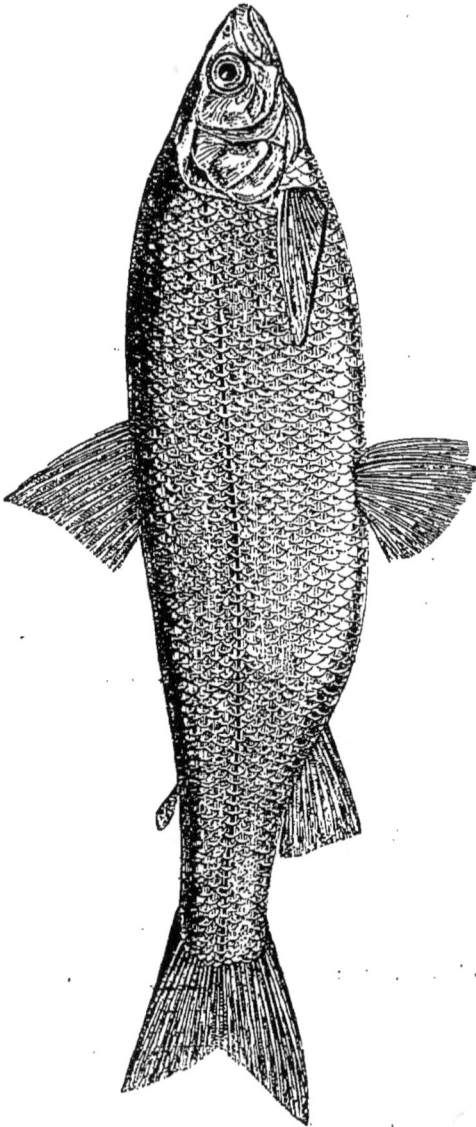

Fig. 48. — Le Lavaret.

GENRE CORÉGONE
(Coregonus).

Les Corégones se distinguent des autres Salmonides par l'absence de dents aux machoires, ou tout au moins par des dents fort petites et disparaissant facilement.

Le Lavaret (*C. lavaretus*).

Le Lavaret (fig. 48) a le corps allongé, comprimé; les écailles sont petites, minces, très adhérentes. La tête est petite, le museau est épais, arrondi, non proéminent; il y a 9 ou 10 rayons brachiostèges; l'opercule est trapézoïde et coupé transversalement par une ligne légèrement courbe; il semble formé de deux pièces. La première dorsale est plus haute que longue.

Les parties supérieures sont d'un gris bleuâtre; les flancs et les parties inférieures sont blanc argenté.

Le Lavaret se pêche dans le lac du Bourget et dans le lac d'Aiguebelette, où il est maintenant assez abondant, comme j'ai pu m'en assurer. Il existait dans ce petit lac du temps de Rondelet, mais il avait disparu. Il a été introduit de nouveau dans ces dernières années. On pêche aussi le Lavaret dans le Guier, quelquefois, mais rarement, dans l'Ain.

Longueur du poisson, de 0^m,20 à 0^m,40.

Le Corégone Féra (*C. fera*).

Envisagée dans son ensemble, la Féra (fig. 49) est plus courte, plus ramassée que le Lavaret. Le museau est plus proé-

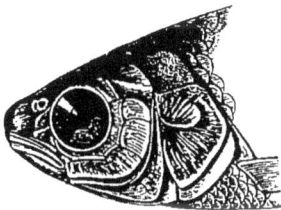

Fig. 49. — Tête de Féra.

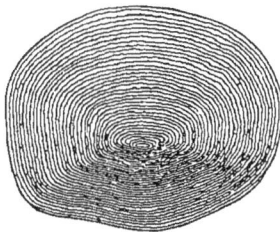

Fig. 50. — Écaille de Féra.

minent. La première dorsale est trapézoïdale, très haute; on y compte environ 15 rayons.

Les parties supérieures sont d'un brun verdâtre : sur les flancs, les écailles (fig. 50) portent des points noirâtres formant quelquefois une sorte de bande; les parties inférieures sont blanchâtres. A l'époque du frai, les nageoires sont rosées, pointillées de noir.

La Féra ne semble pas se rapprocher du rivage pour frayer comme le fait le Lavaret. Les œufs sont déposés, en décembre, sur les herbes des parties profondes.

Ce poisson est très commun encore dans le lac de Genève. On avait très bien réussi à l'acclimater en France dans l'étang du Settons (Nièvre), mais cet élevage a été abandonné. On a prétendu qu'il avait été acclimaté dans le lac Charvet, en Auvergne, mais j'ai des doutes à cet égard.

La chair de la Féra, comme celle de tous les Corégones, s'altère avec une déplorable facilité; aussi, malgré le bon goût de sa chair, ce poisson n'est pas amené sur le marché de Paris, où il ne saurait arriver en bon état.

Longueur, 0^m,25 à 0^m,50.

On voit parfois, à Paris, le *Corégone Houting* (fig. 51) vendu sous le nom d'*Outil*. Ce poisson est facilement recon-

Fig. 51. — Le Houting.

naissable à son museau extrêmement prolongé. C'est un poisson de mer qui remonte dans les eaux douces. Ceux que nous voyons à Paris viennent de la Hollande.

D'après le frère Ogérien, on le prendrait quelquefois dans le Doubs (?).

Longueur, $0^m,25$ à $0^m,45$.

FAMILLE DES GADIDES

Les poissons appartenant à cette famille ont un corps allongé couvert d'écailles lisses ; il y a *une, deux* ou *trois* dorsales ; *une* ou *deux* anales. Les poissons les plus importants de cette famille sont des poissons essentiellement marins, comme la Morue. Nous n'avons à nous occuper ici que d'un gadide qui vit dans nos eaux douces.

GENRE LOTE (*Lota*).

Les Lotes ont *deux* nageoires dorsales et *une* anale ; la mâchoire inférieure porte un barbillon. Le corps est allongé, arrondi en avant, comprimé en arrière, et couvert de très petites écailles. La deuxième dorsale et l'anale sont très longues. Les mâchoires sont dentées.

La Lote commune (*L. vulgaris*). — Noms vulgaires : *Mustèle, Barbote, Borbote, Gendarme, Loup, Chatoille, Dormille fine, Azé* (Gard).

Le corps arrondi en avant est très comprimé en arrière ; les très petites écailles sont cachées sous une épaisse couche de mucus ; les yeux sont arrondis, saillants (fig. 52). La première dorsale est assez courte, la deuxième, au contraire, est fort longue ; la caudale est arrondie.

La coloration est ordinairement jaunâtre avec des marbrures foncées. On trouve quelques individus atteints d'albinisme.

La Lote est très commune dans le lac de Genève, ainsi que dans le lac d'Annecy et celui du Bourget. Ce poisson fraye en hiver (décembre et janvier), sa longueur ordinaire varie entre

Fig. 52. — La Lote commune.

$0^m,35$ et $0^m,70$, mais on a pris des sujets bien plus grands. C'est un poisson essentiellement carnivore. En 1889, une circulaire du Ministre des Travaux publics avait prescrit, sur l'époque du frai de ce poisson, une enquête de laquelle il résulte que la Lote fraye de décembre à février.

FAMILLE DES ANGUILLIDES

Les poissons appartenant à cette famille ont le corps allongé, serpentiforme, les écailles manquent ou sont très petites et cachées dans l'épaisseur de la peau. Il n'y a pas de côtes ;

les mâchoires sont dentées. Il n'y a pas de ventrales et les nageoires impaires sont réunies.

Genre Anguille (*Anguilla*).

Les Anguilles ont de très petites écailles cachées sous la peau ; la mâchoire supérieure est plus courte que l'inférieure. La dorsale commence très en arrière des pectorales.

L'Anguille vulgaire (*A. vulgaris*).

L'Anguille ordinaire (fig. 53) a la peau épaisse très résistante. La tête est arrondie en dessus, les yeux sont petits, le

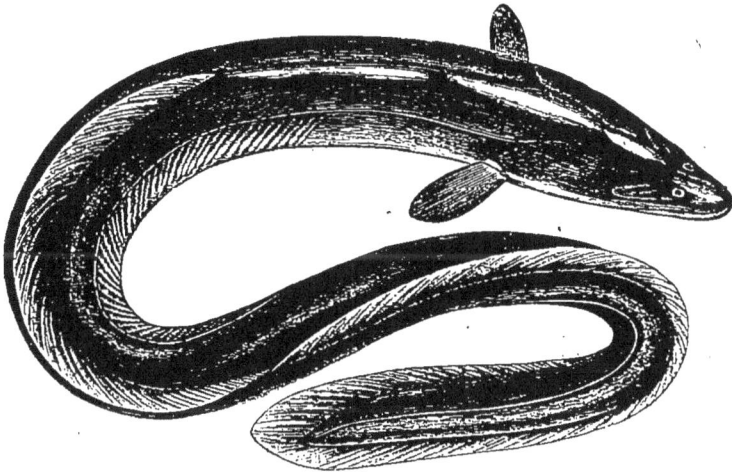

Fig. 53. — L'Anguille commune.

museau est plus ou moins allongé. La coloration est en dessus d'un brun plus ou moins foncé. Les parties inférieures sont blanchâtres.

On distingue plusieurs formes chez cette Anguille : 1° le *Pimperneau* ou Anguille à museau large, aplati, arrondi en avant. Cette variété est commune dans les retenues de port, les étangs saumâtres. 2° Le *Grig* a la tête aplatie et large en arrière des yeux, le museau est plat.

On a beaucoup discuté sur le mode de reproduction de l'Anguille. M. Émile Blanchard est porté à considérer l'Anguille comme étant un simple état larvaire ; la forme adulte nous serait inconnue. Ce n'est là, semble-t-il, qu'une simple vue de l'esprit. Quelques auteurs avaient bien prétendu que l'Anguille n'était que la larve du Congre ou Anguille de mer, mais depuis on a démontré (M. le docteur Moreau) que la larve du Congre n'est autre que le *Leptocephalus*.

M. Ercolani considérait les Anguilles comme hermaphrodites. Il est cependant facile de distinguer les mâles des femelles. M. Ch. Robin, se basant sur des recherches anatomiques, a montré qu'à fort peu d'exceptions près, toutes les Anguilles à large bec, les *Pimperneaux*, sont des mâles. Leur longueur maxima est de $0^m,45$. Ces Pimperneaux, qui, comme nous l'avons vu, vivent ordinairement dans les eaux saumâtres, quittent le rivage à l'époque du frai et gagnent les grands fonds de la mer. A la même époque, les femelles quittent les eaux douces, se laissant parfois emporter par le courant, roulées en boule formées de plusieurs individus. Elles aussi quittent les eaux douces pour rejoindre les mâles.

Chez les femelles, on distingue sans peine un ovaire (fig. 54)

Fig. 54. — Organes femelles de l'Anguille.

qui a la forme d'un ruban continu, demi-transparent, jaunâtre et plissé en collerette. On peut très bien y reconnaître des ovules.

Chez les mâles, le testicule a la forme d'un ruban mince, étroit, rosé ou grisâtre. Il est formé par une série de lobes aplatis, flottants, larges de 2 millimètres (fig. 55). Jusqu'à présent, il est vrai, on n'a pu reconnaître la présence de Spermatozoïdes, qui très probablement se développent lorsque le poisson s'est rendu dans les eaux salées. Ce qui est certain, c'est que

Fig. 55. — Organes mâles de l'Anguille.

les femelles descendent à la mer, vers novembre ou décembre, ainsi que les mâles.

On les voit revenir dans les eaux douces, puis au printemps une grande quantité de petites anguilles, *venant de la mer,* pénètrent dans les cours d'eau douce. C'est le phénomène de la *montée.* Ces très petites anguilles transparentes, filiformes, sont désignées sous le nom de *Montinettes* (Picardie), de *Civelles* (Seine, Loire), de *Piballes* (Charentes), de *Bouirons* (Rhône).

POISSONS CARTILAGINEUX

STURIONIENS

Genre Esturgeon (*Accipenser*).

Les Esturgeons ont le corps en forme de pyramide à cinq pans; les angles sont couverts de boucliers osseux; il y a quatre barbillons placés sur une ligne transversale (fig. 56), entre l'extrémité du museau et la bouche, qui est dépourvue de dents, protractile. La vessie natatoire est très développée chez les Esturgeons. Elle communique avec l'œsophage par un canal large, court, entouré de fibres muscu-

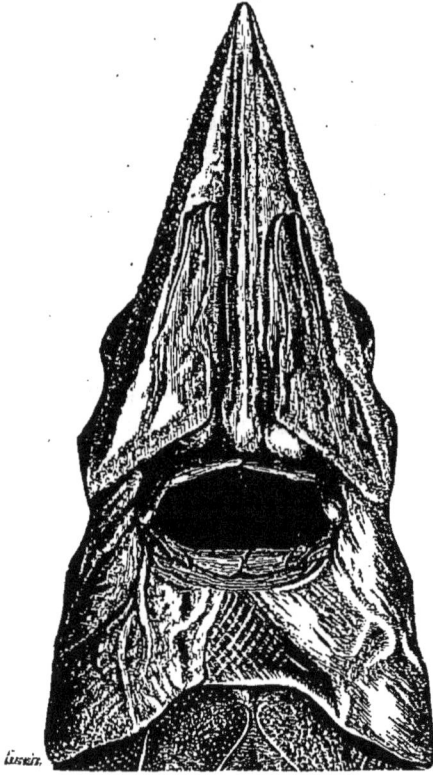

Fig. 56. — Tête de l'Esturgeon commun, vue en dessous.

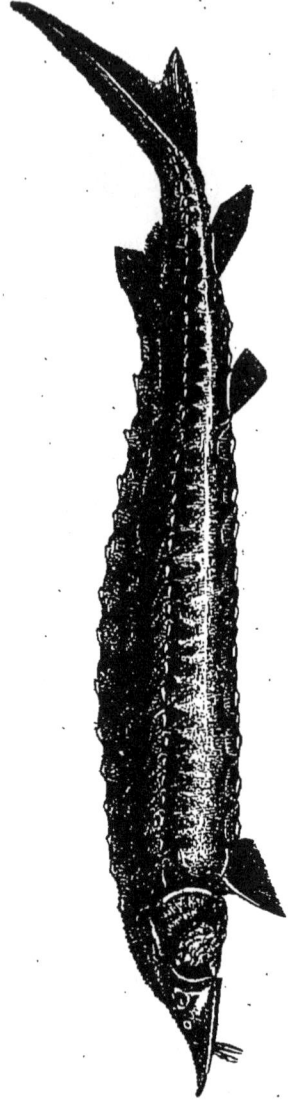

laires. La membrane interne de cette vessie sécrète une épaisse mucosité. Il n'y a qu'une seule dorsale placée en arrière au-dessus de l'anale; la caudale est héterocerque [1].

1. Voir p. 6.

Fig. 57. — L'Esturgeon commun.

L'Esturgeon commun (*A. Sturio*).

L'Esturgeon (fig. 57) a le corps allongé, couvert de scu-telles et de tubercules; la tête est couverte de plaques osseuses régulièrement disposées. La coloration est grisâtre ou jaunâtre. Longueur moyenne, de 1^m,50 à 2 mètres.

Ce poisson remonte dans les eaux douces pour y déposer ses œufs. Dans la Seine, il a été pêché à Neuilly, mais cela est rare. Plus rarement encore il a été pris dans l'Yonne. On le prend dans la Gironde, dans la Loire. Ce poisson est, en résumé, devenu rare dans nos eaux.

CYCLOSTOMES

FAMILLE DES PÉTROMYZONIDES

Les poissons appartenant à cette famille ont le corps cylindrique en avant, comprimé en arrière. Il n'y a pas d'écailles. La bouche est large, circulaire, armée de dents (fig. 58). Il y a sept ouvertures branchiales de chaque côté; on trouve deux nageoires dorsales plus ou moins séparées; la deuxième dorsale et l'anale sont unies à la caudale; les nageoires paires manquent; enfin il y a des *métamorphoses*.

La Lamproie marine (*P. marinus*) (fig. 59).

La peau, complètement nue, est résistante, couverte d'un épais *mucus;* il n'y a pas de démarcation entre le tronc et la tête, qui se termine par une large bouche circulaire et dentée. Les dorsales sont bien séparées. La coloration est d'un blanc grisâtre ou jaunâtre, avec des taches noires, des marbrures foncées.

La Lamproie est un poisson carnivore remontant les cours d'eau douce, probablement pour frayer, et s'avançant fort loin des côtes. C'est ainsi qu'en 1879 une Lamproie a été prise près d'Asnières. On la prend communément dans la Loire, au-dessus d'Orléans ; dans le Rhône. Elle semble commune dans l'Ain et le Doubs. Le frère Ogérien dit qu'on en pêche beaucoup à Dôle. Comment les Lamproies peuvent-elles accomplir ces longs voyages ? M. Gunther suppose qu'elles se font remorquer par les Aloses. Bien que ce fait semble à peine croyable, il est cependant affirmé par M. Benecke[1], et M. de Sayé rapporte ce qui suit : « Ce poisson (l'Alose) a une grande vigueur et remonte les plus forts courants. La Lamproie, qui remonte à la même époque dans les eaux douces, ne peut au contraire dépasser les rapides. Arrivée à un point qu'elle ne saurait franchir sans aide, elle s'abrite derrière une pierre, un obstacle, s'y maintient et là attend le passage des Aloses. Quand l'une d'elles passe à sa portée, elle s'élance, la saisit à la queue. L'Alose, effrayée, précipite sa course, fait un effort et franchit le passage difficile. La Lamproie lâche prise aussitôt. Nous avons vu prendre dans les filets tournants des Aloses ainsi accrochées ; or ces filets sont placés dans les courants les plus forts[2].

Fig. 58. — Bouche de la grande Lamproie marine.

(Grandeur naturelle.)

1. *Fische, fischerei und fischzucht.*
2. De Sayé, *la Pêche de l'Alose dans la Garonne.*

On prétend également que les Lamproies se fixent aux bateaux, surtout à ceux qui, chargés de sel, remontent le Rhône. Longueur, 0^m,60 à 1 mètre.

On trouve dans nos eaux douces une autre espèce.

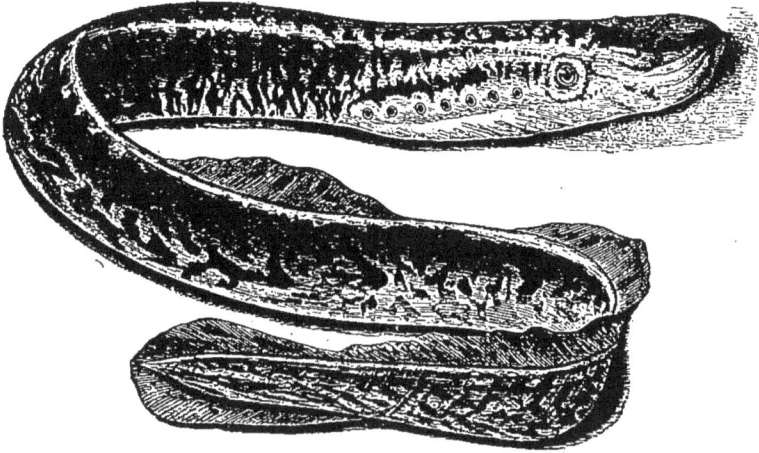

Fig. 59. — La Lamproie marine.

La *Lamproie fluviatile,* dont la longueur ne dépasse guère 0^m,50, est une petite espèce. La *Lamproie de Planer* (fig. 60), voisine de la précédente, dont l'état larvaire était connu sous le

Fig. 60. — La Lamproie de Planer.

nom d'Ammocète. En 1666, Baldner, pêcheur strasbourgeois, écrivait : « Depuis le mois d'août jusqu'à la fin de décembre on prend très peu de poissons qui voient, mais la *Lamproie*

6

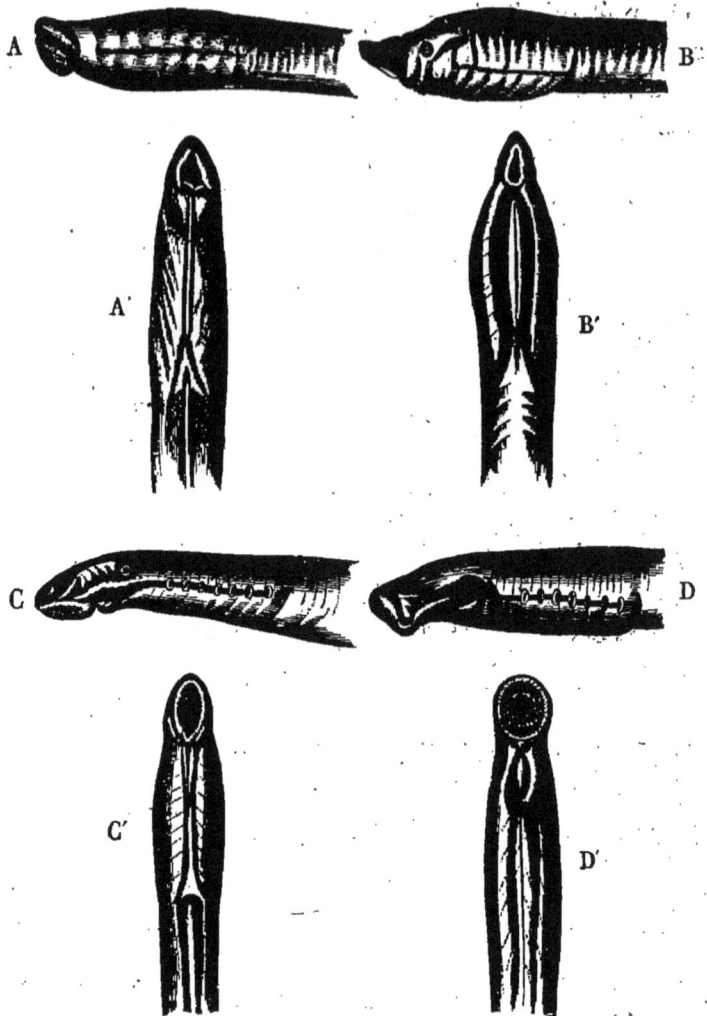

Fig. 61 à 64. — Métamorphoses de la Lamproie de Planer.

A, Portion antérieure de la larve, vue de profil.
A', La même partie, vue en dessous.
B, Portion antérieure d'une larve plus âgée, où les yeux commencent à apparaître.
B', La même, vue en dessous.
C, Portion antérieure, vue de profil, d'une jeune Lamproie, dont l'appareil dentaire
     est encore incomplètement développé.
C', La même, vue en dessous.
D, Portion antérieure, vue de profil, d'une Lamproie adulte.
D', La même, vue en dessous.

aveugle se montre toute l'année; celles qui voient et celles qui
sont aveugles sont d'ailleurs de *la même espèce*, car les jeunes
sont toutes aveugles, etc. (fig. 61 à 64) ». Puis, en 1856,
A. Muller prouva le même fait expérimentalement.

En dehors de ces poissons appartenant à notre faune, on
a essayé d'introduire dans nos eaux une certaine quantité d'espèces étrangères.

En réalité, ces essais d'acclimation n'ont donné que des
résultats à demi satisfaisants, sauf cependant pour une espèce
de Salmonide, la *Truite arc-en-ciel*, qui semble offrir de réels
avantages. A mon avis, nos espèces indigènes offrent des qualités telles, qu'il paraît nécessaire de s'occuper d'elles d'abord
pour le repeuplement de nos eaux. Lorsque nous aurons en
abondance la Truite ordinaire, le Saumon habitué de nos fleuves,
on pourra alors consacrer ces efforts à doter notre faune d'espèces nouvelles. Mais, encore une fois et à l'époque actuelle,
sauf une ou deux exceptions, les espèces tant vantées, sans doute
parce qu'elles viennent de loin, semblent rester des objets de
curiosité et ne présenter au point de vue pratique qu'une utilité
tout à fait relative.

Je ne parlerai donc ici que des espèces qui présentent
quelques avantages réels, et cela dans certaines circonstances.

Le Saumon de Californie (*S. Quinnat*).

Voici les caractères de ce poisson tels que les a donnés
Richardson, qui semble avoir été le premier à décrire l'espèce[1].

Tête pointue et large, représentant le quart environ de la
longueur totale du corps; ligne dorsale légèrement arquée, caudale profondément échancrée. Le bord antérieur de la dorsale
également distant de l'extrémité du museau et de l'insertion de
la caudale. Teinte générale du corps d'un gris bleuâtre tournant au vert quelques heures après la mort du poisson; flancs

1. Richardson, *Fauna Boreali Americana*.

d'un gris cendré, à reflets argentés ; ventre blanc ; la partie supérieure du corps au-dessus de la ligne latérale est semée de points noirs étoilés, quelques-uns œillés. La dorsale et l'opercule sont rougeâtres. Quant aux habitudes du *Salmo Quinnat*, elles ont été résumées par M. Raveret-Wattel dans le *Bulletin de la Société d'acclimatation* [1].

Cette espèce vit dans le Sacramento (Saumon du Sacramento) et aussi dans un grand nombre de cours d'eau tributaires du Pacifique. Elle supporte des chaleurs très fortes sans en paraître incommodée. En juillet-août, le Saumon pénètre dans le San-Joaquin et le remonte sur une longueur de 150 kilomètres, traversant une vallée très chaude ou la température de l'eau atteint 28° C. De plus, la pureté de l'eau semble être moins nécessaire à ce poisson qu'à ses congénères.

La Société d'acclimatation poursuit des essais ayant pour but d'acclimater ce poisson dans notre bassin méditerranéen. On a fait éclore des œufs de Saumon Quinnat dans un petit établissement situé près des sources de l'Aude. Les jeunes sont mis à l'eau ; on espère qu'ils se rendront à la Méditerranée. Jusqu'à présent, ces essais ne semblent pas avoir donné de résultats [2]. Il en a été de même d'ailleurs de ceux poursuivis depuis longtemps pour l'acclimatation dans les mêmes eaux de notre Saumon indigène.

En réalité, cette espèce ne semble s'être bien acclimatée jusqu'à présent que dans les bassins de l'aquarium du Trocadéro.

La Truite d'Amérique (*S. fontinalis*).

C'est le *Brook trout* des Américains. Ce poisson a le corps allongé, comprimé, sommet de la tête aplati, museau obtus. Il

---

1. Raveret-Vattel, *Bull. Soc. d'acc.*
2. On en aurait cependant pris un exemplaire qui, fait extraordinaire, est venu se faire capturer près de Banyuls, au moment où se trouvaient réunis dans cette localité d'éminents naturalistes.

y a une seule ligne de dents sur le vomer. La partie supérieure du corps est d'un brun pâle lavé de plus foncé; les flancs plus clairs portent un grand nombre de taches jaunes, dont quelques-unes ont le centre marqué d'un point rouge. Parfois la couleur jaune disparaissant laisse le point rouge isolé ou entouré d'un cercle bleuâtre. Le ventre est blanc, quelquefois d'un beau rose légèrement bronzé; opercule doré et fuligineux. Après avoir joui d'une grande faveur, cette espèce exotique semble être maintenant à peu près abandonnée par les pisciculteurs; elle a été remplacée, avec raison d'ailleurs, par l'espèce dont j'ai à parler maintenant.

La Truite arc-en-ciel (*Salmo iredeus*), *Gibbons Rainbow Trout.*

Ce poisson est originaire de la côte nord-ouest de la Californie. C'est dans la rivière Mac-Cloud, affluent du Sacramento, qu'elle se montre particulièrement abondante, et c'est dans ce cours d'eau que la Commission des pêcheries des États-Unis a fait recueillir des sujets adultes, pour se procurer les œufs nécessaires aux premiers essais d'acclimatation[1].

Cette Truite, comme toutes ces congénères, a une coloration un peu différente, suivant les époques où on la considère.

En temps ordinaire, le poisson est de couleur sombre, avec les parties inférieures jaunâtres. La peau est couverte d'une quantité de petits points noirs. La tête est large; la ligne dorsale est très peu arquée, la queue est très fourchue; souvent il y a deux rangées de dents sur le vomer.

En temps de frai, l'animal est d'un brun olivâtre, avec de brillants reflets argentés. Les parties inférieures blanc d'argent; nageoires orange ou rouges[2]. M. L. Stone ajoute à ces caractères la présence d'une bande rouge s'étendant depuis la tête

---

1. Raveret-Vattel, *la Truite arc-en-ciel.* (*Bull. Soc. d'acc.*, 4e série, t. II, p. 81.)
2. G. Suckley, *On the North American Species of Salmon and Trout.* Washington, 1861.

jusqu'à la nageoire caudale; ce caractère semble manquer chez un certain nombre d'individus.

Dans la rivière Mac-Cloud, le frai commencerait en janvier, pour se prolonger parfois jusqu'au milieu du mois de mai.

Comme on le voit, les caractères zoologiques de ce poisson ne sont pas très tranchés, et encore ces caractères semblent disparaître assez rapidement quand les Truites arc-en-ciel vivent dans les eaux de notre pays. Au bout de quelques générations, elles ressemblent beaucoup à notre Truite ordinaire, et il devient nécessaire de renouveler *le sang* avec des sujets provenant d'œufs importés directement d'Amérique.

Mais il est incontestable que ces Truites arc-en-ciel possèdent des qualités spéciales, que l'on peut résumer comme il suit :

1° Cette espèce ou variété a une croissance beaucoup plus rapide que notre Truite indigène;

2° Elle va chercher sa nourriture sur les fonds, ce que ne fait jamais l'espèce commune, et il y a là un grand avantage pour les éleveurs.

3° La Truite arc-en-ciel résisterait assez facilement à des températures assez élevées jusqu'à 26° C., mais nous verrons que la Truite indigène semble pouvoir résister dans les mêmes conditions.

Quoi qu'il en soit, *tous les pisciculteurs sont unanimes* pour vanter les qualités précieuses de ce poisson, que l'on peut, par conséquent, considérer comme une acquisition excellente.

CHAPITRE III

Pisciculture naturelle.

EXPLOITATION DES ÉTANGS ET DES LACS. — FLEUVES ET RIVIÈRES.
FRAYÈRES. — RÉSERVES. — ÉCHELLES A POISSONS.
REPEUPLEMENT DES RIVIÈRES.
EMPOISONNEMENT DES EAUX. — MESURES A PRENDRE.

La pisciculture est l'art d'élever les poissons, c'est-à-dire l'ensemble des moyens destinés à favoriser la multiplication et le développement de ces êtres.

La pisciculture peut s'occuper, soit des poissons vivant dans les eaux douces, soit de ceux habitant les eaux saumâtres ou salées. Nous ne nous occuperons ici que de la pisciculture en eau douce.

Cette industrie peut à son tour être divisée en deux branches : la *pisciculture naturelle*, c'est-à-dire les procédés favorisant les conditions naturelles de la vie des poissons, mais sans intervenir directement dans certains de leurs actes physiologiques, et 2° la *pisciculture artificielle*, qui, au contraire, intervient dans ces actes, et notamment dans ceux se rattachant à la reproduction des poissons.

DES ÉTANGS

L'exploitation des étangs mérite d'être étudiée avec soin. J'espère montrer que ces étendues d'eau peuvent donner et donnent même, sur quelques points de notre territoire, de forts beaux bénéfices. Je suis convaincu que le produit des étangs serait encore augmenté si les propriétaires se décidaient à apporter à leur exploitation autant de soin qu'ils en mettent à cultiver leurs terres.

Le nombre des étangs était autrefois énorme dans notre pays. Ce nombre a beaucoup diminué, et je crois qu'il ne faut pas le regretter au point de vue de l'hygiène publique. La Convention avait même ordonné (4 octobre 1793), sous peine de confiscation, le desséchement de tous les étangs. Cette loi ne fut pas exécutée et fut rapportée en 1795. On a l'habitude d'estimer à 208.000 hectares la superficie de nos étangs, mais je ne saurais garantir ce chiffre, qui ne me semble basé sur aucune donnée sérieuse.

Quoi qu'il en soit, j'étudierai d'abord les étangs en général; puis après avoir examiné les conditions particulières que doivent présenter certains étangs, je donnerai quelques exemples pour montrer que l'exploitation de ces eaux n'est pas aussi arriérée dans notre pays qu'on se plaît à le dire.

Conditions générales de l'exploitation des étangs.

Lorsque l'on veut exploiter un étang, la première condition à remplir est de se rendre un compte exact de la nature des fonds et de celle des eaux. On doit examiner également avec soin le mode d'alimentation de l'étang, la flore, la faune, etc. On ne peut, en effet, élever indifféremment telles ou telles espèces dans un étang donné; un étang excellent pour l'élevage des Carpes ne saurait convenir à celui de la Truite, et *vice versa*.

On ne peut guère, à notre époque, songer à creuser un étang de toutes pièces, étant donné le prix de la main-d'œuvre. On pourrait cependant, dans certains cas, profiter d'une dépression du sol, d'un cours d'eau courant dans un étroit vallon, mais ce sont là des circonstances tout à fait exceptionelles. Cependant, si on se trouvait en pareilles conditions, il ne faudrait pas oublier que la première condition d'existence d'un étang est d'avoir un fond imperméable.

Un étang doit toujours être entouré de digues; ces dernières doivent avoir une élévation d'au moins 0ᵐ,50 au-dessus du niveau maximum de l'eau. La base de ces clôtures doit naturellement être plus large que le sommet. Olivier de Serres a parfaitement décrit les conditions de construction de ces digues et est entré à ce sujet dans des détails intéressants, mais inutiles à reproduire ici[1]. Les digues peuvent être protégées par des clayonnages en roseaux, car lorsque l'étang a une superficie un peu considérable, on peut y voir se former des vagues très capables d'endommager les talus.

J'ai dit que le fond devait être imperméable. Il arrive parfois qu'une petite partie du sol laisse passer l'eau; il se produit une sorte de fuite. On remédiera à cet inconvénient en plaçant sur la surface perméable un mélange de terre végétale et de chaux vive, mélange qui sera comprimé avec la *dame* et le rouleau. On recouvrira ensuite avec de la terre végétale.

Tout étang doit être muni d'une *pêcherie* ou *poêle*. On donne ce nom à une portion de l'étang creusée plus profondément et placée près de la bonde de décharge.

Les poissons viennent se réfugier là à l'époque des grands froids comme à celle des grandes chaleurs, et c'est là également qu'ils se réunissent au moment de la pêche de l'étang. Pour faciliter l'accès de la pêcherie aux poissons, il sera bon de pratiquer sur le fond des sortes de petites rigoles venant aboutir à la poêle. Ces petits fossés auront en outre l'avantage de faciliter l'assèchement du sol si on veut mettre l'étang en culture. Les parois de la pêcherie doivent être garnies de planches ou de pierres. Quant aux dimensions, elles doivent être environ les suivantes : 5 à 10 mètres de largeur et 0ᵐ,60 au

---

1. O. de Serres, *le Théastre d'Agriculture*, 1635, p. 383.

moins de profondeur en plus que celle des *profonds* de l'étang.

Le canal de décharge partira du point le plus bas de la poêle. Ce canal est ordinairement en pierre (fig. 65) et porte à sa partie supérieure un trou conique que l'on bouche avec un tampon en forme de tronc de cône ; cette sorte de bouchon se

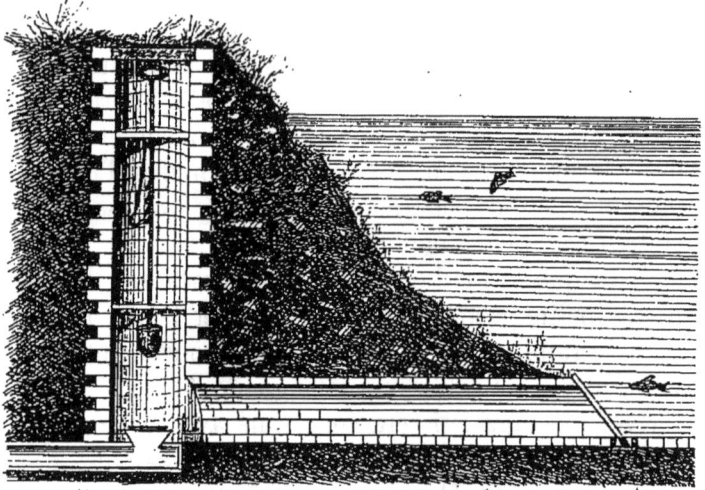

Fig. 65. — Thou en maçonnerie.

manie à l'aide d'un levier ou d'une crémaillère. Au delà de la sortie de l'eau on dispose souvent un petit bassin auquel on donne le nom de *fosse*. Fermée par une grille, cette fosse sert à retenir le poisson qui pourrait s'échapper par suite d'un accident survenu à la bonde. Si cet accident se produit à une époque où il n'est pas possible d'assécher l'étang, on construira en avant de l'issue un bâtardeau s'élevant jusqu'au niveau de l'eau. Il est facile de comprendre que l'eau ainsi retenue fera équilibre à celle de l'étang.

On peut se servir de la fosse pour recueillir le poisson au moment de la pêche. Pour cela on transforme la *fosse* en *tombereau*, c'est-à-dire qu'on élargit la fosse, que l'on recouvre le fond avec des planches et qu'on la ferme avec une vanne. Quand on veut pêcher, on enlève la bonde, et les poissons viennent s'accumuler dans le tombereau.

Si l'étang est alimenté par une rivière, on aura soin de placer un grillage ou un barrage à l'endroit où la rivière vient y déboucher. Sans cette précaution, beaucoup de poissons pourraient remonter la rivière et être perdus pour le propriétaire de l'étang.

L'étang lui même doit être l'objet de quelques soins. On voit souvent se former des petits îlots de roseaux (*jonchères*), et je pense qu'il y a intérêt à conserver ces petites îles. Si, en effet, l'étang est peuplé de Cyprinides, ces poissons pourront déposer leurs œufs sur les plantes aquatiques dépendant des jonchères. Ces mêmes plantes fourniront une certaine quantité d'insectes aux Salmonides s'il s'en trouve dans l'étang. Seulement, il faudra surveiller ces îlots, pour ne pas y laisser s'installer quelques petits mammifères ennemis des poissons, tels que les musaraignes aquatiques.

Quant aux herbes flottantes qui forment des amas désignés sous le nom de *miternes,* il ne faut pas hésiter à les faire disparaître.

Pendant les gelées, les étangs doivent être l'objet d'une surveillance particulière.

Au commencement des gelées, on peut briser la glace en faisant varier le niveau de l'eau par de simples manœuvres de vanne. Quand la glace est complètement formée, il est bon d'y pratiquer des trous d'aération dans lesquels on introduit des bottes de paille pour retarder le regel. Il arrive parfois que la surface d'un étang étant gelée et couverte de neige, on voit arriver le dégel, presque immédiatement suivi d'une nouvelle gelée. On voit alors l'eau changer de couleur, devenir laiteuse ou d'un brun jaunâtre. Il faut dans ce cas multiplier les trous d'aération et, si on le peut, il vaut encore mieux pêcher immédiatement l'étang.

Le froid peut, en effet, faire périr une grande quantité de poissons. Non pas, comme on le dit quelquefois, que les animaux soient tués directement par la basse température. Il faut, pour que semblable accident se produise, que l'eau de l'étang se se prenne en glace sur toute sa hauteur, ce qui est un phénomène fort rare. Mais d'abord les poissons peuvent souffrir de la privation d'air et, chose plus grave, le froid agit de la manière suivante. Les plantes aquatiques sont gelées, puis elles se décomposent en donnant des gaz délétères qui peuvent faire périr le poisson.

Il faut avoir soin de ne pas procéder au faucardement à l'époque du frai. A cette époque également, on éloignera avec soin de l'étang les oiseaux aquatiques, oies, canards, et on empêchera les bestiaux de venir sur les bords de l'eau. Enfin, il faut avoir grand soin, à l'époque du frai, de ne pas laisser baisser le niveau de l'eau en pratiquant des arrosages, car, dans ce cas, les œufs resteront à sec et périront.

Quand on assèche l'étang, il faut enlever la vase, en partie du moins. Cette vase constitue d'ailleurs un excellent engrais.

Bien que nous nous proposions de consacrer à la législation des eaux un chapitre spécial, nous croyons devoir rapporter ici l'opinion des jurisconsultes sur la propriété des eaux d'étang.

I. — Il faut noter d'abord que *les droits des anciens seigneurs sur les cours d'eau non navigables, lorsque, avant 1789, ils avaient été transmis à des tiers, ont survécu aux lois abolitives de la féodalité.*

Ce premier point a été consacré par la doctrine et la jurisprudence [1]. Depuis longtemps il ne saurait faire l'objet d'aucun doute. Un arrêt de cassation du 23 ventôse an X disait déjà qu'en supprimant les effets de la féodalité, les lois nouvelles n'ont jamais pu être applicables à la validité et à la conserva-

---

1. Ces renseignements juridiques sont extraits des *Pandectes français*, 8e et 9e cahiers, p. 340. 1894.

tion d'un droit de propriété sur un cours d'eau, droit qui appartenait alors au pouvoir qui l'a cédé, et que, les lois du 28 août 1792 et 10 juin 1793, en restituant aux communes leurs anciens droits, ont formellement excepté de cette restitution ce qui avait été aliéné par les anciens seigneurs et ce qui était possédé par des tiers en vertu de ces aliénations.

11. — *S'il est constaté en fait qu'il est absolument impossible de déterminer dans un étang une part distincte pour les eaux provenant d'une rivière et qui y entrent, les propriétaires du fonds sont propriétaires de l'intégralité des eaux dudit étang.*

La propriété des eaux des étangs a donné lieu à des discussions. Le point important est de rechercher l'origine des eaux. Trois hypothèses doivent être distinguées :

1re *hypothèse*. — Les eaux de l'étang proviennent uniquement d'eaux de sources et d'eaux pluviales. Dans ce cas, le propriétaire du fonds est également propriétaire de l'intégralité des eaux ; cela résulte de son droit de propriété lui-même. La solution semble évidente pour les eaux de pluies ; elles deviennent la propriété du fonds sur lequel elles tombent. Même évidence pour les eaux provenant d'une source située dans le fonds même du propriétaire. Un important avis du Conseil d'État (3 mars 1858) donne cette solution. Il distingue deux sortes d'étangs et décide que les étangs formés uniquement par des sources ou des eaux pluviales sont affranchis complètement des règlements de police.

M. Sanlaville admet même que le propriétaire du fonds est propriétaire des étangs, toujours en vertu de la plénitude du droit de propriété lorsque l'étang est formé d'eaux venant des fonds supérieurs.

2e *hypothèse*. — L'étang est formé uniquement avec des eaux courantes ; dans ce cas, le propriétaire de l'étang n'est pas maître absolu. Le courant ne peut faire l'objet d'une propriété privée. Bien que dérivée, l'eau publique reste encore assujettie aux conditions contenues dans les articles 644, 645 du Code civil, c'est-à-dire que le propriétaire est tenu de rendre l'eau, vers la sortie de son fonds, à son cours naturel et qu'il reste soumis, dans l'emploi qu'il en fait, aux règlements et aux droits de police de l'administration.

3° *hypothèse.* — L'étang est formé en partie avec les eaux du fonds, et en partie d'eaux provenant de rivières ou de ruisseaux supérieurs. Dans ce cas on doit décider, de même que dans la première hypothèse, que les eaux sont la propriété exclusive du propriétaire, et c'est ce qu'a dit la Cour de cassation.

Ces généralités établies, j'ai à examiner successivement les diverses sortes d'étangs.

Étangs à Truites.

Un étang où l'on se propose d'élever des Truites doit présenter les conditions suivantes :

1° Il doit être alimenté d'eau, soit par des sources, soit par des ruisseaux à eaux courantes, froides et limpides.

En effet et d'une manière générale, la température de l'eau ne doit pas, pendant la saison chaude, s'élever au-dessus de 12° C., et cette eau doit être aussi oxygénée que possible. Je m'empresse d'ajouter qu'il ne faudrait pas croire cependant que la Truite ne puisse vivre que dans des eaux présentant toujours une température aussi basse. On a mille exemples de Truites vivant dans des cours d'eau ou même dans des eaux stagnantes dont la température s'élève à un degré bien supérieur à celui que j'indiquais tout à l'heure. Mais il faut pour cela des conditions particulières sur lesquelles je reviendrai plus loin, la question me paraissant des plus intéressantes. Pour le moment, je me contenterai de dire que la température de l'eau décroît assez rapidement avec la profondeur de l'étang ; qu'une eau donnant à la surface une température de 26° C. peut, à huit mètres de profondeur, avoir seulement 8° C.

Le fond d'un étang à Truites doit être formé de rochers ou

couvert des graviers tout au moins sur une portion de sa superficie.

Il y a grand avantage à ce que les bords de l'étang soient plantés de grands arbres. Non seulement, en effet, l'ombre portée par ces arbres maintiendra la fraîcheur de l'eau, mais encore les colonies d'insectes établies sur ces végétaux fourniront aux poissons une certaine quantité de nourriture. De plus, le chevelu des racines formera des frayères sur lesquelles les Cyprins viendront déposer leurs œufs, et les alevins provenant de cette ponte serviront à l'alimentation des poissons carnivores.

Il est nécessaire, mais non indispensable, que l'étang présente un endroit où puissent venir frayer les Truites. Si un petit ruisseau vient déboucher dans l'étang, ce sera là une frayère naturelle excellente, et il suffira d'entretenir le lit du ruisseau dans un état suffisant de propreté. Il en sera de même si l'étang présente un haut fond de gravier. Si aucune de ces conditions ne se trouvait réalisée, il faudrait, ou créer une frayère artificielle par le procédé que j'indiquerai tout à l'heure, ou bien encore avoir recours aux procédés de fécondation artificielle.

Lorsqu'un étang aura été reconnu propre à l'élevage de la Truite, on procédera de la manière suivante pour le mettre en culture :

Il faudra d'abord prendre soin de faire disparaître les espèces de poissons carnivores qui pourraient s'y trouver, notamment les Perches et les Brochets. On n'éprouvera pas trop de difficultés à faire disparaître les Perches, mais il n'en est pas de même pour les Brochets. Ces poissons se dissimulent fort bien, leurs œufs présentent une grande résistance aux causes de destruction.

Si on ne peut arriver à faire disparaître complètement les Brochets, on peut du moins en diminuer considérablement le nombre. Voici, par exemple, un procédé indiqué par M. A. Young[1].

1. Voir *Bull. Soc. centr. d'aquiculture*, t. III, p. 28.

On plante au bord de l'eau une longue perche à l'extrémité de laquelle pend, au-dessus de l'eau comme une ligne, une corde solide qui porte à 0^m,30 ou 0^m,40 de la perche deux bouts de bois assujettis en forme de V renversé ∧. La corde attachée par un nœud au sommet de l'angle que forme les deux bras du ∧ est ensuite roulée autour de deux bras qui ont chacun 0^m,12 à 0^m,15 de longueur. Puis on l'arrête dans une encoche pratiquée à l'extrémité de l'un des bras du ∧. De là elle pend verticalement et se termine à une petite distance de l'eau par un bout de fil d'archal muni d'un hameçon auquel on fixe, comme appât, un petit poisson. Quand un Brochet saisit cet appât et se sent pris, il donne à la corde une secousse qui fait sortir la corde de l'encoche, et il la déroule au fur et à mesure de ses efforts pour se dégager. Mais il ne réussit qu'à se ferrer davantage et s'épuise dans la lutte. Un garde passe, prend le Brochet, remet un appât, et souvent une nouvelle capture ne se fait pas attendre.

« On m'assure, dit M. A. Young, que cet engin très simple et d'apparence même un peu primitive permet de prendre beaucoup de Brochets et mériterait, par conséquent, d'être répandu. »

M. A. Young est revenu sur cette question plus récemment. Il a rappelé que M. Buckland avait recommandé de rechercher et de détruire les Brochets au printemps, quand ils remontent les petits ruisseaux pour effectuer leur ponte.

Les Brochets évitent bien les filets. Un procédé excellent, paraît-il, est l'emploi des *liggers* ou *trimmers*. On appelle ainsi de longues flottes de bois ou de liège qu'on peut remplacer par de petites bottes de joncs : « Au milieu de la flotte, on attache une corde longue de 4 à 5 mètres que l'on enroule comme sur une bobine, en ne laissant qu'un bout libre de 0^m,60 à 0^m,90 de longueur qu'on fixe dans une petite encoche faite dans le bois ou le liège de la flotte ou qu'on passe dans un des brins de la botte de joncs. Un hameçon garni de son amorce est fixé à l'extrémité de la corde qui pend verticalement dans l'eau. Par ce moyen, on peut placer l'appât juste à la profondeur convenable, qui varie suivant la température de la saison, le Brochet nageant près de la surface de l'eau quand le temps est chaud et profondément quand il fait froid, mais restant toujours dans les mêmes parages. Quand un Brochet saisit l'appât, la secousse fait décrocher la corde, qui se déroule en faisant tourner la flotte, mais celle-ci permet toujours de retrouver la corde et de s'emparer du poisson. Les flottes sont généralement peintes en couleurs voyantes, afin d'être plus facilement aperçues... Les flottes confectionnées simplement en joncs passent pour préférables, comme éveillant moins la défiance du poisson [1]. »

Lorsque l'on a purgé l'étang des espèces carnivores, il faut s'assurer que les Truites, hôtes futurs de ces eaux, y trouveront une nourriture convenable. Si il n'y a pas une abondance suffisante de petits poissons, il faut introduire des Cyprinides, nourriture que les Truites rechercheront de préférence.

M. Lamy [2] pense que l'on doit choisir le Gardon, espèce très prolifique et se développant très bien dans les eaux froides. On introduit donc une certaine quantité de ces poissons avant l'époque du frai, qui se fait ordinairement en mai-juin. Il faudra s'assurer que les Gardons trouveront facilement des frayères, c'est-à-dire des plantes aquatiques, des chevelus de racines, etc. Si tout cela manquait, on installerait des frayères artificielles fabriquées simplement avec des fagots. On placera ces fagots dans une partie bien tranquille de l'étang. On les dispose de telle sorte que la partie la plus lâche du fagot, celle qui présente le plus de brindilles, soit plongée dans l'eau ; l'autre extrémité du fagot est fixée sur le bord. Lorsque l'on se sert de ces frayères artificielles, il faut les placer quelque temps avant l'époque du frai, afin que les poissons s'habituent à leur présence.

Quand on aura obtenu les alevins de ces Cyprinides, il

1. Elevart, *Bull. Soc. centr. d'aquic.*, t. IV, p. 223.
2. Lamy, *Éléments de pisciculture*.

sera bon de pourvoir à leur nourriture, pendant les premiers jours surtout. On leur jettera quelques poignées de petit son ou des boulettes faites avec deux tiers de son et un tiers de petit blé bouilli.

Les choses étant ainsi disposées, on songera à mettre les Truites dans l'étang. Si nous supposons que cet étang ait un hectare de superficie, on y placera cinq Truites femelles et cinq Truites mâles, ayant un poids moyen de 500 à 1,500 grammes. On mettra les poissons à l'eau dès les premiers jours d'octobre.

Comme je l'ai déjà dit, s'il existe une frayère naturelle dans l'étang, on n'a pas besoin de s'en préoccuper, les Truites sauront bien la trouver au moment nécessaire. Mais, dans le cas contraire, il faudra faire le nécessaire. Dans un endroit peu profond, tranquille, on jette du gravier sur une surface de 2 à 3 mètres et sur une épaisseur de $0^m,30$ à $0^m,40$.

Il est bien certain qu'un grand nombre d'œufs seront perdus, quelques précautions que l'on prenne. Mais comme nos cinq Truites donneront au moins 8,000 œufs, si on admet que le dixième de ces œufs vienne à bien, on aura encore 800 poissons, quantité bien suffisante pour peupler un étang d'un hectare.

Il ne faut pas oublier que, dans bien des cas, il sera plus rapide et plus sûr de peupler directement l'étang avec de jeunes Truites ayant déjà un an ou dix-huit mois d'existence.

La nourriture des poissons sera assurée par les mollusques, insectes aquatiques et petits Cyprinides, habitants de l'étang. Si on voulait augmenter encore cette alimentation, — et nous verrons qu'il y a toujours intérêt à nourrir abondamment les poissons que l'on veut élever, — on pourra leur fournir une certaine quantité de nourriture artificielle. On peut, par exemple, employer le procédé suivant, recommandé, d'après les auteurs américains, par M. Gauckler, qui l'a décrit de la façon suivante : « Au-dessus de la surface de l'eau, on fixe sur un piquet solidement planté dans le fond une corbeille en treillis de fer galvanisé. Dans cette corbeille, on place des déchets de viande crue, des

intestins, etc., sur lesquels les mouches viennent déposer leurs
œufs. Bientôt les asticots ou larves de mouches éclosent et vont
tomber dans l'eau où les attendent les Truites. Pour empêcher
que la chair ne se dessèche au soleil, qu'elle devienne la proie
des oiseaux carnivores, ou répande au loin une odeur désagréable, on recouvre la corbeille avec un tonneau défoncé par le
bas qui forme cloche et plonge dans l'eau. Ce tonneau est percé
d'un grand nombre de trous permettant l'accès des mouches.
A côté du tonneau est planté un poteau muni d'une console qui
porte une poulie. Une corde passe sur la poulie et vient se fixer
au centre du plafond du tonneau, muni pour cela d'un crochet.
Elle permet de le soulever et de l'abaisser quand on veut visiter
les provisions et les renouveler [1]. »

M. Dill, d'Heidelberg, a récemment publié divers articles
où il s'est occupé de la nourriture à donner aux Truites et aussi
de l'élevage en étang de la Truite arc-en-ciel. Cet auteur
donne aux Truites de ses étangs une nourriture artificielle.
Après les avoir alimentées dans le jeune âge de la manière que
j'indiquerai plus loin [2], il donne aux Truites ayant déjà 0m,12
à 0m,15, des petits vers, des escargots, de la viande de cheval,
aussi bien que des petits poissons de faible valeur.

La croissance des Truites arc-en-ciel serait très rapide. En
les nourrissant convenablement on obtient, en deux ans et
demi, des poissons pesant en moyenne une demi-livre. Mais, en
donnant une alimentation plus abondante, on peut obtenir ce
poids beaucoup plus tôt.

D'après M. Dill [3], les Truites arc-en-ciel ne commencent
généralement à pondre qu'à l'âge de trois ans. Les mâles, au
contraire, seraient aptes à frayer dès leur deuxième année.

« Dans une exploitation rationnelle, dit M. Dill, il convient
d'avoir cinq bassins ou étangs disposés à la suite l'un de l'autre,

1. Gauckler, *Poissons d'eau douce et pisciculture*, p. 158.
2. Voir *Nourriture des Alevins*, p. 221.
3. Voir Glath, *Bull. Soc. centr. d'aquic.*, p. 178.

de façon à communiquer au besoin entre eux, mais pouvant aussi rester complètement indépendants ou ayant chacun une prise d'eau distincte. Le plus grand soin doit être apporté à l'installation des grilles qu'on place aux vannes faisant communiquer les étangs entre eux, afin que les jeunes poissons qui passent par les plus petites ouvertures ne puissent se rendre d'un bassin dans un autre.

« La différence de niveau d'un étang avec le suivant doit être d'au moins 0ᵐ,50, pour obtenir un écoulement satisfaisant. Mais cette différence peut, avec avantage, être beaucoup plus considérable.

« Une profondeur d'eau de 0ᵐ,60 à 0ᵐ,70 est convenable pour la Truite ; mais à la rigueur, et surtout pour les jeunes sujets, 0ᵐ,30 à 0ᵐ,40 pourront suffire.

Pour les jeunes alevins à qui un bassin de 30 mètres carrés suffit amplement, il y a grand avantage à ce que le fond de ce bassin soit bétoné ou dallé, afin qu'on puisse l'entretenir dans un état de propreté parfait et enlever notamment tous les restes de nourriture. Cette opération se fait avec une ratissoire formée de toile métallique qui laisse passer l'eau tout en enlevant les matières solides. Comme bonde de fond, pour vider le bassin, un tuyau en T qui s'ouvre et se ferme aisément est ce qu'il y a de plus commode. Pour les poissons d'un an, on dispose deux bassins de 50 mètres carrés, et pour les sujets de deux ans et au-dessus deux autres bassins plus grands, de 200 mètres par exemple, sont nécessaires. »

Enfin, je ne puis terminer ces renseignements sur les étangs à Truites sans parler d'expériences faites dans les Dombes et qui avaient fait espérer un moment que ce poisson pourrait arriver à vivre et à progresser dans des étangs alimentés seulement par les eaux de pluie, et par conséquent dans lesquels l'eau arrive en été à une température relativement très élevée.

L'auteur de ces expériences est M. Lugrin, pisciculteur à Gremaz (Ain).

M. Lugrin m'ayant parlé de son désir de prouver la possibilité de faire vivre des Truites dans les conditions que je viens d'indiquer, je le mis en relation avec M. de Monicault, qui voulut bien, surtout dans l'intérêt général, mettre un de ses étangs à la disposition de M. Lugrin.

Mais avant de faire cet essai sur une aussi grande échelle, on fit une première expérience dans un réservoir ayant 20 ares de superficie.

Cette expérience réussit assez bien et j'en donnerai ici le compte rendu d'après M. de Monicault, qui était tout naturellement moins porté à l'enthousiasme que M. Lugrin. M. Lugrin basait ses espérances de réussite sur l'abondante nourriture qu'il se proposait de donner aux poissons, en employant un procédé dont il est l'inventeur et dont j'aurai à m'occuper.

Dans le bassin de 20 ares dont il a été question, M. Lugrin avait donc placé une certaine quantité d'insectes et crustacés qui s'y étaient fort bien développés. Voici maintenant en quels termes M. de Monicault rendait compte de l'expérience :

« ... L'ensemencement des insectes et des Daphnies, Cyclops, Crevettes, eut lieu le *dix juin*. On laissa les insectes se développer pendant un mois. Le 10 juillet ils avaient pullulé ; on mit dans le réservoir l'alevin de Truites, cent quarante têtes pesant de 8 à 10 grammes (et non 5 grammes, comme l'a dit M. Lugrin). La température, constatée avec soin, s'est maintenue entre 18° et 24° C. jusqu'au 8 septembre... Le 22 septembre, le réservoir a été mis a sec ; on a retiré 90 Truites. La présence de trois Brochets de 300 grammes expliquait la disparition d'une partie des alevins. Les Truites pesaient en moyenne *quarante* grammes (et non 80 grammes). L'une d'elles, une seule, arrivait à 130 grammes. Le poids avait quadruplé en soixante-douze jours, cela me parut suffisant... En résumé, dans les conditions ci-dessus mentionnées, dans un réservoir de 20 ares en eau stagnante, avec une profondeur d'eau allant de 0 mètre à 1^m,50, avec une température moyenne de *vingt degrés*, des

alevins de Truites ont pu vivre et prospérer grâce à une alimentation riche et abondante, résultat de l'ensemencement et de la
multiplication des insectes fournis par M. Lugrin[1]. »

A la suite de ce premier essai, M. de Monicault mit
10,000 alevins de Truites dans un étang de 30 hectares, qui
avait reçu en sus l'empoissonnement ordinaire en Carpes. Mais
il avait quelques doutes sur le résultat final, et malheureusement
ses appréhensions semblent bien avoir été justifiées. Il est certain
que l'essai tenté dans l'étang de M. de Monicault n'a pas réussi.
M. Lugrin a attribué cet échec à la présence des Brochets...

Ce pisciculteur a d'ailleurs renouvelé ses tentatives chez un
autre propriétaire des Dombes.

Ce nouvel essai aurait donné quelques bons résultats : sur
2,200 truitelles placées, on en aurait retrouvé 1,000 ayant bien
prospéré[2].

En résumé et à l'heure actuelle, les essais ne paraissent
nullement concluants, et la seule chose qu'il soit utile de retenir
est que les Truites peuvent supporter au besoin pendant quelques jours une température de 20 à 22° C.[3].

Étangs à Carpes.

Les étangs à Carpes ont en général une valeur plus considérable que ceux dont nous venons de parler. Un des grands
avantages de l'élevage de la Carpe est que ce poisson s'accom-
mode à peu près de toutes les eaux. Si on peut dire, il est vrai,
que son séjour de prédilection est celui où il trouve des eaux
s'échauffant facilement, avec des fonds plus ou moins vaseux, il
n'est pas moins vrai que la Carpe vit parfaitement dans les eaux
froides et même, comme j'ai déjà eu l'occasion de le rappeler,

1. *Bull. Soc. centr. d'aquic.*, t. IV, p. 125.
2. Voir *Bull. Soc. centr. d'aquic.*, t. V, p. 181.
3. M. Archambault a fait de son côté quelques essais infructueux dans un étang
du Loir-et-Cher. Il est vrai qu'il n'avait pas pris la précaution d'assurer l'alimentation
de ses truitelles, alimentation qui, d'après M. Lugrin, serait indispensable.

dans les eaux saumâtres. Il y a donc intérêt non seulement à conserver les étangs existants, mais à remettre en eau, lorsque cela peut se faire sans trop de frais, d'anciens étangs desséchés.

Dans les contrées où le sol est peu fertile, d'une faible valeur, le produit de l'hectare d'étang est toujours supérieur à celui de l'hectare mis en culture; j'en fournirai de nombreux exemples.

J'examinerai d'abord le cas le moins favorable, c'est-à-dire celui où l'on n'a à sa disposition qu'un étang que l'on doit garder sous l'eau d'une manière presque constante.

Pour être propre à l'élevage de la Carpe, et pour que ce poisson puisse s'y reproduire, un étang doit être alimenté, soit par les eaux pluviales, soit par une rivière dont la température est suffisamment élevée. Il est nécessaire, en effet, que les eaux mêmes de l'étang puissent atteindre une température de 24° C. environ pour que les Carpes puissent y frayer facilement. Nous verrons que, dans les étangs de la haute Somme, les Carpes ne peuvent se reproduire à cause de la température de l'eau, suffisante cependant pour le frai de la Tanche.

C'est par la même raison qu'il est préférable que les bords de l'étang ne soient pas plantés d'arbres. Le fond doit être vaseux, au moins sur une certaine étendue, car pendant l'hiver les Carpes s'enfoncent dans la vase et y subissent une sorte d'hibernation.

Il est utile également que le nombre des poissons carnivores, et particulièrement des Brochets, ne soit pas trop considérable dans l'étang.

Le frai a lieu d'habitude en juin ou juillet, suivant la température extérieure. Une Carpe pond environ 100,000 œufs; en admettant que le quart de ces œufs arrive à éclosion, une Carpe d'un kilogramme aura donné environ 25,000 alevins ou feuilles.

Si l'on suppose que l'on ait empoissonné un étang d'un hectare avec six Carpes femelles et quatre mâles, on aura dans l'étang environ 100,000 alevins.

Abandonnés à eux-mêmes, ces nombreux petits poissons ne tarderaient pas à périr en grande partie, faute d'une nourriture suffisante. Il faudra donc les alimenter, soit avec des tourteaux, soit avec le mélange suivant, préconisé par M. Harz, de Munich :

Poudre de viande . . . . 60 parties (en poids).
Gâteau de sésame 20   —
    —   de lin. 4   —
Avoine. 16   —

Quand les poissons ont acquis une certaine taille, on peut les alimenter avec des graines bouillies, des vers, des pommes de terre râpées, du fumier de porc ou de mouton, etc.

J'ai déjà insisté sur la *nécessité absolue* de nourrir les poissons que l'on veut élever et faire croître rapidement. M. Van dem Borne a fourni des exemples de l'effet d'une alimentation suffisante pour les Carpes. D'après lui, une Carpe abondamment nourrie peut peser une livre et même plus au bout du premier été.

Au printemps de 1876, on mit dans un étang de 3/16 d'hectare deux Carpes femelles et un mâle, d'un poids de quatre à cinq livres, et trente Tanches ayant de $0^m,15$ à $0^m,20$ de longueur. A l'automne de 1877, on mit l'étang à sec et on trouva que les trois Carpes pesaient 11, 12 et 15 livres[1].

D'après Horack, l'accroissement des Carpes pendant une année se fait dans les proportions suivantes :

Mai. . . . . 10 pour 100.
Juin. 30   —
Juillet 35   —
Août. 20   —
Septembre. 5   —
                                     100 pour 100.

Pendant l'hiver, il est inutile de penser à alimenter les

1. M. Van dem Borne, *Handbuch der fischzuth und fischerei.* Berlin, 1886.

Carpes. Ces poissons s'enfoncent alors dans la vase et ne mangent que peu ou pas du tout.

Il faut avoir le plus grand soin de maintenir le niveau de l'eau dans l'étang à l'époque du frai, sinon les œufs resteront à sec et seront perdus.

Dans le cas même où l'on ne possède qu'un seul étang, il est utile de faire construire un réservoir. Il peut, en effet, se produire tel ou tel accident qui oblige de pêcher rapidement l'étang, et on serait fort gêné pour loger tous les poissons capturés, si on ne pouvait les placer en réservoir.

Si maintenant nous supposons que l'on puisse avoir plusieurs étangs à sa disposition, nous verrons que l'élevage de la Carpe pourra se faire dans de meilleures conditions.

Il est bon de pouvoir disposer d'au moins trois étangs. L'un sera destiné à recueillir le frai, les alevins ou feuilles; le deuxième servira à élever les alevins, et enfin le troisième recevra les poissons que l'on voudra faire croître rapidement.

1° *Étang à feuilles.* — La profondeur de cet étang ne doit pas dépasser un mètre; les berges seront complètement dépourvues d'ombrage, bien exposées au soleil, garnies d'une abondante végétation. Tout doit être ici disposé pour que les eaux de cet étang puissent s'échauffer rapidement.

Il est très utile que cet étang, qui ne doit jamais avoir une grande superficie, puisse être vidé rapidement. Cet étang d'ailleurs sera mis à sec pendant l'hiver, car c'est le meilleur moyen de faire périr les ennemis des œufs et des alevins.

Si l'étang à feuilles n'a que 25 ares, on y mettra trois mâles et deux femelles; s'il a une superficie d'un hectare, on mettra six femelles et quatre mâles. Je dois ajouter que, d'après les pisciculteurs allemands, il vaudrait mieux augmenter le nombre des mâles. Ainsi pour un hectare d'étang on prendrait six femelles et neuf mâles.

Ces reproducteurs doivent peser 2 à 3 kilogrammes, des sujets de quatre à cinq ans.

« Il est difficile, dit M. Horack, de reconnaître exactement l'âge de la Carpe... Toutefois, on se trompera rarement en choisissant des sujets dont la tête est petite en proportion du corps. Il y a là un indice assez sûr qu'on a affaire à un poisson qui s'est rapidement développé et qui est, par conséquent, jeune encore[1].

Il y a, en effet, grand avantage à ne pas employer des reproducteurs trop âgés, bien que pour les Truites il ne semble pas en être de même.

Les alevins recueillis sont placés au printemps suivant dans le deuxième étang ou étang à nourrains.

2° *Étang à nourrains ou à empoissonnages.* — Cet étang doit avoir une profondeur d'environ 2 mètres, et il doit, comme le premier, être bien exposé aux rayons du soleil. En Allemagne, il semble que l'on arrive à mettre 1,000 et même 1,200 nourrains par hectare. En France, on ne met guère plus de 240 empoissonnages par hectare de bon fond, 160 sur les médiocres, 120 sur les mauvais. On a l'habitude d'ajouter 8 à 10 kilogrammes de Tanches et 10 Brochets de 250 grammes par 100 d'empoissonnages. Les Brochets doivent jouer un double rôle. D'abord ils diminuent le nombre des Carpes, lorsque celles-ci sont trop nombreuses, et puis ils détermineraient chez ces poissons une agitation qui les forcerait à aller, venir et à chercher plus activement leur nourriture.

Si l'étang est bon, si les poissons y trouvent une alimentation suffisante, les petites Carpes, qui à un an devaient avoir environ la longueur du doigt, devront, quand elles auront deux ans, peser 250 à 350 grammes et dépasser de beaucoup la longueur de la main; « quelques sujets atteindront même, dans de bons étangs, un poids de 400 à 450 grammes[2] ».

3° *Étang à Carpes proprement dit.* — On mettra dans cet étang 200 à 300 poissons de deux ans par hectare. Cela semble

1. Haak, *Bull. Soc. centr. d'aquic.*, t. IV, p. 178.
2. Haak, *loc. cit.*, p. 179.

être un chiffre maximum, mais qui pourra être adopté sans inconvénients, si on fournit aux Carpes une alimentation suffisante.

On pourra joindre à ces Carpes des Tanches (10 pour 100) et quelques Brochets, et aussi quelques Anguilles.

« Les poissons voraces qu'on met dans l'étang ne sont pas seulement destinés à consommer l'excès d'alevin, mais aussi à détruire les autres animaux qui y prennent une partie de la nourriture.

« Partout où l'on est forcé de dériver d'une rivière l'eau nécessaire à l'alimentation des étangs, il y aura des Ablettes, et ce sont justement celles-ci que les poissons voraces sont destinés à détruire, afin que les Carpes ne soient pas privées de leur nourriture par ces poissons sans valeur. A côté des Ablettes, il se trouve souvent dans les étangs à Carpes une quantité de grenouilles, et comme celles-ci vivent, aussi bien que la Carpe, de petits animaux aquatiques, elles lui enlèvent une partie considérable de sa nourriture, empêchant ainsi la croissance normale des poissons alimentaires.

« C'est surtout le Brochet qui fait une chasse acharnée aux grenouilles; voilà pourquoi sa présence dans l'étang à Carpes est d'une si grande utilité[1]. »

On peut se demander quelles doivent être les superficies relatives de ces divers étangs.

M. Nicklas admet les proportions suivantes :

Étang à feuilles.	4 pour 100.
1. Étang à nourrains	12 —
2. Étang à nourrains	18 —
3. Étang à Carpes.	60 —
Viviers. Réservoir	6 —

La superficie proportionnelle des étangs peut être calculée de la manière suivante :

1. Haak, *loc. cit.*, p. 180.

Si un étang à feuilles de 2 hectares fournit chaque année 20,000 alevins, l'étang à nourrains n° 1 recevra, par exemple, 500 empoissonnages par hectare; l'étendue de l'étang devra donc être pour les 20,000 alevins $\dfrac{20,000}{500} = 40$ hectares.

La perte par animaux nuisibles, etc., étant évaluée à 10 pour 100, il restera à l'automne 18,000 Carpes de deux étés. Si on les fait passer dans un étang à nourrains n° 2, on devra placer environ 300 poissons par hectare; la superficie de cet étang n° 2 devra être $\dfrac{18,000}{300} = 60$ hectares.

La perte étant évaluée à 5 pour 100, on aura l'année suivante 17,100 poissons à placer dans *l'étang à Carpes*. Comme on devra mettre 100 poissons par hectare, la superficie devra être de $\dfrac{17,100}{100} = 171$ hectares.

Les superficies seront donc successivement :

Étang à feuilles.	2 hectares.
1. Étang à nourrains.	40 —
2. Étang à nourrains.	60 —
Étang à Carpes.	171 —

Je dois maintenant dire quelques mots d'un procédé d'élevage de la Carpe connu sous le nom de *Système Dubisch* et dont on a beaucoup parlé dans ces dernières années.

Ce système présente en effet de sérieux avantages, mais on verra qu'il n'est pas d'une application possible dans beaucoup de nos étangs et que l'idée sur lequel il repose a d'ailleurs été appliquée depuis d'assez longues années.

T. Dubisch attaché aux pêcheries du grand-duc Albert procède donc de la manière suivante : ..

1° *L'étang à feuilles* (*Streickteiche*) ne doit pas avoir plus de $0^{ha},1$ de superficie et de 3 décimètres à 1 mètre de profondeur; le fond doit être mou, et ce petit étang doit être mis à

sec avec la plus grande facilité. Un fond mou et un assèchement facile sont les conditions essentielles.

L'étang est laissé à sec pendant tout l'hiver et le printemps.
Par ce moyen, tous les petits animaux dangereux pour l'alevin
se trouvent détruits.

À la fin du printemps, on procède à la mise en eau de
l'étang, et on y place alors une jeune femelle et deux mâles
auxquels on ajoute une grosse femelle de 6 à 7 kilogrammes
pour assurer la ponte. Ces reproducteurs ont été conservés
pendant l'hiver avec les autres Carpes, mais dès le commencement du printemps, ils ont été placés dans un réservoir en bois
où ils ne peuvent ni manger ni avoir le désir de frayer. Quand
l'eau atteint une température suffisante, le frai commence. Si
cela paraissait nécessaire, on pourrait amener prématurément
l'eau à une température suffisante, ainsi qu'on le fait à Oldenbourg, où l'on obtient la reproduction en mars.

Au bout de peu de jours l'étang fourmille de petites Carpes.
D'après Dubisch, une femelle de 12 à 15 livres donne
200,000 feuilles. Avec cette quantité on peut, après avoir
peuplé un étang de 500 hectares, vendre encore beaucoup
d'alevins.

Mais la nourriture fait rapidement défaut dans le petit
étang ainsi peuplé, et un grand nombre de *feuilles* périraient si
on ne se hâtait pas d'intervenir.

On doit faire passer les alevins dans un étang de dimension
plus considérable. Pour procéder à la pêche on fait écouler l'eau
très lentement à travers une toile métallique faite de fils de
laiton (6 fils par centimètre). Quand l'eau est suffisamment basse
on recueille les alevins avec un filet de gaze de $0^m,5$ de diamètre.

On dépose provisoirement les jeunes poissons dans un
tamis dont les bords en bois sont très élevés et dont le fond est
formé de fils de laiton ; ce tamis flotte sur l'eau. Puis les alevins
sont transportés à l'aide d'un filet de gaze dans un vase en fer-

blanc pouvant contenir environ 1,000 feuilles, et c'est ce vase qui sert d'appareil de transport pour se rendre dans l'*étang d'accroissement* (*Streckteiche*) n° 1, d'une superficie de 3 hectares. Cet étang a été laissé à sec aussi longtemps que possible, pour faire disparaître les ennemis du poisson et aussi pour préparer une alimentation abondante à ses futurs hôtes. En effet, cet étang a été non seulement desséché, mais encore cultivé. Dans ce *champ* ont pris naissance une quantité d'insectes, arachnides, etc. Quand l'eau vient recouvrir ce fond, ces insectes périssent et viennent servir d'aliments aux jeunes poissons. Mais cette provision s'épuise rapidement. Au bout d'environ quatre semaines, les alevins ont atteint une longueur de quelques centimètres et ils doivent être transportés dans un étang plus grand. On avait mis dans l'étang n° 1 100,000 alevins; la perte étant estimée à 25 pour 100, il reste 75,000 jeunes poissons.

L'étang n° 2, dans lequel on fait passer les alevins, a été jusqu'à ce moment, et pour les raisons indiquées plus haut, absolument à sec.

Dubisch estime que, dans l'étang ainsi préparé, les pertes seront à peu près insignifiantes. Cet étang a $71^{ha},4$ de superficie; on y place 1,050 poissons par hectare et on en retrouvera 1,000 à l'automne.

En plaçant un aussi grand nombre de poissons, on obtient au premier été des Carpes de 125 grammes et plus; mais si on se contente de placer de 300 à 500 poissons à l'hectare, on obtiendra des sujets pesant 500 grammes et même davantage.

Les jeunes Carpes sont retirées de l'étang, qui est remis à sec, et passent l'hiver dans un vivier d'hivernage.

Lors du deuxième été, les Carpes sont placées dans un étang n° 3, jusqu'alors laissé à sec.

L'étang n° 3 a une superficie de $137^{ha},1$, et on y met 520 poissons par hectare. La perte est de 4 pour 100, et au commencement de l'hiver on a 500 poissons pesant environ 1 kilogramme en moyenne.

Ces Carpes vont de nouveau passer l'hiver en vivier, et l'année suivante elles viennent prendre place dans l'*étang à Carpes*, où, après le troisième été, ces poissons pèseront jusqu'à 2 kilogrammes. En 1883, le poids moyen obtenu à Persetz, domaine conduit par Dubisch, a été de $2^{kg},2$.

Voici les résultats obtenus en 1883 dans ce *domaine de Persetz*.

ÉTANGS.	DIMENSION des ÉTANGS.	QUANTITÉ de POISSONS PLACÉS		PERTES		PÊCHE	
		par hectare.	par étang.	par hectare.	par étang.	par hectare.	par étang.
A feuilles	0^h 1	»	3....	»	»	»	100,000
A nourrain n° 1.	3 0	33,333	100,000	8,333	25,000	25,000	75,000
— n° 2.	71 4	1,050	75,000	50	3,750	1,000	71,400
— n° 3.	137 1	520	71,292	20	2,742	500	68,550
A Carpes.	333 0	200	68,556	6	1,998.	200	66,552

Donc $544^{ha},6$ ont donné 66,552 Carpes pesant chacune $2^{kg},2$, soit en poids 146,414 kilogrammes ou 269 kilogrammes à l'hectare (538 livres).

Ce résultat est très beau, bien que, d'après certains pisciculteurs, il pourrait encore être dépassé avec des races de Carpes spéciales, ainsi que nous le verrons tout à l'heure.

Comme je l'ai déjà dit, le système Dubisch ne peut être appliqué partout. En effet il arrive très souvent, et c'était le cas pour la majeure partie de nos étangs, que les fonds ne peuvent être mis en eau à volonté. Ils sont en effet alimentés par les eaux pluviales seules, et on ne peut donc appliquer le système que je viens d'exposer et qui, comme on l'a vu, repose essentiellement sur la mise en eau des étangs au moment choisi par le pisciculteur.

Mais je montrerai plus loin que la mise à sec et la culture temporaire des étangs a été appliquée de tout temps dans certaines régions de notre pays.

J'ai dit que certains pisciculteurs prétendaient obtenir des résultats supérieurs à ceux que j'ai eus à relater plus haut.

Voici, en effet, M. Vander Snickt, très habile pisciculteur belge, qui annonce des résultats véritablement merveilleux, tellement merveilleux même qu'il est permis de se demander s'il n'y a pas là quelque erreur d'observation ou d'appréciation.

L'enthousiasme est tel que l'on n'a qu'une seule préoccupation : Pourrait-on arriver à vendre les quantités énormes de poissons qu'on arrive à produire?... Voilà une préoccupation bien nouvelle pour les pisciculteurs!

Si j'ai bien compris les écrits de M. Vander Snickt, les causes de sa réussite extraordinaire proviendraient surtout des races particulières qu'il élève. En ce qui concerne les Carpes, c'est la variété dite *miroir,* provenant de Hongrie, qui réussit d'une merveilleuse façon. M. Vander Snickt s'étant procuré de ces Carpes en 1890, trois de ces poissons furent mis dans l'étang de la Hulpe et se reproduisirent : « A la fin du premier été, dit M. Vander Snickt, les alevins pesaient 250 grammes (les plus gros); à la fin du deuxième été, ils pesaient 2 kilogrammes, et en ce moment, décembre 1893, nous en exposons à l'Exposition de l'Alimentation, organisée par l'Union syndicale de Bruxelles, des exemplaires de *trois étés pesant 4 kilogrammes* [1]. »

M. Vander Snickt pense pouvoir affirmer qu'un étang convenablement aménagé peut donner, par hectare, jusqu'à 500 kilogrammes de chair de Carpe et peut-être autant de demi-livres de truites (soit 125 kilogrammes de chair de truite). Citant le produit d'un étang, dans une année plutôt mauvaise, le pisciculteur belge annonce avoir obtenu 628 kilogrammes de chair de poisson par hectare. La Carpe est, paraît-il, un poisson fort estimé et se vendant fort cher en Belgique; mais si

---

1. Vander Snickt, *Revue sc. nat. appl.* et *Étangs et Rivières,* avril, 1894, p. 104.

nous prenons le prix de ce poisson sur le marché de Lyon, 0 fr. 50 la livre, nous arrivons déjà à un produit brut de 628 francs l'hectare, ce qui est déjà bien. Ce chiffre semble, cependant, bien inférieur à la vérité, car voici ce que M. Vander Snickt dit à ce sujet :

« Ici le *minimum* de location est déjà de 100 francs pour un étang d'un hectare. A cette somme, il faut ajouter pour le moins une somme égale pour l'empoissonnage, 25 francs de faucardage, 25 francs de frais de pêche et de transport des poissons. A ces 250 francs, il faut ajouter le bénéfice dont doit vivre le poissonnier avec sa famille, et ils dépensent largement, ne fût-ce que pour se faire bien voir par les gardes et les riverains[1]. »

En défalquant les 250 francs de frais des 628 francs produits par la vente des poissons, le fermier aurait encore devant lui un bénéfice de 378 francs par hectare !

Par quels moyens sont obtenus de pareils résultats ?

M. Vander Snickt les résume de la façon suivante :

1° Rendre annuellement et sans frais (par l'assèchement sans doute) au plafond de chaque étang de nouveaux éléments de fertilité ;

2° Ne pas chercher à retirer d'un hectare d'étang un plus grand nombre de kilogrammes de chair de poisson qu'il ne peut en produire naturellement ;

3° Y déverser chaque année le plus petit nombre de poissons possible, mais les choisir de croissance assez rapide pour qu'à la fin de la saison ils puissent donner une récolte entière. Nous estimons cette récolte à une moyenne de 500 kilogrammes par hectare ;

4° Donner à la culture de tous les étangs fermés du pays une direction et une administration centrales émanant des intéressés mêmes ;

5° Diminuer les frais de peuplement, d'entretien et de

---

1. Vander Snickt, *Étangs et Rivières*, 1er décembre 1894, p. 360.

pêche, en confiant ces opérations à des hommes entendus ; en possédant en commun les ustensiles, emballages, dépôts, etc. ;

6° Augmenter la valeur du produit de la récolte en organisant un service d'approvisionnement régulier des marchés[1], etc. »

Ce sont certainement là d'excellents conseils, et il est évident que, lorsque la chose est possible, l'exploitation en commun des étangs par un syndicat est une fort bonne chose. Nous verrons d'ailleurs qu'elle est pratiquée dans le département de la Somme, mais il est bien rare que les propriétaires puissent s'entendre à ce sujet.

En résumé : asséchement annuel des étangs et élevage de races spéciales, telles paraissent être les bases principales du système de M. Vander Snickt.

Je ne puis juger de ce que peuvent donner en Belgique ces procédés excellents d'ailleurs, mais je doute fort que, par ces moyens, on puisse arriver, en France, à obtenir des chiffres aussi merveilleux que ceux que j'ai eu à citer plus haut.

Un mot encore, M. Vander Snickt ne nourrit pas artificiellement ses poissons. Il compte sur les animalcules qui se développent dans la vase des flaques d'eau sous l'influence du soleil. Je persiste à penser qu'il y a autant d'intérêt à nourrir les poissons à l'élevage que tout autre animal que l'on veut voir engraisser rapidement.

Puisque j'ai été amené à m'occuper ici de l'élevage de la Carpe, je crois devoir attirer l'attention sur la possibilité d'élever ce poisson pour ainsi dire dans toutes les fermes, de manière à pouvoir fournir non seulement une quantité assez considérable de poisson aux fermiers eux-mêmes, mais encore d'en tirer un petit bénéfice.

Cette petite culture a été signalée, il y a déjà bien des années, par M. Lamy qui la décrivait ainsi :

1. Vander Snickt, *Étangs et Rivières*, 1894, p. 120.

« Un propriétaire possédant dans son jardin deux bassins de 2 ou 3 mètres de diamètre de $0^m,40$ à $0^m,50$ de profondeur peut encore fabriquer de la carpe à plaisir. Les deux bassins doivent être séparés; celui qui est destiné à contenir les Carpes mâles et femelles doit avoir, sur deux points de sa circonférence, des retraites pratiquées dans le sol ayant au moins $0^m,40$ de profondeur et autant de largeur. En été, quand le poisson trouve l'eau trop chaude, il se retire dans ces petites excavations où l'eau a toujours plus de fraîcheur. Le bassin doit être garni d'herbes aquatiques qui, tout en servant de nourriture à la Carpe, assainissent l'eau et l'empêchent de se troubler.

« Quand le temps de la ponte approchera, il faudra surveiller les Carpes, observer leurs mouvements, tout en prenant garde de les troubler dans leur opération.

« Lorsque la ponte sera faite, que les herbes seront chargées d'œufs, on les retrouvera et on les portera dans le bassin à éclosion ou à élevage. Ce bassin doit mesurer la même grandeur et la même profondeur que le premier; seulement ses bords devront être disposés de façon à présenter tout autour une retraite superficielle de $0^m,20$ de largeur et toujours baignée par $0^m,01$ ou $0^m,02$ d'eau. Le petit poisson aussitôt éclos se plaît à gagner les endroits peu profonds. Sans cette précaution, l'élevage ne réussirait qu'incomplètement. Si on ne peut pas donner au bassin à élevage cette retraite indispensable, on enfoncera dans son milieu un pieu sur le sommet duquel on fixera une table ronde de $0^m,50$ à $0^m,60$ de diamètre faite de bois blanc et qu'on pourra recouvrir d'un peu de terre glaise. Cette table devra être baignée par $0^m,01$ ou $0^m,02$ d'eau. Deux ou trois jours après son éclosion, le poisson mange; il faudra donc une ou deux fois par jour lui donner des pommes de terre cuites et bien broyées, un peu de farine d'orge, des pois, du maïs, etc.

« Il faudra en même temps tenir le bassin garni d'herbes

aquatiques ou renouveler l'eau, autrement elle se gâterait et
le poisson mourrait. Si l'on remarque que sa peuplade est trop
nombreuse, on en diminuera le nombre au fur et à mesure que
les sujets grossiront, et le trop plein sera jeté à la rivière...
Dans un bassin de 3 mètres de diamètre, de $0^m,60$ de profondeur, avec deux ou trois retraites souterraines on pourrait
placer soixante petites Carpes et soixante autres de grosseur
moyenne. Si le bassin est garni d'herbes sur ses bords, si la
Carpe est bien nourrie avec des pommes de terre ou des graines
bouillies de toute sorte, vers de terre, etc., j'ai l'intime convic-
tion qu'une Carpe, proportion gardée, peut augmenter chaque
année de 250 à 300 grammes [1]... »

Je crois devoir donner maintenant quelques renseignements
sur des groupes d'étangs qui ont une certaine importance.

Étangs de la Dombes (Département de l'Ain).

Le pays de la Dombes a possédé des étangs depuis une
époque très reculée. La nature du sol, argile glaciaire [2], étant
absolument favorable à l'établissement de ces étendues d'eau,
le nombre s'en augmenta toujours jusqu'au xviiie siècle. Dès le
xiiie siècle, leur nombre était déjà considérable. Quoi qu'il en
soit, en septembre 1792, la Convention rendit un décret qui
disait que :

« Lorsque les étangs, d'après les avis et procès-verbaux
des gens de l'art, pourront occasionner, par la stagnation de
leurs eaux, des maladies épidémiques ou épizootiques, ou que,
par leur position, ils seront sujets à des inondations qui en-
vahissent les propriétés inférieures, les Conseils généraux des
départements (aujourd'hui les préfets) sont autorisés à en

---

1. Dr Lamy, *Nouveaux éléments de pisciculture*. Paris, 1866, p. 50.
2. Dr Brocchi, *Rapport adressé au Ministre de l'Agriculture (Bull. du Minist.
de l'Agr.*, 9e année, n° 8, 1890).

ordonner la destruction sur la demande formelle des Conseils généraux des communes (conseillers municipaux) et après avis des administrateurs de district (aujourd'hui les sous-préfets). »

Et le 14 frimaire an II, une nouvelle loi ordonna, sous peine de confiscation au profit des prolétaires de la commune, le desséchement, *dans l'espace de deux mois, de tous les étangs de la République* et leur ensemencement en graines de maïs ou leur plantation en légumes propres à la subsistance de l'homme.

Cette loi était inapplicable, et elle fut d'ailleurs, comme je l'ai déjà dit, rapportée peu de temps après.

A une époque bien plus rapprochée de nous, en 1859, une Commission fut chargée d'étudier la question des étangs de la Dombes et d'amener une solution prompte dans *l'amélioration sanitaire et agricole de la Dombes.* Cette Commission déposa assez rapidement un rapport dont voici les conclusions principales :

1° Suppression de tous les étangs de la Dombes qui, après enquête, seraient déclarés insalubres, dans un délai de quinze ans ;

2° Affectation d'une somme déterminée à des primes destinées à faciliter et à accélérer l'assainissement et la transformation du sol occupé par les étangs, etc.

Il y avait une difficulté pour le desséchement des étangs, difficulté résultant de la manière dont la propriété était établie.

En réalité, il y avait *deux propriétés distinctes.* En effet, tout propriétaire d'un fonds qui pouvait recevoir l'assiette d'une chaussée avait le droit de construire sa chaussée pour établir un étang, et par suite d'inonder les fonds contigus. Si les voisins concouraient aux travaux et dépenses nécessaires pour l'établissement de l'étang, ils prenaient une part proportionnelle dans le produit de la vente du poisson. Mais, dans tous les cas, ils restaient propriétaires de leur sol et avaient le droit d'exiger *un an d'assec* après deux ans d'eau. De plus, ils avaient, pendant la jachère d'eau : 1° le droit de *brouillage,* c'est-à-dire le droit de mener paître leurs troupeaux pendant le séjour de l'eau ; 2° le droit de *naisage*, c'est-à-dire la permission de faire venir du chanvre dans l'étang, excepté dans la pêcherie et près des thons ; 3° le droit d'*abreuvage ;* 4° après la jachère d'eau, le droit de *champiage,* c'est-à-dire le droit d'envoyer paître les troupeaux pendant que l'étang est à sec.

De là la distinction de deux propriétés distinctes placées très souvent en des mains différentes.

En résumé, un étang en Dombes comprend deux parties, l'eau et le sol. L'eau et son produit constituent l'*évolage ;* le sol et la culture, l'*assec.*

Or, chacune de ces propriétés peut être vendue, échangée, transmise par héritage, affermée séparément, sans que l'un des propriétaires ait besoin du concours ou du consentement de l'autre.

Les choses restèrent en cet état jusqu'en 1863, où une convention passée entre l'État et une Compagnie particulière mit fin à toutes les controverses et assura l'assainissement du pays.

Cette convention disait en substance qu'un chemin de fer de Sathonay à Bourg par Villars était concédé à la Compagnie, que l'État accordait à ladite Compagnie une subvention de 3,750,000 francs. Cette somme devait être versée en dix payements semestriels égaux ; mais, avant chaque payement, la Compagnie devait justifier de l'emploi en achats de terrains ou en travaux et approvisionnement de matériaux d'une somme double de celle qu'elle avait à toucher.

La Compagnie s'engageait à *dessécher et à mettre en valeur* dans un délai de dix ans, à partir du 15 juillet 1864, 6,000 hectares d'étangs au moins ; de ce chef la Compagnie devait toucher encore une subvention de 1,150,000 francs.

A la date du 20 juillet 1870, 5,545 hectares, 13 ares, 89 centiares avaient été desséchés. Des voies de communication étaient en même temps établies, des puits étaient creusés, et ces mesures amenèrent dans le pays un état de bien-être qui, à

mon avis du moins, fit plus pour l'amélioration de la santé
publique que le desséchement des étangs.

Superficie actuelle des étangs.

En 1845, la superficie des étangs était de 17,961 hectares. Il est difficile de donner un chiffre exact pour la superficie
actuelle. Cependant on peut évaluer cette superficie à 10,000 hectares. Les dimensions des étangs sont en moyenne de 20 à
30 hectares. On en trouve cependant un de 180 hectares, un
assez grand nombre de 50 à 100 hectares, et beaucoup de 40
à 15 hectares.

Ces étangs sont alimentés par les eaux pluviales. Les poissons qu'on y élève sont les Carpes, les Tanches et les Brochets[1].

Les poissons de ces étangs sont atteints d'une maladie dite
du *gros ventre*, qui en fait périr une grande quantité. Je décrirai
plus loin cette maladie et ses causes[2].

Mode d'exploitation des étangs.

Les étangs sont généralement laissés *deux ans en eau* et
cultivés la troisième année.

Étangs à sec. — Un étang qui vient d'être mis à sec a été
fertilisé non pas, comme on le dit et on le croit généralement,
par l'eau elle-même, mais par l'engrais dû aux déjections des
poissons, et aussi par les matières organiques entraînées par les
pluies, par exemple les excréments des bestiaux pâturant dans le
voisinage. Les étangs sont généralement ensemencés en blé ou
en avoine. On pêche dès le commencement de l'hiver pour que
les gelées détruisent les herbes aquatiques qui fournissent de

1. Voir Dr Brocchi, *loc. cit.*, p. 29 et suiv.
2. Voir p. 231.

l'engrais, mais qui gênent la culture quand les étangs sont pêchés trop peu de temps avant les semailles. Cette pêche se fait depuis le 1er novembre jusqu'au 31 mars ; une tradition veut que l'étang soit mis à sec le plus tard au 26 mars.

Quand le propriétaire de l'assec n'est pas le même que celui de l'évolage, ces dates doivent être observées, mais il n'en est naturellement pas de même quand les deux propriétés sont réunies dans la même main.

Un fait qui me paraît devoir attirer l'attention et que dénoncent la presque unanimité des propriétaires d'étangs, c'est que *la culture appauvrit le fond des étangs*, surtout lorsque cette culture est continuée pendant deux ans. Cet appauvrissement est-il dû à ce qu'une partie des phosphates a été absorbée par les plantes, ou bien à ce que les poissons ne trouvent plus en quantité suffisante les plantes qui leur servent d'aliments?

Quoi qu'il en soit, il est à remarquer que cette opinion, très accréditée en Dombes, est en opposition avec les faits observés ailleurs et notamment en Allemagne, puisque le système Dubisch repose en partie sur l'avantage qu'un étang cultivé et remis en eau présente au point de vue de l'alimentation du poisson. Il est vrai qu'en Allemagne les étangs reçoivent l'eau chaque année.

Culture des étangs en eau.

On distingue dans les Dombes deux sortes d'étangs : 1° les étangs *blancs* ; 2° les étangs *brouilleux* ou *grenouillards*. Les étangs blancs sont ceux qui renferment peu ou pas de plantes aquatiques ; ils sont bien inférieurs comme rendement aux étangs brouilleux, où la *brouille* (*fetuca*) croît avec abondance.

Dans un bon étang, on met par hectare 160 empoissonnages, 15 kilogrammes de tanches et dix brochetons.

Le mille (1,600) de feuilles se vend, prix moyen, 20 francs ; mais ce prix est souvent dépassé ; il atteint 40 francs, parfois même 80 francs. Le prix moyen de l'empoissonnage est de 20 francs le cent (160). Cet empoissonnage pèse environ 125 grammes. Ce poisson atteindra un poids de 500 à 750 grammes. Dans les bons fonds on gagne ordinairement une livre. On obtient donc environ 100 kilogrammes à l'hectare.

La Carpe vaut 0 fr. 60 le kilogramme (sur le marché de Lyon, 1 franc le kilogramme).

La Tanche et le Brochet se vendent 1 franc à 1 fr. 20 le kilogramme.

Production de la feuille ou pose. — On choisit un étang de petite dimension à l'abri du vent, et l'on met un nombre de Carpes tel que le nombre des mâles soit double que celui des femelles. Les deux *poses* de l'année fournissent ordinairement une quantité considérable de *feuilles* de Carpes et *d'aiguillons* de Tanches qui, laissées l'année suivante dans le même étang, ne trouveraient pas de nourriture pour y prendre de l'accroissement[1].

Empoissonnage. — Les feuilles sont pêchées avant l'hiver et on les distribue dans d'autres étangs. Dans un étang de huit milliers de feuilles on met, au commencement du printemps, 180 à 100 petits Brochets de la grosseur du doigt (*filets* ou *filatons*), pour empêcher que les Carpeaux ou *Carnanciers* ne s'amusent à *poser* (Bossi). Sans cette précaution, on aurait trop de petits poissons. A propos des Brochets il faut noter que la bonté d'une pêche en Brochets ne dépend pas de la quantité qu'on a mise dans l'étang, mais bien de là nourriture que ces poissons trouvent. On dit en Bresse : *Beaucoup de Brochets, pas de Brochet; peu de Brochets; beaucoup de Brochets.*

On a remarqué ici, comme dans beaucoup de pays d'élevage de poissons, qu'en séparant les sexes, en empêchant la reproduction, on arrivait à de bons résultats.

En 1803, M. Vaulprě fit l'expérience suivante. Il plaça au

1. Bossi, *le Département de l'Ain, statistique*, 1808.

mois de mai, dans un étang, 100 Brochetons tous laités et pesant ensemble 2,400 à 2,900 grammes. En même temps, il mettait dans un étang plus petit, mais où les poissons pouvaient trouver une abondante nourriture, 50 Brochets de même taille, moitié œuvés, moitié laités. Il reprit ces poissons au mois de février et constata que les Brochets laités seulement avaient acquis un poids incomparablement plus élevé que ceux placés dans le deuxième étang.

Produit des étangs.

Le produit moyen de l'hectare d'étang en Dombes est de 70 à 75 francs (celui de l'hectare de terre n'est que de 35 à 40 francs).

Le chiffre de 70 francs est bien souvent dépassé. Aussi beaucoup d'étangs sont *loués* 40 à 45 francs l'hectare, d'autres 70 et même 85 francs. Pour avoir une idée du produit comparé de l'étang à sec et de l'étang en eau, je donne ici les calculs dressés par des experts pour évaluer la valeur d'un étang mis en licitation [1].

Estimation de l'étang (1857).

TERRAGE

Évaluation des frais de culture.

1° Il faut pour semer l'étang 450 doubles décalitres d'avoine à 1 fr. 25, soit	562f 50
2° Frais de labourage, hersage, 80 journées de 4 bœufs et 2 chevaux, à 8 francs l'une (personnel compris)	704 »
3° Curage des biefs et faux biefs	100 »
4° Affanures de moisson et battaison, un cinquième du produit du grain. — Le double décalitre rendant le 7 pour 1, les 450 décalitres produiront 3,150 doubles décalitres, dont le cinquième est 630 doubles décalitres à 1 fr. 25	787 50
5° Nourriture des moissonneurs et batteurs	284 25
	2,435f 25

1. Truchelut, *Coutumes et Usages des étangs.* Bourg, 1881.

Rendement du terrage.

1° 450 doubles décalitres de semences donnant 7 pour 1, soit 3,150 doubles décalitres à 1 fr. 25	3,927ᶠ 50
2° Le dizain de gerbes donnant 30 kilogrammes de paille et le dizain rendant 3 doubles décalitres de grain, les 3,150 doubles décalitres représentent 31,500 kilogrammes de paille, à 2 francs les 100 kilogrammes.	630 »
	4,567 »
Frais à déduire.	2,435. 25
Rendement net.	2,132 25

ÉVOLAGE

Frais d'empoissonnement.

Pour empoissonner l'étang, il faut : 3,000 Carpes à 60 francs le 1,000.	180 »
12 quintaux de Tanches à 40 francs les 50 kilogrammes.	480 »
300 têtes de Brochets, pesant 15 kilogrammes à 0 fr. 80 le kilogr.	12 »
	672 »

Rendement.

Les 3,000 Carpes produisent à la pêche 54 quintaux à 25 francs l'un, déduction faite des frais de transport, octroi, vente, déchet.	1,350 »
12 quintaux de Tanches produisant 4 pour 1, soit 48 quintaux, déduction faite aussi de tous frais, à 35 francs le quintal . . .	1,680 »
300 Brochets rendant 9 quintaux à 90 francs, tous frais déduits. . .	810 »
	3,840 »
A déduire.	672 »
Produit net.	3,168 »

L'étang en eau produit	3,168 »
L'étang en assec	2,132 25
	1,035ᶠ 75

L'étang en eau produit donc 1,035 fr. 75 de plus que le même terrain cultivé.

Je terminerai ce qui a trait aux étangs de la Dombes en

donnant le tableau suivant, où l'on trouvera le produit annuel d'un étang de 60 hectares :

| | ENTRÉE. | | | SORTIE. | | | | RENDEMENT | |
| ANNÉES. | EMPOISSONNEMENT. | | | | | | | | |
	CARPES au 100 (160).	TANCHES (au poids).	BROCHETS (nombre).	CARPES.	TANCHES.	BROCHETS.	BLANCS.	TOTAL NET.	PAR HECTARE.
				kilogr.	kilogr.	kilogr.	kilogr.	fr.	fr. c.
1852-1853 . . .	5,500	1,600	900	6,600	4,250	780	»	5,420	108 40
1855-1856 . . .	6,100	1,607	1,200	2,240	1,324	660	»	4,390	87 80
1857-1859 . . .	6,000	1,200	200	6,900	3,580	1,540	»	5,350	107 »
1860-1861 . . .	6,300	1,090	330	7,150	2,800	290	»	3,900	79 80
1861-1862 . . .	5,850	1,760	1,000	6,650	2,075	1,037	»	5,650	113 »
1863-1864 . . .	6,250	1,450	900	7,700	3,100	108	»	8,400	161 »
1865-1866 . . .	5,500	1,100	900	6,700	2,500	650	»	8,275	165 50
1867-1868 . . .	6,300	1,160	900	7,800	3,500	400	»	8,840	176 80
1868-1869 . . .	5,500	1,800	900	6,580	3,070	500	»	9,916	198 32
1871-1872 [1] . . .	2,200	1,150	300	2,880	842	200	»	2,630	52 60
1872-1873 . . .	6,000	1,800	1,246	7,150	5,126	646	»	10,168	200 36
1874-1875 . . .	4,000	3,853	1,450	4,689	5,050	930	»	5,256	105 12
1875-1876 . . .	7,000	1,550	800	9,070	1,136	416	»	5,800	116 »
1877-1878 . . .	9,650	970	1,500	9,120	456	343	»	6,300	126 »
1881-1882 . . .	6,500	1,060	400	6,550	2,000	170	84	640	132 80
1883-1884 . . .	5,800	1,250	350	5,700	3,254	174	1,600	9,000	180 »
1885-1886 . . .	5,800	850	600	8,250	525	320	200	6,400	128 »
1886-1887 [2] . . .	5,500	500	300	5,100	500	275	395	2,259	» »
1887-1888 . . .	7,000	660	400	6,656	571	101	700	3,300	» »
1888-1889 . . .	5,500	460	400	6,050	750	176	1,000	3,400	» »
1889-1890 . . .	5,500	450	400	6,072	770	200	742	5,176	103 52

1. Gelées.
2. Étang en partie cultivé.

De telle sorte qu'abstraction faite de l'année 1871 où tout périt à la suite de gelées extraordinaires, le prix moyen du rendement à l'hectare ressort à 135 fr. 26.

Il est vrai que cet étang appartient à un propriétaire qui prend le plus grand soin de ses étangs, et donne une certaine quantité de nourriture à ses poissons.

Étangs de la haute Somme.

Les Étangs dits de la haute Somme sont compris entre Béthencourt et Bray. Ils occupent la vallée du fleuve qui lui semble disparaître entre ces deux points et est remplacé par les

Fig. 66. — Etang, près de Péronne.

étangs, qui *tous* ont une clôture spéciale et sont la propriété de divers particuliers.

Dans un rapport rédigé par la Commission syndicale de la rivière de Somme, on peut lire ce qui suit :

« ... Ainsi le *lit* ou *courant* de la Somme entre la limite de l'Aisne et la retenue de Béthencourt est facile à suivre; mais à partir de Béthencourt jusqu'à l'aval de Bray, il est impossible de l'indiquer d'une manière certaine, au milieu des vastes étendues d'eau qu'il traverse. Il a fallu, soit sur *l'indication des propriétaires,* soit *d'office* en tracer un pour lui donner la largeur et la profondeur demandée par l'arrêté de M. le Préfet de la Somme [1]. »

Cette partie hypothétique de la Somme est divisée en dix-neuf biefs et a une longueur de 61 kilomètres.

Ces étangs ont été formés à une époque très ancienne, au plus tard vers le commencement du moyen âge, avant l'an 1209. Ils furent constitués en coupant la vallée par des digues et chaussées.

Un arrêt de la Cour d'Amiens (23 juillet 1891) rappelle ces faits et explique que l'Administration a fait commencer en 1870 un canal achevé aujourd'hui et destiné à pourvoir aux besoins de la navigation.

Ce canal borde les étangs de la haute Somme d'un côté; il descend la vallée jusque près de la Neuville-les-Bray.

En résumé et dans la pratique, c'est ce canal qui peut et doit être considéré comme la vraie Somme entre Béthencourt et Bray.

Cela a une certaine importance, principalement pour les propriétaires des étangs. L'Administration, en effet, ne considère pas les choses ainsi; pour elle, la Somme traverse les étangs qui n'en sont pour ainsi dire qu'une expansion, et par conséquent l'Administration a le droit de considérer ces étangs comme constituant un cours d'eau non navigable ni flottable et par suite soumis au régime de ces sortes de cours d'eau.

Par contre, les propriétaires soutiennent que les étangs constituent des propriétés closes et privées et que, par conséquent, ils ont le droit d'y pêcher par tous les moyens et à toutes les époques.

J'ajoute qu'un arrêt de la Cour d'Amiens semble leur donner complètement raison [2].

Quoi qu'il en soit, ces étangs occupent une superficie de

1. *Rapport de la Commis. synd. de la rivière de Somme.* Péronne, 1857.
2. Voir Brocchi. *Bull. min. Agric.*, 1895.

1,612 hectares. Ils sont entourés de levées en terre désignées sous le nom de *hardines*.

Ces *hardines*, fertilisées à l'aide de plantes aquatiques provenant des faucardements, servent à la culture des plantes maraîchères.

Elles sont loin d'être sans valeur, puisqu'elles se louent environ 400 francs l'hectare.

Les étangs de la haute Somme ont une importance sérieuse au point de vue commercial. Ce sont eux qui fournissent les Halles de Paris de *poissons vivants*.

Mais le poisson n'est pas l'unique produit fourni par les étangs. La chasse fournit une grande quantité de canards sauvages et autres oiseaux aquatiques.

Le faucardement et le curage fournissent d'excellents engrais; enfin les plantes aquatiques, joncs et autres, servent également dans l'industrie, fournissent des liens excellents pour les gerbes de blé, etc.

La pêche se fait : 1° à l'aide de filets dits *harlas* que l'on pose au milieu des étangs; 2° dans des pêcheries spéciales fermées par des clôtures qui permettent le passage de l'eau, mais non celui des poissons.

La pêcherie de l'étang de Sainte-Radegonde, appartenant à M. Decamps, pêcherie située aux portes de Péronne, est formée par un barrage (fig. 67) ayant 206 mètres de développement. Ce barrage est constitué par une série de baguettes en fer plat; ces baguettes, placées à 15 millimètres les unes des autres, ne sont pas galvanisées. Avant de les placer, on les chauffe et on goudronne à chaud; celles formant le barrage de l'étang de Sainte-Radegonde sont posées depuis de longues années et se sont bien conservées.

Ce barrage n'est pas droit sur toute son étendue; il présente des sortes de prolongements en forme de V, l'ouverture du V regardant vers l'étang. A l'extrémité se trouve une vanne en bois qui peut être enlevée au besoin. Le clayonnage, formé par les baguettes de fer décrites plus haut, a 2 mètres de hauteur et est fixé à sa partie inférieure dans une masse de maçonnerie, le *cran*.

Lorsque l'on veut procéder à la pêche, on enlève les vannes fermant l'extrémité du V et on les remplace par des filets dits *borgnons*. Le borgnon est un grand filet en forme de nasse et

Fig. 67. — Pêcherie de Sainte-Radegonde (Somme).

possédant sur l'un de ses côtés une poche dite *borgnette*. De plus, on place dans les *viez* [1] des nasses en osier disposées sur plusieurs rangs.

Enfin, plus en arrière se placent les *harlas*, grands filets également en forme de nasses, mais munis de chaque côté de grandes ailettes.

Par ces moyens on capture, en octobre, une grande quantité d'anguilles qui, conservées dans les réservoirs, seront expé-

1. On appelle *viez* les espaces triangulaires limités par les clayonnages.

diées à Paris au mois de mai seulement. Les Tanches prospèrent fort bien dans ces étangs et s'y reproduisent avec une extrême abondance. Il n'en est pas de même de la Carpe qui, si elle vit fort bien dans ces eaux, ne semble pas pouvoir s'y reproduire. D'après M. Decamps, ce fait s'expliquerait par l'ob-

Fig. 68. — Une cabane de pêcheur sur un étang de la Somme.

servation suivante : la Tanche pourrait frayer dans des eaux ayant seulement 18° C. de température, tandis que la Carpe ne pourrait se reproduire que dans des eaux dont la température atteindrait 25° C.

Quoi qu'il en soit, quand un propriétaire loue un de ces étangs, il stipule dans le bail que le fermier jettera chaque année dans l'étang un nombre déterminé d'alevins de Carpes. Ces alevins sont achetés à grands frais à Busigny, près Saint-Quentin, où se trouvent des étangs à feuilles. On vend les

9

tiercelets (alevins ayant 7 à 9 pouces de longueur) 425 francs le
mille. Ceux de 9 à 11 pouces valent 625 francs le mille. Ceux
de 5 à 7 pouces 350 francs le mille; de 7 à 10 pouces, 500 francs
le mille [1].

Les propriétaires qui exploitent eux-mêmes préfèrent élever
simplement des Tanches. Quant aux Anguilles, l'ingénieur des
ponts et chaussées d'Abbeville expédie de la *montée* en quantité
considérable aux pisciculteurs qui en font la demande.

Étangs du Cher.

Les étangs sont nombreux dans le centre de la France et
notamment en Sologne. Je ne parlerai cependant ici que de ceux
qu'il m'a été donné de visiter et qui, pour la plupart, se trouvent dans le département du Cher.

Dans l'arrondissement de Bourges, on peut citer les étangs
suivants : 1° l'étang de Launay, à Quincy, canton de Lury.
Il a 4 à 5 hectares de superficie. Dans le même canton se trouve
l'étang de Brinay; 2° dans la commune de Menetou-Salon, on
trouve quatre étangs ayant au total une superficie de 36 hectares et qui appartiennent au prince d'Arenberg. Dans le
canton de Vierzon, les étangs sont assez nombreux. On y
remarque le grand étang de Varennes ($19^{ha},72$); l'étang de
la Sabotière ($7^{ha},12$); l'étang de Samord ($12^{ha},64$), etc. Tous
ces étangs, sans être l'objet d'une culture spéciale, sont assez
bien entretenus et fournissent des Carpes et des Brochets.

Dans l'arrondissement de Saint-Amand, les étangs sont
nombreux; on peut citer parmi les plus importants :

1° L'étang de Javoulet, commune de Sanscoins, ayant une
superficie de 114 hectares; 2° l'étang de Grossouvre (40 hectares); 3° l'étang de Finay ($48^{ha},20$); 4° l'étang de Bernot
($21^{ha},62$); 5° l'étang de Pondy ($33^{ha},10$); 6° l'étang de Drulan

---

1. Le *mille* comprend 1,200 individus.

(20 hectares), etc., etc. Dans cet arrondissement se trouvait un étang de 270 hectares. Étang de Villiers qui a été mis en culture. Enfin, il faut citer l'étang de Pirot ou réservoir de la Marmande [1]. L'étang de Pirot a une superficie de 83 hectares ; sa profondeur maxima est de 15 mètres. Entouré par la forêt de Tronçay, ce réservoir est fermé par une digue munie d'écluses et peut envoyer ses eaux, soit directement au canal du Berry, soit au réservoir de l'Auron. On trouve dans cet étang des Carpes et des Perches [2].

Près de là se trouve le réservoir de l'Auron ou étang de Valigny, qui a 110 hectares de superficie ; on y prend des Carpes et des Gardons.

Dans l'arrondissement de Sancerre se trouvent : 1° les étangs de Vauville, de Fourneau, Chaumérian, Chaumasson, ayant ensemble une superficie d'environ 137 hectares ; 2° le grand étang de la Verrerie et celui de Landerveyne ; 3° l'étang de la Morne. On trouve encore de nombreux étangs dans le canton de la Chapelle-d'Angilion et dans celui d'Argent.

Enfin, il faut citer encore l'étang du Puits ou réservoir de la Sauldre. La superficie de cet étang est de 200 hectares, sa profondeur maxima est de 8m,90. Il est alimenté par la Sauldre et les eaux de pluie ; destiné à alimenter le canal de la Sauldre, ce réservoir renferme des Brochets, des Perches, des Brêmes, des Carpes, Gardons, Vandorses et Anguilles. On y prend quelquefois des truites venant de la Sauldre. La pêche est louée moyennant une redevance annuelle de 560 francs.

On ne peut parler des eaux du département du Cher sans appeler l'attention sur les véritables lagunes qui se trouvent aux portes mêmes de Bourges et constituent pour ainsi dire un établissement tout préparé pour la pisciculture. Ces lagunes sont

1. Cet étang est en réalité situé dans le département de l'Allier, mais tout à fait sur la frontière du département du Cher.
2. Voir Brocchi, *Rapport sur la pisciculture dans le dép. du Cher* (Bull. minis. de l'Agr., 1891, n° 8).

formées par le croisement de nombreux cours d'eau dont les plus importants semblent être l'Yèvre, la Voiselle, l'Yevrette. Les nombreuses branches de ces ruisseaux sont séparées par des levées en terre soigneusement cultivées et rappelant les hortillonages ou hardines du département de la Somme. Les eaux de ces canaux sont fraîches, limpides; la faune est riche

Fig. 69. — Etang de Sylans (Ain).

en insectes aquatiques, en crustacés microscopiques; l'alimentation des poissons y serait donc assurée; la température peu élevée de ces eaux y permettrait sans doute l'élevage des Salmonides [1].

Bien d'autres étangs importants existent encore dans notre pays. Tels sont les étangs de Sylans (Ain), de la Brenne, se rapprochant des étangs du Cher; les étangs de la Creuse (étangs de Ramade, de Montboucher, de Pinaud, etc.); mais

1. Brocchi, loc. cit., p. 874-875.

je crois inutile de donner ici la description de ces étangs, et cela d'autant plus que je n'ai pas encore eu l'occasion de les étudier moi-même et que je ne pourrais, par conséquent, en parler que par ouï-dire.

LACS

On trouve en France quelques grands lacs méritant véritablement ce nom, puis une quantité d'étangs ayant une superficie parfois bien peu considérable, mais qui prennent le nom de lacs dès qu'ils se trouvent dans les régions montagneuses. En fait, tous les étangs des Alpes, des Pyrénées, de l'Auvergne sont désignés sous le nom de lacs.

Ces lacs méritent d'ailleurs de fixer l'attention, et principalement ceux qui se trouvent à des altitudes très élevées et que l'on considérait comme impropre, à la vie des poissons. Nous verrons qu'il est loin d'en être ainsi, et qu'à l'heure actuelle un certain nombre d'entre eux fournissent à l'alimentation un tribut non sans importance.

Lacs de la Savoie.

Les lacs de la Savoie sont fort nombreux, et quelques-uns ont une importance de premier ordre.

Je rappellerai d'abord les noms d'un certain nombre de ces lacs. Ce sont : 1° dans le département de la Haute-Savoie, les lacs de Genève, d'Annecy, d'Anterne, Bénit, du Brévent, Cornu, de Flaine, de Gers, de Montriond, etc.

2° Dans le département de la Savoie, on peut citer les lacs d'Aiguebelette, des Assiettes, des Bataillières, du Bourget, Bleu, Blanc, Caroley, Céma, du Chardonnet, de la Girotte, de la Grande-Coche, de la Loze, de Sassure, de Tignes, des Vaches, etc.

Une certaine quantité de ces lacs méritent d'arrêter l'attention, et je dois entrer dans quelques détails au sujet de leur importance au point de vue piscicole.

Lac de Genève.

Cependant, le plus important de tous ces lacs, lac de Genève ou lac Léman, est trop connu pour que je croie utile de m'y arrêter longtemps. Sa faune et ses conditions biologiques sont admirablement décrites dans les travaux de MM. Lunel, Forel, Moreau, etc.

Je me contenterai de rappeler que le Léman a une superficie de 58,293 hectares. Son cube d'eau est de 88,920,664,000 mètres cubes. La profondeur maxima est de 309^m,4, et sa largeur varie de 13,935 mètres (entre Morges et Évian) à 2,184 mètres (entre Genthod et Bellerive); il est situé à 375 mètres d'altitude.

Les ichtyologistes suisses y comptent vingt-neuf espèces de poissons, parmi lesquels les plus connus et les plus estimés sont la Féra, l'Omble-Chevalier, la Lotte, etc.

La pêche est encore fructueuse dans ce lac; cependant les pêcheurs accusent une diminution notable dans le nombre des poissons capturés. M. Lugrin attribue cette diminution à l'habitude prise par les nombreux bateaux à vapeur qui sillonnent ces eaux de jeter les cendres de leurs fourneaux dans le lac. Ces cendres auraient une influence des plus pernicieuses sur les insectes et sur les Crustacés aquatiques, et, par suite, l'alimentation des poissons se trouverait compromise (?).

Lac du Bourget.

Le lac du Bourget se trouve à 231 mètres d'altitude. Sa surface est de 4,462 hectares, et il cube 3,620,300,000 mètres cubes. Sa profondeur maxima est 145^m,40. M. Delebecque a signalé une particularité intéressante au sujet de ce lac : « Le canal de Savières, qui lui sert d'émissaire et qui conduit ses

eaux dans le Rhône, joue pendant environ soixante jours par
an le rôle d'affluent. Il lui apporte les eaux du Rhône, chargées
d'une grande quantité d'alluvions qui troublent le lac sur la
moitié de sa longueur[1].

En 1858 et 1859, M. le comte de Galbert avait remis au
gouvernement sarde divers mémoires sur le repeuplement du
lac du Bourget. Dès cette époque, les poissons du lac étaient
loin de suffire à l'alimentation des hôtes d'Aix-les-Bains, et on
cherchait à augmenter le nombre de ces êtres.

M. de Galbert, dans le premier de ces mémoires (1858),
signalait la Perche comme étant très abondante dans le lac et
détruisant une grande quantité de Salmonides. Cet habile pisciculteur attirait également l'attention sur le grand nombre de
poissons capturés et détruits au moment du frai, époque à laquelle
ils viennent en grand nombre dans les ruisseaux qui viennent se
jeter dans le lac.

M. de Galbert proposait de s'emparer, à l'aide de nasses,
des poissons venus ainsi pour déposer leurs œufs, de pratiquer,
à l'aide de ces reproducteurs, la fécondation artificielle et d'élever
les alevins dans des bassins spéciaux, en un mot d'établir sur
les bords du lac un établissement de pisciculture[2].

Cette idée de M. de Galbert mériterait certainement d'être
reprise et donnerait, à tous égards, d'excellents résultats. Je
dois ajouter, d'ailleurs, que la surveillance de la pêche se fait ici
dans d'assez bonnes conditions. Le Lavaret est de tous les poissons de ce lac celui qui jouit de la plus grande réputation. On
prend également des Ombles chevaliers et une certaine quantité
de Truites.

Lac d'Annecy.

Le lac d'Annecy a 27 kilomètres carrés de superficie; il est
alimenté par divers petits cours d'eau, Eau-Morte, Ire, Landon,

1. Delebecque, *Étude des lacs dans les Alpes et le Jura français*, 1892.
2. Comte de Galbert, *Documents de pisciculture, etc.* Grenoble, 1865, p. 28.

et une grande quantité de ruisseaux, tels que ceux de Muffry, d'Angon, etc. L'écoulement du lac se fait par le Thioux, qui va se jeter dans le Fier à 4 kilomètres d'Annecy.

Ce lac est d'ailleurs fort bien connu au point de vue hydrographique, grâce aux recherches de M. l'ingénieur Delebecque. Le Ministère des Travaux publics a récemment publié une carte du lac résumant les études de ce savant et celles de ses collaborateurs. De nombreux sondages ont été exécutés avec l'appareil Belloc. J'ai pu moi-même faire une certaine quantité de sondages, et bien que, disposant d'appareils moins perfectionnés, je suis arrivé à des résultats se rapprochant beaucoup de ceux obtenus par M. Delebecque.

Les sondages montrent que le lac d'Annecy est formé par deux bassins profonds (64ᵐ,70 et 55ᵐ,20), séparés par une barre sur laquelle la profondeur est de 49ᵐ,60.

M. Delebecque a attiré l'attention sur le phénomène suivant : c'est un entonnoir qui, à 200 mètres de la côte, s'ouvre sur le talus du lac par des profondeurs de 25 à 30 mètres suivant une ellipse ayant pour longueur d'axe 200 à 250 mètres. Le fond rocheux se trouve à 80ᵐ,60 au-dessus du niveau de l'eau...

En 1891, le lac étant gelé, M. Delebecque a pu démontrer que la formation de cet entonnoir est due à une source souslacustre ; car, en descendant au fond du trou un thermomètre à renversement, il trouva une température de 11°,8, tandis qu'à 64 mètres de profondeur on ne trouvait que 3°,8.

Cette source est désignée dans le pays sous le nom de *Boubioz*.

La faune ichtyologique du lac d'Annecy est assez pauvre. Les poissons le plus ordinairement pêchés sont les Perches, les Gardons, les Lotes, les Carpes. On y prend aussi une certaine quantité de Truites qui vont frayer dans l'*Eau-Morte* et quelques autres ruisseaux affluents du lac. Les Gardons sont désignés ici sous le nom tout à fait impropre de *Vérons*. Ces Gardons appartiennent d'ailleurs à une espèce particulière (*Leuciscus pallens*) [1].

Le nombre de ces poissons semble diminuer chaque jour. La surveillance est presque nulle, et les fermiers de pêche sont les premiers à capturer les Truites sur les frayères.

L'Administration des ponts et chaussées s'est occupée du repeuplement du lac.

En 1892, 16,000 alevins (9,000 Truitelles et 7,000 Saumons) furent placés dans le lac au mois de mars. Avant cette époque, on avait fait les tentatives suivantes :

Depuis l'année 1886, on a déposé chaque année de 3,000 à 4,000 Truites dans le lac d'Annecy et ses affluents, le Landon et l'Ire. Ces alevins étaient fournis par l'établissement de Thonon.

D'autre part, en 1890, on plaça dans le lac 2,000 Ombles-Chevaliers de six à dix mois, et, en 1888, 3,500 Corégones (*White fish* ou *C. Williamsoni*). Ces poissons provenaient de l'établissement de Gremaz (Ain), établissement dirigé par M. Lugrin. Ces tentatives n'ont pas donné de sérieux résultats. Voici, en effet, tout ce qui a pu être officiellement constaté. Un pêcheur a capturé, en 1891, un Corégone pesant 1,200 grammes. Deux Ombles-Chevaliers, pesant ensemble 900 grammes, ont été capturés à Menthon (1892). En 1891, capture d'un Saumon de 300 grammes; enfin quelques Truites saumonées ont été capturées en 1892. M. Lugrin prétend cependant que l'introduction des Corégones a réussi, mais que les pêcheurs ne disposent pas des filets nécessaires pour prendre ce poisson (?). Le fait est que l'on ne pêche pas le Corégone dans le lac d'Annecy. Comme je l'ai déjà dit, les Carpes vivent et se reproduisent dans le lac. J'ai déjà attiré l'attention sur la facilité avec laquelle Salmonides et Cyprinides pouvaient vivre dans les étangs ou lacs ayant une certaine profondeur, la température diminuant rapidement avec

1. Voir page 47.

la profondeur. Le 19 août 1893, à 5 heures du soir, la température de l'eau, étant à la surface de 22°, était, à 10 mètres de profondeur, de 14°; à 20 mètres, 6°; à 40 mètres de profondeur, 5°. J'ai eu occasion de constater bien des fois des faits semblables à celui que je rapporte ici.

Je suis convaincu que le lac pourrait être repeuplé, si une surveillance sérieuse était établie sur ses rives et si on installait sur les bords du Fier, par exemple, un établissement de pisciculture, quelque simple qu'il pût être.

Lac d'Aiguebelette.

Le lac d'Aiguebelette est situé à 376 mètres d'altitude. Il se trouve à une vingtaine de kilomètres de Chambéry, sur la ligne du chemin de fer allant de cette ville à Lyon par Saint-André-le-Gaz. Il a 5 kilomètres carrés, et sa profondeur maxima est de 71^m,10. D'après M. Delebecque, il renferme six bassins, deux monticules et deux îles qui seraient d'origine erratique. Les eaux de ce lac sont relativement froides. Le 13 septembre 1892, à 8 heures du matin, la température de l'eau prise à la surface était de 18° C.

Ce lac est bien peuplé en poissons de diverses espèces. On y pêche le Brochet, la Brême, le Gardon (dit *Véron*), la Perche et le Lavaret.

D'après les pêcheurs du lac, le Lavaret aurait été introduit dans ces eaux, il y a trente-cinq ans, à l'aide de reproducteurs pêchés dans le lac du Bourget. Depuis une dizaine d'années, le propriétaire de ce lac y a fait également placer une certaine quantité d'alevins. Mais il semble bien que ce Corégone a vécu de tout temps dans le lac d'Aiguebelette, car Rondelet le signale dans ces eaux.

Comme je l'ai dit, ce lac est une propriété particulière, et il semble être exploité d'une manière très intelligente. La pêche est surveillée avec soin. Dans toutes les auberges, nombreuses sur les rives du lac, sont déposés des tickets donnant le droit de pêcher pendant une journée. Le prix de ces tickets varie d'ailleurs avec le genre de pêche. On paye 1 franc pour pêcher à la ligne simple, 3 francs pour la pêche à la *cuiller*, etc. Pendant la belle saison, le nombre des pêcheurs venus principalement de Lyon est assez considérable.

Lac de Tignes.

Ce lac, placé à 2,088 mètres d'altitude, est, à tous égards, un des plus intéressants de la Savoie. Il est situé dans le haut de la vallée de l'Isère et a près de 5 hectares de superficie. Ce lac est alimenté par les eaux de fusion du glacier de la Motte au pied duquel il est placé. Les eaux sortant du glacier disparaissent d'abord sous terre, puis reparaissent formant des sources d'eau limpide et glacée. Sur les bords de ces sources et sur ceux du lac croissent de nombreuses fleurs alpestres, parmi lesquelles on remarque l'édelweiss. A l'époque où j'ai visité ce lac (août) la température de l'eau à la surface ne dépassait pas 12° C. J'ai trouvé une profondeur maxima de 31 mètres. L'oxygène dosé sur place était de $7^{mg},68$ par litre, chiffre assez considérable, étant données les conditions physiques de ce lac. Le lac de Tignes est peuplé d'excellentes Truites qui vont frayer dans les sources nombreuses et qui ne gèlent pas. Le fermier de la pêche s'y livre à quelques pratiques de pisciculture. Ces poissons sont capturés à l'aide de filets.

Lac de la Girotte.

Ce lac est également très intéressant. Il se trouve à 1,756 mètres d'altitude, près de Hauteluce, dans la vallée de Beaufort, une des plus pittoresques de la Savoie. Sa profondeur maxima est d'environ 100 mètres. Au mois de septembre 1893, la température de l'eau à la surface était de 13° C., de 6° à une profondeur de 10 mètres. Le dosage de l'oxygène a donné 10^{mg},74 par litre.

Ce lac est peuplé de Truites fortement saumonées. Elles se nourrissent principalement d'un petit crustacé (genre *Diaptomus*) de couleur rougeâtre qui est très abondant dans ces eaux et paraît appartenir à la même espèce que ceux trouvés par M. Blanchard dans certains lacs des Alpes.

Le lac de la Girotte semble nourrir deux variétés de Truites, l'une semblable aux Truites ordinaires, l'autre se distinguant par des bandes verticales noires, disposées sur les flancs de l'animal. Le pêcheur du lac fait un peu de fécondation artificielle ; les œufs fécondés sont simplement placés dans les sources et ruisseaux alimentant le lac.

Le lac de la Girotte, propriété communale, avait été loué à un habitant moyennant *trois francs* par an et à long bail. A la mort du fermier, le bail a été racheté aux héritiers moyennant 1,000 francs. Mais le bail n'a plus qu'une durée de peu d'années et ne sera sans doute pas renouvelé. Ce fait montre combien la valeur du poisson augmente chaque jour en Savoie. Pendant la belle saison les Truites de la Girotte sont expédiées à Brides-les-Bains ou à Albertville, et la vente se fait dans d'excellentes conditions.

Je crois inutile de multiplier ces exemples, me contentant de citer seulement : le lac de Montriond, placé à 1,050 mètres d'altitude dans un site fort pittoresque de la vallée de la Dranse de Morzine. On y prend de très belles Truites. Le lac de Gers (1,948 mètres) est situé près de Sixt et pourrait donner de bons produits, etc.

Lacs de l'Isère.

Parmi les lacs les plus importants du département de l'Isère, on peut citer le lac de Paladru, qui se trouve dans

l'arrondissement de la Tour-du-Pin, au milieu du plateau des
Terres-Froides à une altitude de 500 mètres. Sa surface est de
390^{ha},30, son cube d'eau est de 97,197,000 mètres cubes[1].
Plusieurs villages sont situés sur ses bords; les principaux
sont : Charavines, placé à l'extrémité sud, et Paladru, à l'extrémité nord.

Le déversoir du lac se trouve près de Charavines et donne
naissance à la *Fure*, petite rivière qui fournit la force motrice à
de nombreuses usines. Ce lac est très poissonneux, et les poissons qu'il nourrit sont très estimés dans le département. Les
poissons les plus estimés sont : la Carpe, le Brochet, et surtout
l'Omble-Chevalier. Je n'ai pu voir ce dernier poisson et je ne
saurais affirmer si on a affaire à *l'Omble*-Chevalier (*Salvelinus
umbla*), ou à *l'Ombre* (*Thymallus vexillifer*). J'ai quelques
raisons de croire qu'en réalité c'est bien de *l'Ombre* qu'il s'agit.
En effet, dans une liste des poissons du lac, publiée autrefois
par M. Charvet, ancien professeur à la Faculté des sciences de
Grenoble, on trouve ce poisson désigné sous le nom de *Salmo
Thymallus;* on pêche aussi dans le lac de Paladru la Perche,
la Vandoise, le Gardon, etc. Les procédés de pisciculture sont
d'ailleurs ici tout à fait négligés.

Lacs de Laffrey. — Les trois lacs de Laffrey se trouvent
entre La Mure et Vizille, aux environs du village de Laffrey. Ils
sont situés sur un plateau où le froid est très violent pendant
les mois d'hiver. Aussi les lacs sont gelés chaque année, et le
dicton suivant est bien connu dans le pays :

> Tant que le lac n'a pas gelé
> L'hiver ici n'est pas passé.

Les lacs de Laffrey sont : le Grand-Lac, le lac de Pierre-
Chatel et le lac du Petit-Chat; on peut y joindre le lac Mort

1. Ces chiffres sont empruntés à la carte publiée par M. l'ingénieur Delebecque
(*Atlas des lacs français*).

(fig. 70), situé un peu plus haut. Le lac du Petit-Chat se déverse dans le Grand-Lac qui s'écoule, vers Laffrey, dans la Ro-
manche, tandis que le lac de Pierre-Chatel se déverse du côté de
la Mure, dans un ruisseau qui tombe dans la Jonche, affluent
du Drac. D'après M. Delebecque, le Grand-Lac de Laffrey
a 126^{ha},90 de superficie, et il contient 28,200,000 mètres

Fig. 70. — Laffrey : lacs Mort et Grand-Lac.

cubes d'eau. Sa profondeur maxima est de 39^m,3. Le Petit-Chat
a 86 hectares de superficie et contient 8,700,000 mètres
cubes d'eau ; sa profondeur maxima est de 19^m,2. Ce lac se
trouve à 930 mètres (niveau des eaux) et s'écoule dans le
Grand-Lac qui se trouve à 911 mètres seulement.

    Ces lacs de Laffrey ont toujours nourri des Perches, des
Tanches et des Vérons. Il y a environ douze ans, le Grand-Lac
a été peuplé de Truites qui semblent s'être multipliées.

    La pêche est actuellement exploitée par une Société de

Grenoblois. Les membres de cette Société s'occupent non seulement de faire éclore les œufs de Truites et de placer les alevins
dans leurs eaux, mais encore de la surveillance sérieuse de la
pêche. Il y a donc lieu d'espérer voir ces essais de repeuplement couronnés de succès.

Lacs des Sept-Laux. — Ces lacs, dits *Sept-Laux*, sont en

Fig. 71. — Lacs de Laffrey.

réalité au nombre de onze. Mais sept surtout sont bien visibles
dans la haute vallée alpestre située au-dessus d'Allevard, à une
altitude variant de 2,100 à 2,800 mètres. On les désigne sous
les noms suivants : lac Noir (2,141 mètres), lac de la Motte, lac
Cotepen (2,151 mètres, lac Blanc (2,277 mètres), lac de Cos ou
du Col (2,182 mètres), lac de la Corne, lac de la Sagne. On
prend dans ces lacs des Truites saumonées justement renom-
mées et aussi des Truites à chair blanche.

Des Vérons, des Chabots vivent également dans ces eaux
et servent à ''alimentation des Truites. Récemment on a fait

quelques essais de repeuplement avec des alevins nés dans la plaine. Ces tentatives ont échoué, parce qu'elles ont été faites dans des conditions défavorables, mais elles doivent être reprises et tout fait présager un succès complet.

Le *lac de Lovitel* (fig. 73) est situé dans l'Oisans. Avant 1770, il ne nourrissait aucun poisson. Vers cette époque, le curé du

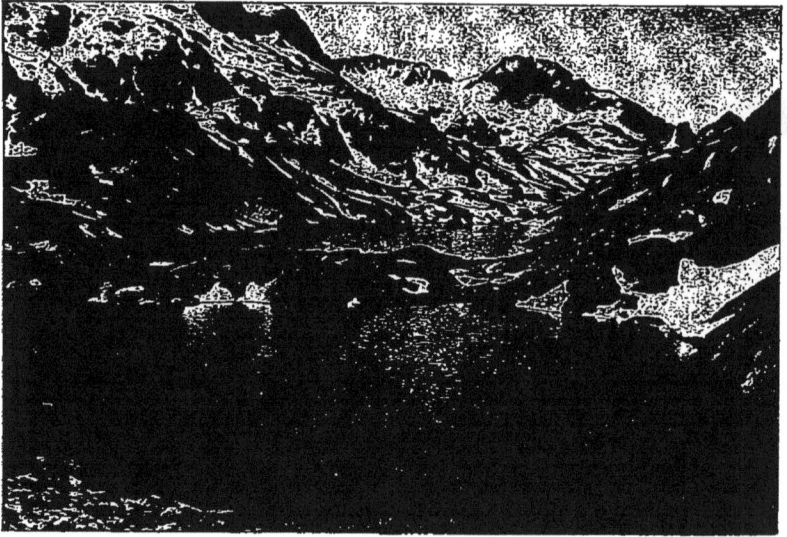

Fig. 72. — Lacs des Sept-Laux (Isère).

pays, M. Garden, y plaça des Truites qui se sont bien multipliées.

Je crois inutile de continuer cette énumération des lacs de l'Isère, mais je dois cependant signaler les beaux succès obtenus par M. Rivoiron, qui a introduit la Truite dans le lac de Brouffier, situé à 2,400 mètres d'altitude (massif du Taillefer) et dans celui de Claret.

Lac de Saint-Front.

Le lac de Saint-Front est situé à 27 kilomètres de la ville du Puy (Haute-Loire). Il aurait, d'après la tradition, été empoissonné par les religieux de la Chartreuse de Bonnefoi. Il

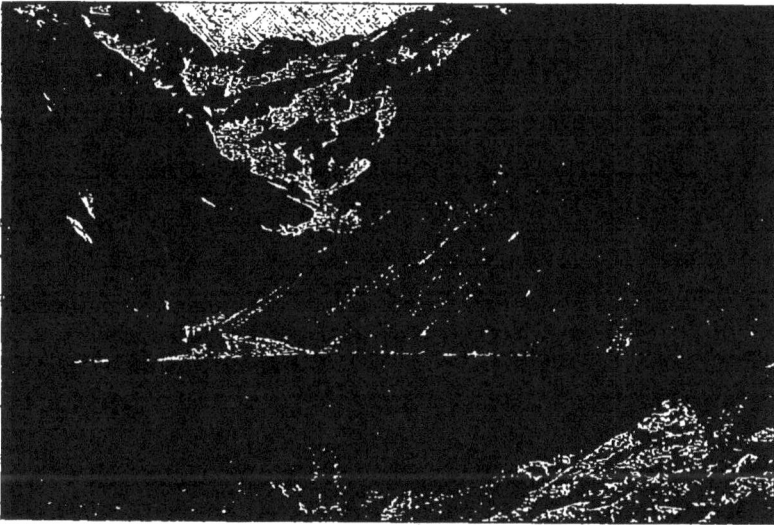

Fig. 73. — Lac de Lovitel.

a une superficie de 31 hectares, et la profondeur maxima serait de 10 à 11 mètres[1] ; le lac est alimenté par des sources et les eaux de pluie. Enfin il est situé à une altitude de 1,200 mètres environ.

Ce lac appartient actuellement à M. de Causans, qui y élève une certaine quantité de Truites.

Si je me proposais de donner ici une description complète

1. Comarmond, *de la Pisciculture de la Truite et en particulier de celle du lac de Saint-Front*. Lyon, 1853.

10

des lacs français, ma tâche serait bien loin d'être remplie. Je devrais, par exemple, parler des lacs d'Auvergne dont quelques-uns ont même acquis une sorte de célébrité au point de vue piscicole. Tel est, par exemple, le lac Pavin qui, paraît-il, resta stérile jusqu'en 1859, époque à laquelle M. Rico y fit de remarquables essais de repeuplement[1]. Ce lac, situé dans la commune de Besse (Puy-de-Dôme), a une superficie de 42 hectares, une profondeur de 90 mètres. M. Rico y introduisit avec succès la Truite, peut-être même l'Omble-Chevalier. Au lac Chauvet, M. Berthoule aurait réussi l'acclimatation de la Truite et même de la Féra (?). Enfin dans la même région, d'autres lacs semblent avoir été empoissonnés avec succès ; tels sont ceux de Lalandy, de Guery, de la Servière, d'Aydat, de Tazana, etc.

Les lacs des Pyrénées mériteraient également une étude spéciale. Ces lacs malgré les intéressants travaux de M. E. Belloc, sont encore imparfaitement connus[2]. Plusieurs de ces lacs sont placés à une altitude dépassant 2,000 mètres (lacs de Lostallat, d'Aubert, d'Aumar, etc.). M. Belloc a montré que les eaux de ces lacs renfermaient une certaine quantité de mollusques et de crustacés pouvant servir à l'alimentation des poissons.

Si je ne m'arrête pas à la description de ces divers lacs, c'est qu'il me semble en avoir assez dit pour montrer la possibilité de tirer bon parti de ces eaux, et aussi parce que, comme j'ai déjà eu occasion de le dire, je m'efforce de ne parler ici, tout au moins dans la limite du possible, que des faits que j'ai pu observer moi-même.

1. Rico, *l'Aquiculture en Auvergne*, 1876.
2. Belloc, *Utilisation des cuvettes lacustres pour la pisciculture* (Ass. franç. pour l'avanc. des sciences, Congrès de Pau).

FLEUVES ET RIVIÈRES

Nous devons étudier maintenant les divers moyens que l'on peut employer pour favoriser la multiplication des poissons dans nos cours d'eau.

Des frayères naturelles et artificielles.

Lorsque des ruisseaux à courant rapide et à eaux peu profondes viennent se déverser dans une rivière, ils constituent des

Fig. 74. — Frayère à claies.

frayères où l'on voit se rendre pour déposer leurs œufs tous les poissons appartenant à la famille des Salmonides. Il est bon d'isoler par une grille une partie du cours de ce ruisseau, de rompre le courant si celui-ci est par trop rapide à l'aide de traverses en bois. Lorsque les poissons auront déposé leurs œufs, on recouvrira cette partie de la frayère avec des planches, des vieux filets, afin de mettre le frai à l'abri des attaques de divers oiseaux. Enfin on surveillera la frayère avec soin au moment de l'éclosion des œufs.

Si les ruisseaux n'existaient pas, on créerait des frayères artificielles en plaçant sur un point où les eaux sont vives et peu profondes une couche assez épaisse de sable et de gravier.

Pour les Cyprinides, et en général pour tous les poissons à œufs adhérents, les plantes qui garnissent les berges ou les îlots des cours d'eau constituent les meilleures frayères naturelles. A leur défaut, on emploiera des frayères artificielles telles que celles dont il a été parlé plus haut [1], ou bien encore des frayères à claies telles que celles représentées dans la figure 74.

Réserves.

On désigne sous ce nom certaines parties d'un cours d'eau où la pêche demeure interdite pendant un certain temps. Ces réserves peuvent être établies d'après l'article 1er de la loi du 31 mai 1865 [2]. Elles peuvent être établies même dans les cours d'eau non navigables et flottables, dans lesquels la pêche appartient aux riverains. Seulement la loi accorde dans ce cas aux intéressés une indemnité réglée par le Conseil de préfecture, après expertise. A l'époque où le Sénat s'occupa des questions se rattachant à la pêche, il nomma une Commission présidée par M. le professeur Robin, qui fut chargée de procéder à une enquête sur l'état des cours d'eau, etc. M. George, alors sénateur, présenta, au nom de cette Commission, un rapport du plus grand intérêt et résumant les résultats de l'enquête [3]. Parmi

1. Voir p. 97.
2. Voir p. 306.
3. George, *Rapport fait au nom de la Commission chargée de recueillir, même par voie d'enquête, etc.* Sénat, session 1880.

les personnes compétentes dont on avait demandé l'avis, la plupart pensaient que ces réserves devaient être établies : « 1° *dans les rivières navigables et flottables :* soit dans les bras de rivières non utilisés pour la navigation où le poisson peut trouver des frayères tranquilles, soit dans les biefs d'usine ou aux abords des barrages, en aval et en amont; en amont, parce qu'il se trouve une nappe d'eau plus importante, en aval, parce que l'eau y est plus oxygénée et plus particulièrement appropriée à certaines espèces; soit aux confluents des cours d'eau qui se jettent dans la rivière principale. Mais comme ces cours d'eau sont pour la plupart non navigables ni flottables, les droits des riverains sont une entrave à la liberté de l'Administration. Soit enfin, — et dans quelques départements on insiste sur ce point, — dans les noues et fossés qui se rencontrent sur les bords de certaines rivières.

Malheureusement, le § 2 de l'article 1ᵉʳ de la loi de 1829 attribue aux particuliers la propriété de la plus grande partie de ces bras, noues, boires et fossés.

Cependant on fait aussi observer, d'une manière générale d'abord, que ces réserves établies sur les cours d'eau navigables et flottables ne peuvent servir à la reproduction de certaines espèces, comme les Salmonides qui recherchent les petits cours d'eau vive, et ensuite que, si la plupart des espèces sédentaires peuvent y frayer, en revanche elles y trouvent une cause active de destruction. En effet, en même temps que les Cyprins, d'autres espèces voraces, comme le Brochet et la Perche, peuvent s'y multiplier à l'excès et finissent par détruire les autres poissons.

Aussi beaucoup de ceux qui demandent l'établissement de réserves réclament-ils en même temps des mesures contre l'excessive multiplication des espèces voraces. Deux sortes de mesures sont proposées, tantôt isolément, tantôt même simultanément. D'abord les pêches exceptionnelles, dans les conditions prévues par l'article 18, faites sur l'initiative de l'Administration, ensuite l'autorisation de pêcher au vif, même en temps de frai...

2° Les cours d'eau de moindre importance qui ne sont ni *navigables* ni *flottables* offrent presque tous d'innombrables frayères naturelles. Ils sont, notamment pour les Salmonides, le véritable endroit de la reproduction, et ce sont les petits cours d'eau que s'efforcent d'atteindre les légions de poissons migrateurs qui, chaque année, remontent nos fleuves et nos rivières... Il semble qu'il n'existe aucune loi concernant ces ruisseaux, sources de la richesse de nos grandes rivières; y pêche qui veut, quand il veut et comme il veut... On fait toutefois observer que nos lois, si elles étaient appliquées, protègent suffisamment les cours d'eau non navigables ni flottables. Que d'abord le droit de pêche n'en est pas concédé au public; qu'il est, au contraire, réservé aux riverains, et que quiconque y pêche sans la permission des riverains commet le délit prévu et puni par l'article 5 de la loi de 1829. En outre, on ne peut que regretter que les délits spécifiés en l'article 5 de la loi de 1829 [1] ne soient jamais poursuivis d'office, la différence de rédaction qui existe entre les deux derniers paragraphes de l'article 36 étant interprétés en ce sens que la plainte préalable du propriétaire est nécessaire pour permettre aux agents de poursuivre; qu'ensuite l'interdiction de la pêche en temps prohibé et la défense de certains modes de pêche et de certains engins est applicable à ces cours d'eau comme aux autres [2]...

En résumé, on peut dire que les réserves sont choses utiles. Je ferai cependant remarquer que les autorisations de pêcher les *espèces dites nuisibles* enlèveraient toute utilité à l'établissement de ces endroits réservés.

Échelles et Passages.

Les poissons les plus estimés parmi ceux qui fréquentent nos eaux douces sont des poissons migrateurs qui, au moins la

1. Voir p. 299.
2. George, *loc. cit.*, p. 49 et suiv.

plupart d'entre eux, remontent les cours d'eau pour y déposer leurs œufs. Tels sont les Saumons, les Truites de mer, les Aloses, les Lamproies, etc.

Je n'ai pas à revenir sur les habitudes de ces poissons qui ont été décrites avec détail dans le chapitre destiné à la description des espèces utiles. Je rappellerai seulement que les Saumons ont l'habitude de venir frayer aux lieux de leur naissance, c'est-à-dire en tête des bassins, près des sources des fleuves ou rivières, là où les eaux coulent vives et limpides sur des fonds de sable ou de gravier. Si on vient à barrer la rivière par une digue infranchissable pour les poissons, ces derniers, après de vains efforts pour franchir l'obstacle, laissent échapper leurs œufs qui sont perdus, et les Saumons cessent de venir dans les cours d'eau ainsi barrés. C'est ce qui explique la disparition de ces poissons dans certaines de nos rivières, dans la Meuse, par exemple.

J'ai eu occasion de rappeler que ce poisson remontait autrefois jusqu'à la Semoy, où il venait frayer. Les pêcheurs de Monthermé prenaient des quantités considérables de Saumons. Dès 1850, ce poisson commença à devenir rare, et, depuis 1860, il a complètement disparu [1].

La disparition du Saumon a coïncidé avec la construction de barrages sans issues construits sur le cours de la Meuse, dans la partie belge du fleuve.

Il est généralement admis qu'une chute d'eau de 2 mètres est la hauteur maxima que puisse franchir le Saumon [2]. C'est donc pour des barrages dépassant 2 mètres que la construction des échelles devient indispensable.

---

1. Brocchi, *Rapport sur la pisciculture dans les Ardennes* (*Bull. du Minist. de l'Agr.*, 1889, n° 8).
2. Cependant ces poissons peuvent parfois franchir des chutes beaucoup plus élevées. On a pu voir des Saumons franchir une chute de 5 mètres; mais la profondeur au pied de cette chute était considérable. Les Saumons pouvaient prendre un élan considérable; ils s'élançaient dans l'air et pénétraient dans l'eau à 3 ou 4 mètres de la base du barrage, puis nageaient dans la chute même.

Ces échelles ont été imaginées en 1828 par un Écossais, J. Smith. Possédant une usine sur le bord d'une rivière et près d'un barrage, il ouvrait les vannes pour donner passage aux poissons, et perdait ainsi une grande quantité d'eau. Il imagina alors d'établir un plan incliné (fig. 75) muni de cloisons transversales interrompues à l'une de leurs extrémités de manière à

Fig. 75. — Échelle à compartiments rectangulaires.

ménager des ouvertures alternantes. Le courant ainsi affaibli était facilement remonté par le poisson.

Depuis, ces échelles ont été modifiées de bien des manières. Je ne puis entrer ici dans beaucoup de détails sur la construction de ces appareils, mais je renverrai les personnes s'intéressant à cette question spéciale à un excellent mémoire publié par M. Raveret-Wattel [1].

Les plus simples des appareils destinés au passage des

1. Raveret-Wattel, *les Poissons migrateurs et les Échelles à Saumons*.

poissons sont les *rigoles,* c'est-à-dire une rigole pratiquée dans

Fig. 76. — Rigole dans un barrage.

la maçonnerie d'un barrage (fig. 76), et à laquelle on donne une direction en ligne brisée (fig. 77). La vitesse du courant est ainsi ralentie, et ce système peut rendre quelques services.

Viennent ensuite les échelles proprement dites, désignées sous le nom d'*escaliers.* Voici comment Corte décrivait ce système : « Ce système, dit-il, consiste en une série de réservoirs carrés placés les uns au-dessus des autres comme autant de

Fig. 77. — Sillons obliques brisés.

grandes caisses. Ces bassins, dont le dernier communique de plain pied avec le haut de la chute pendant que le premier se trouve au niveau de la partie inférieure du fleuve, sont construits et superposés de telle sorte que l'eau se précipitant dans le réservoir le plus élevé rencontre à angle droit la paroi qui lui fait face et est forcée de s'écouler par une ouverture latérale.

Fig. 78. — Échelle Brackett.

Elle tombe ainsi dans le second bassin, puis dans le troisième, et successivement dans tous les autres par des échancrures qui alternent et produisent dans leur ensemble une série de cascades serpentantes. »

Ce système présente des défauts nombreux. Quand les eaux sont hautes, l'appareil est *noyé* et fonctionne mal ; quand les eaux sont basses, le poisson ne s'engage pas facilement dans ce passage. Comme l'avait fait remarquer, il y a bien longtemps déjà, M. Coumes : « En observant les allures des Saumons qui

cherchent à franchir une chute, on voit que la forme des échelles
qui leur convient le mieux n'est pas une succession de cascades,
mais plutôt une dérivation fortement inclinée sur laquelle l'excès
de vitesse que prendrait la nappe liquide se trouve modérée
par l'interposition de cloisons. Car, lorsque le poisson s'introduit dans un passage de cette sorte où il ne se sent pas en
sûreté, il veut le franchir non pas en
jouant et par bonds successifs, mais
avec la plus grande rapidité[1]. »

*Échelles à plans inclinés ou Échelles
proprement dites.* — Ces échelles peuvent être à compartiments rectangulaires, c'est-à-dire que les cloisons transversales perpendiculaires aux bassins
forment avec ceux-ci des compartiments rectangulaires qui communiquent
entre eux par des ouvertures ayant de
un tiers à un huitième de largeur totale
de l'échelle. Pour amortir davantage
la violence du courant, on ajoute à
chaque cloison transversale un bras
formant angle droit et dirigé vers l'a-
mont.

On désigne sous le nom d'échelle
Brackett (fig. 78 et 79) un appareil
dans lequel on a multiplié le nombre

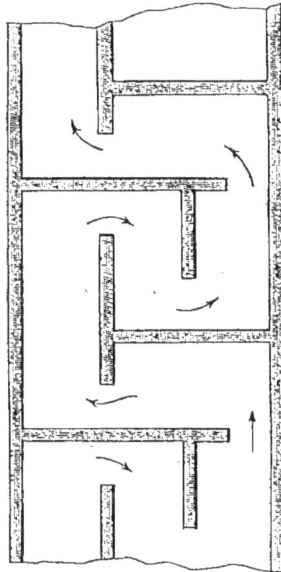

Fig. 79.
Détails de l'échelle Brackett.

des montants pour forcer l'eau à décrire de nombreux circuits
et empêcher le remous de se former.

De plus, l'inventeur prolonge autant que possible son échelle
en amont du barrage qu'elle traverse, et il munit le sommet de
l'appareil de plusieurs ouvertures placées à des hauteurs différentes; on se sert de l'une ou de l'autre suivant la hauteur de

1. Coumes, *Rapport sur la pêche fluviale en Angleterre,* etc. 1863.

l'eau dans la rivière. En Norvège, sur la rivière Sire, une échelle de ce système permettrait aux poissons de franchir une chute de 27 mètres.

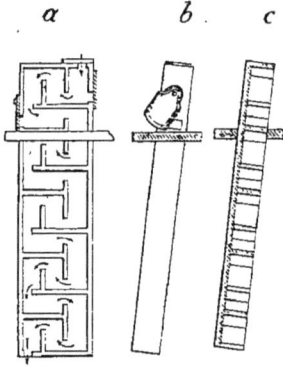

Un autre système, imaginé par M. Forster, se distingue en ce que les cloisons transversales, au lieu d'être perpendiculaire aux bajoyers, sont disposées obliquement (fig. 82).

Plus récemment, M. Mac-Donald avait proposé une échelle fort intéressante. Il était arrivé à résoudre le problème posé en ces termes : « S'il était possible, au moyen d'un système de construction quelconque, que la totalité du volume d'eau d'une rivière se déversât par-dessus un barrage avec une si faible vitesse que le poisson le moins bien doué sous le rapport de la force musculaire pût remonter le courant, les barrages ne présenteraient plus d'inconvénients... Or, si l'on obligeait

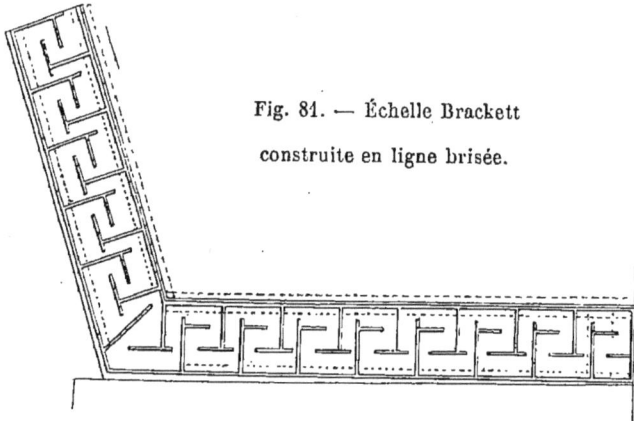

Fig. 80. — Échelle Brackett.

a, Coupe de l'échelle.
b, Vue de profil.
c, Plan de l'échelle.

Fig. 81. — Échelle Brackett
construite en ligne brisée.

chaque molécule d'eau à suivre une route telle que, dans la dernière partie de son trajet, son mouvement se fît dans un sens

contraire à celui des lois de la pesanteur, on pourrait l'amener
à un point inférieur à celui qu'elle occupait, où elle se trouverait avoir perdu, par suite du frottement et de sa course

Fig. 82. — Échelle Forster, mise à sec par la fermeture de la vanne,
pour laisser voir la disposition intérieure.

ascensionnelle finale, une partie de la vitesse acquise d'abord en
descendant. »

    M. Mac-Donald avait donc construit une échelle en bois
constituée par des compartiments où l'eau décrivait des sortes
de courbes ralentissant sa chute[1] ; mais cette disposition, très
ingénieuse d'ailleurs, a été reconnue d'une application difficile.
Les matières diverses charriées par les eaux s'amoncellent dans
les compartiments, qu'il faut nettoyer souvent, etc.

1. Voir Raveret-Wattel, *loc. cit.*, p. 80.

En résumé, à l'heure actuelle, on en revient aux échelles à plans inclinés. Mais, quel que soit l'appareil adopté, il faut, lorsque l'on veut établir une échelle, se soumettre aux conditions générales suivantes :

1° Il est généralement nécessaire de construire une échelle quand la hauteur de la chute dépasse 1^m,50 à 2 mètres;

2° L'orifice inférieur ou pied de l'échelle doit être d'un accès facile aux poissons. Pour cela, l'orifice doit être placé le plus près possible du pied du barrage, là où la chute d'eau est la plus abondante et la plus vive, car l'observation montre que les poissons viennent toujours à cet endroit de préférence;

3° Quand le barrage coupe obliquement la rivière, il convient de placer l'orifice de l'échelle à l'angle d'amont;

4° Le débit de l'eau dans l'appareil doit être suffisament abondant, et le courant doit être fort;

5° L'échelle doit être facile à parcourir; il faut que le courant ne se divise pas, qu'il soit égal, uniforme sur toute sa longueur, et que la nappe d'eau présente toujours une épaisseur suffisante.

Je crois inutile d'insister sur l'utilité de ces échelles, qui malheureusement sont loin d'être nombreuses sur nos cours d'eau.

Il résulte, en effet, d'une enquête faite récemment que nous ne possédons actuellement en France que *dix-neuf échelles*, et que sur ce nombre trois sont en construction et *cinq* seulement fonctionnent d'une manière satisfaisante [1].

J'ai résumé dans le tableau suivant les résultats de l'enquête :

1. Dr Brocchi, *le Saumon ordinaire, observations sur ses mœurs*, 1892, p. 38.

Échelles.

GROUPES.	COURS D'EAU.	LOCALITÉS.	QUANTITÉS.	OBSERVATIONS.
1. L'Adour . .	Gave de Pau..	Orthez.	1	Fonctionne bien.
2. Gironde et ses affluents.	Dordogne. . .	Bergerac.	3	Une fonctionne bien, les deux autres douteuses.
	Dordogne. . .	Manzac	2	Une fonctionne bien, la deuxième douteuse.
3. Loire et ses affluents . .	Loire	Roanne	1	Ne fonctionne pas.
	Arroux.	Geugnon.	1	Id.
	Vienne.	Châtellerault . . .	1	Fonctionne mal, en réparation au moment de l'enquête.
	Creuse.	La Haye-Descartes	2	Fonctionnent bien.
	Creuse.	La Guerche	1	Fonctionne bien.
4. Rivières de Bretagne. .	Aulne	Châteaulin	1	Douteuse.
	Aulne	Cartigra'ch	1	Id.
5. Rivières de Normandie.	Vire.	Saint-Lô.	1	En construction (1892).
6. Seine et ses affluents . .	Seine	Port-Mort.	1	En construction (1892).
	Seine	Blancheterre . . .	1	Douteuse.
	Yonne.	Gurgy	1	Id.
	Cure.	Vermenton	1	Id.
			19	

Des échelles existent aussi sur les barrages de la Meuse, mais ne sont pas comptées ici, puisqu'elles ne peuvent fonctionner, les Saumons ne remontant plus dans la partie française de ce fleuve.

A l'étranger, la loi rend obligatoire l'établissement des échelles ; il n'en est pas de même en France. L'article 1er de la loi du 31 mai 1865 dit simplement « que les parties des fleuves, rivières, canaux et cours d'eau dans les barrages desquels il pourra être établi, après enquête, un passage appelé échelle, seront fixés par des décrets rendus en Conseil d'État, après avis des Conseils généraux. »

Essais de repeuplement dans les fleuves et rivières.

En dehors des mesures précédentes, entretien des frayères, réserves, établissement d'échelles, on essaye d'enrichir les cours d'eau en y plaçant une certaine quantité d'alevins.

Ces alevins sont d'origines diverses. Les uns sont gratuitement fournis par quelques pisciculteurs agissant dans l'intérêt général et en dehors de toute préoccupation d'intérêt. D'autres sont placés dans les cours d'eau par les soins de l'Administration des ponts et chaussées ; d'autres encore sont fournis par des fermes-écoles ou des écoles d'agriculture où ont été organisés des établissements piscicoles, comme nous le verrons plus loin.

Il faut bien avouer, d'ailleurs, que jusqu'à présent les résultats obtenus par ce moyen n'ont pas donné de bien appréciables résultats.

Cet insuccès relatif est, suivant moi, dû à diverses causes, qu'il importe d'examiner.

Parmi ces causes d'insuccès, je dois signaler d'abord l'âge des alevins employés.

Généralement les jeunes poissons sont mis trop tôt en liberté. Beaucoup d'établissements ne sont pas organisés de manière à pouvoir conserver les alevins après que ceux-ci ont résorbé la vésicule ombilicale. Les bassins d'alevinage manquent aussi bien que les moyens d'alimenter les poissons. On est donc forcé de se hâter et de s'en débarrasser le plus promptement possible. Dans quelques endroits, on achète pour le repeuplement de très jeunes alevins, guidé par le désir de les payer moins cher. C'est là une économie mal comprise. L'expérience montre que les tentatives de repeuplement ont beaucoup plus de chance de réussir lorsque l'on emploie pour ce repeuplement des poissons ayant environ une année d'existence. A cet âge, en effet, les alevins trouvent facilement la nourriture qui leur convient et, en outre, ils sont bien plus capables d'échapper à leurs nombreux ennemis [1].

L'âge des alevins employés pour le repeuplement a une sérieuse importance, mais la manière de procéder à la mise à l'eau des poissons a également une grande influence sur la réussite. Il y a d'abord des précautions à prendre pour le transport des alevins, précautions dont nous donnons plus loin le détail ; puis il ne faut pas oublier que les jeunes poissons sont très sensibles au changement de température du milieu dans lequel ils vivent. Par conséquent, si l'eau contenue dans les appareils qui ont servi au transport des alevins est plus chaude ou plus froide que celle de la rivière où l'on veut placer les poissons, il faut l'amener peu à peu à la même température. « On peut vider, par exemple, un tiers ou un quart de chaque appareil pour le remplir avec l'eau de la rivière et l'on recommence cette opération plusieurs fois après un certain intervalle. Il faut de plus verser doucement les poissons et éviter toute brusque secousse [2]. »

Mais une autre précaution d'une importance au moins égale est de choisir avec discernement l'*endroit* où l'on met les jeunes poissons à l'eau. Jeter des alevins loin des sources de la rivière, dans des endroits où l'eau est profonde, d'une température relativement élevée, c'est les vouer à une mort certaine. C'est en tête des bassins, près des sources, que l'on doit, autant que possible, procéder à la mise à l'eau des alevins. Si cela n'est pas possible, on les placera dans un petit affluent de la rivière, en tout cas dans un endroit peu profond, à fond de

---

1. En Angleterre et en Écosse, on n'emploie guère pour le repeuplement que des *Yearlings*, c'est-à-dire de jeunes poissons ayant environ un an. En réalité même, les sujets employés ont de dix à quatorze mois, car dans la pratique on compte l'âge du poisson à partir de l'époque où il commence à manger.

2. Armestead, *les Plantes aquatiques et la nourriture des poissons*. (*Bull. S. C. d'Aq.*, t. II, p. 53.)

sable ou de gravier et d'où ils puissent facilement gagner quand ils le voudront des eaux plus profondes.

Si cependant il était impossible de se procurer des alevins suffisamment âgés ou si, comme je l'ai dit, l'on n'a pas à sa disposition de bassins d'alevinage, on pourra procéder d'autre façon.

M. Denys, ingénieur en chef des ponts et chaussées, a préconisé l'emploi de *boîtes d'éclosion flottantes*. Les boîtes employées sont construites en bois de sapin de 0ᵐ,015 d'épaisseur, à l'exception du fond qui a 0ᵐ,025; elles ont extérieurement 1ᵐ,20 de longueur, 0ᵐ,56 de largeur et 0ᵐ,26 de hauteur. Un couvercle, composé d'une seule pièce, s'ouvrant par trois charnières, permet de visiter et de vérifier le contenu des boîtes, de trier les œufs morts, etc. Les extrémités d'amont et d'aval sont fermées par des châssis mobiles en toile métallique ou en zinc perforé assez serré pour interdire le passage aux insectes. Ces châssis peuvent se lever à volonté pour lâcher les alevins après la résorption de la vésicule; le châssis d'amont est protégé par deux volets de 0ᵐ,03 chacun, s'ouvrant sur les côtés de la boîte; fermés en tout ou en partie, ces volets s'avancent en pointe vers l'amont, réglant le courant de l'eau qu'on veut introduire dans la boîte et éloignent les corps flottants.

Deux flotteurs, composés de deux planches en bois de sapin de 0ᵐ,30 de largeur, sont fixés horizontalement par des équerres en fer à mi-hauteur de la caisse, le long des deux grandes faces de celle-ci, et empêchent la boîte de prendre des mouvements de roulis trop prononcés sous l'action du vent.

L'intérieur de la boîte peut contenir quatre claies supportant les baguettes en verre sur lesquelles reposent les œufs. Ces claies sont entourées d'un grillage en zinc perforé de 0ᵐ,08 de hauteur, pour empêcher le courant d'entraîner les œufs hors des claies [1].

---

1. Denys, *Emploi de boîtes d'éclosion flottantes.* (*Bull. S. d'Aq.*, t. II, p. 54.)

Enfin, on a pu parfois, et non sans succès, s'affranchir de l'emploi de tout appareil d'éclosion. Voici, par exemple, comment procède Sir J. Maitland, créateur de l'établissement d'Howietown : « Tout auprès de la rivière, sous une nappe d'eau de quelques centimètres d'épaisseur et présentant un courant aussi vif que possible, sans être toutefois assez fort pour entraîner les œufs, on établit une sorte de frayère artificielle avec des cailloux, du gravier, et du sable bien propre, et l'on y dépose les œufs qui, par leur propre poids, vont se loger dans les interstices que laissent entre eux les grains de gravier. Les œufs doivent être isolés autant que possible. Il faut donc les répandre avec précaution sur la frayère en veillant à ce qu'ils s'y dispersent au lieu de s'accumuler sur quelques points... Les œufs que l'on répand sur ces frayères sont toujours dans un état d'incubation avancé, c'est-à-dire en situation d'éclore au bout de deux ou trois jours, laps de temps pendant lequel, à moins de circonstances exceptionnelles, il est bien rare que des sédiments puissent les recouvrir d'une façon nuisible ».

Il est certain que ce procédé est préférable à celui qui consiste à employer pour le repeuplement de très jeunes alevins.

Malheureusement, il est encore d'autres causes qui viennent s'opposer au repeuplement de nos cours d'eau.

Parmi ces causes, deux ont surtout une importance capitale. Ce sont : 1° le *braconnage*; 2° *l'empoisonnement des eaux*.

1° *Braconnage*. — Je ne crois pas bien nécessaire d'insister sur les inconvénients du braconnage. De tous les points de notre territoire, les plaintes arrivent nombreuses et, malheureusement, ne sont que trop fondées.

Le seul moyen de combattre ce fléau véritable est une organisation plus sérieuse de la surveillance et un appel à la sévérité des juges appelés à connaître des délits de pêche. La loi telle qu'elle existe me paraît très suffisante, *mais il faudrait qu'elle soit appliquée.*

La surveillance de la pêche est confiée, dans notre pays, à l'Administration des ponts et chaussées (*Décret du 29 avril 1862*). En dehors des *gardes-pêche* proprement dits, l'Administration peut habiliter à verbaliser tous les préposés inférieurs du service de la navigation qu'elle juge utile de charger de la surveillance de la pêche. A côté de ces agents, d'autres personnes encore peuvent constater les délits en matière de pêche. Ce sont les gardes champêtres, les éclusiers de canaux, les gendarmes, les gardes forestiers, et enfin d'autres autorités faisant bien rarement usage de leurs pouvoirs, le préfet, le procureur de la République et ses substituts, le maire et les adjoints de la commune où se commet le délit, les juges de paix dans leurs circonscriptions cantonales et les commissaires de police. Il importe d'ajouter que l'article 10 de la loi du 31 mars 1865 dit que « les infractions concernant la pêche, la vente, l'achat, le transport, le colportage, l'exportation et l'importation du poisson seront recherchées et constatées par les *agents des douanes, les employés des contributions indirectes et des octrois...* »

En réalité, et jusque dans ces derniers temps, l'immense majorité des procès-verbaux en matière de pêche étaient dressés par les gardes-pêche. Or ces gardes sont relativement peu nombreux, trois cent trente-trois environ pour toute la France.

Les autres agents fermaient volontiers les yeux sur les délits dont il s'agit ici, et cela d'autant plus qu'ils n'avaient *aucun intérêt* à intervenir. Il est bien vrai que l'article 1ᵉʳ du décret du 2 décembre 1865 relatif aux gratifications accorde le tiers de l'amende prononcée contre les délinquants et *recouvrée* aux agents autorisés de procès-verbaux. Mais, dans la pratique, il arrivait le plus souvent que, grâce étant faite aux délinquants, l'amende n'était pas recouvrée et que l'auteur du procès-verbal ne touchait rien. Depuis peu, un arrêté ministériel a décidé que remise ne pouvait être faite de la part d'amende attribuée aux rédacteurs des procès-verbaux.

Dans quelques contrées de la France se sont créées des associations particulières pour la répression des délits de chasse et de pêche. Ces sociétés arrivent à de bons résultats. Je citerai, par exemple, celle organisée à Thônes (Haute-Savoie). Les sociétaires payent une cotisation très modeste, et à l'argent de ces cotisations viennent se joindre les dons de quelques propriétaires du pays.

Avec ces ressources, la Société peut donner des prix aux gardes-pêche qui font preuve de zèle; elle a même pu faire assermenter un garde qu'elle paye de ses propres deniers. Les membres s'engagent à faire connaître les délinquants, etc.

On ne saurait trop encourager de semblables créations. Enfin, il convient de rappeler que quelques sociétés de pêcheurs se sont également constituées. Ces sociétés louent la pêche de certains cours d'eau et les font surveiller.

2° *Empoisonnement des cours d'eau.* — Les cours d'eau peuvent être et sont en réalité empoisonnés, soit volontairement, soit involontairement. Ils sont empoisonnés volontairement par les braconniers, qui font usage de diverses substances toxiques, coque du Levant, etc.[1]. Ces délits bien caractérisés ne peuvent être évités ou diminués que par une surveillance active. Mais les empoisonnements causés involontairement sont plus dangereux, parce qu'ils sont beaucoup plus fréquents. Ils sont dus à l'écoulement dans nos cours d'eau des liquides provenant des usines construites sur les bords des fleuves ou rivières. La loi défend formellement l'écoulement de ces eaux résiduaires. L'article 25 de la loi de 1829 dit en effet : « Quiconque aura jeté, dans les eaux, des drogues et appâts qui sont de nature à enivrer le poisson ou à le détruire sera puni d'une

1. Il y a quelques années, on détruisait aussi une grande quantité de poissons à l'aide de cartouches de dynamite que l'on faisait éclater dans l'eau.

amende de 30 francs à 300 francs et d'un emprisonnement d'un
mois à trois mois. » Une Cour d'appel avait cru pouvoir décider
que l'article 25 n'a pour objet que de réprimer un mode de
pêche prohibé, et qu'il ne peut être appliqué à l'industriel qui
fait écouler dans un cours d'eau les résidus liquides provenant
de son usine. Mais cette solution n'a pas prévalu. La Cour de
Cassation a jugé que « la loi du 15 avril 1829 n'a pas eu pour
but unique de réglementer la police de la pêche dans les fleuves
ou rivières navigables et flottables, ruisseaux et cours d'eau
quelconques, mais qu'elle a voulu aussi et principalement remédier au dépeuplement des rivières, et assurer ainsi la conservation et la régénération du poisson au point de vue de l'alimentation publique ».

Il est cependant nécessaire que l'accusation puisse prouver
que « les liquides déversés dans les cours d'eau sont de nature
à détruire et à enivrer le poisson », et il faut aussi que l'auteur
du déversement des liquides *ait connu* les propriétés nuisibles de
ces liquides. De plus, l'article 19 du décret du 10 avril 1875
déclare que les préfets sont appelés à « réglementer l'évacuation
dans les cours d'eau des matières et résidus susceptibles de
nuire aux poissons et provenant des fabriques et établissements
industriels quelconques ».

Cette disposition me paraît fâcheuse. Il me semblerait
bien préférable que les autorités, après s'être assurées que les
produits résiduaires des usines sont véritablement nuisibles, en
défendent purement et simplement le déversement dans les
cours d'eau, comme l'exige d'ailleurs la loi. D'ailleurs, la Cour
de Douai (1859) a déclaré « que l'industriel qui a continué à
déverser dans les eaux d'une rivière des résidus et vinasses
provenant d'une distillerie de betteraves par lui exploitée, après
qu'il a pu constater que la présence de ces substances dans les
cours d'eau avait pour effet d'empoisonner le poisson, doit être
déclaré coupable, et cela dans le *cas même où l'écoulement de
ces résidus aurait été permis sous certaines conditions par arrêté*

du préfet, une telle permission ne dispensant pas celui qui l'a obtenue de pourvoir à ce que le déversement ne nuise pas au poisson. »

Mais il est important de remarquer que les résidus suspects doivent être examinés à la sortie même de l'usine, car il est souvent très difficile de prouver leur nocuité lorsqu'ils se trouvent mélangés à une grande quantité d'eau, et dès lors à dose homéopathique. Dans les régions du nord de notre pays où les fabriques de sucre sont nombreuses, les eaux résiduaires de ces usines sont très souvent, et ce semble justement, accusées d'être nuisibles aux poissons. Dans le département de la Somme, notamment, on voit presque chaque année se produire discussions et procès entre les usiniers d'une part et les propriétaires des étangs de l'autre.

En 1892, un procès ainsi engagé a donné lieu à un rapport très étendu et dirigé par des experts nommés par le tribunal de Péronne. Ce rapport, dont j'ai eu à discuter ailleurs les conclusions[1], et dont la rédaction avait été confiée à des chimistes distingués, ne signale aucune substance pouvant en réalité empoisonner le poisson. Ce résultat négatif peut être dû à diverses causes, et d'ailleurs il semble bien que la mortalité des poissons signalée par les experts puisse être attribuée à diverses causes. Le froid peut jouer, comme nous l'avons vu, un rôle important et faire périr de nombreux poissons.

Il n'en est pas moins vrai que les eaux résiduaires des fabriques de sucre semblent exercer une action délétère. M. Baudran a publié sur ce sujet un intéressant mémoire dans le *Moniteur Quesneville*[2]. D'après cet auteur les sucreries exercent dans les rivières où elles déversent leurs produits une action nuisible, qui se traduit par la mort du poisson, par *asphyxie* et non par empoisonnement. D'après M. Baudran, la

---

1. Brocchi, *Rapport sur la pisciculture dans le département de la Somme* (*Bull. Min. de l'Agr.,* n° 1895, p. 179).
2. Ce Mémoire a été reproduit dans le *Bull. de la Soc. d'Aq.,* t. V, p. 80.

quantité d'oxygène deviendrait insuffisante pour les poissons, par suite de la présence de matières fermentescibles.

Je ne puis que répéter ce que j'ai déjà dit plus haut, c'est que l'application stricte de l'article 25 de la loi semble nécessaire, si on veut réellement préserver les poissons d'empoisonnements répétés. Surveillance active et application de la loi, telles sont les deux conditions qui me paraissent absolument indispensables pour la protection du poisson dans nos cours d'eau.

CHAPITRE IV

Pisciculture artificielle.

HISTORIQUE. — FÉCONDATION ARTIFICIELLE. — TRANSPORT
DES ŒUFS FÉCONDÉS. — APPAREILS D'INCUBATION.

HISTORIQUE

D'après M. le baron de Montgaudry, la pisciculture aurait
pour inventeur un Français, un moine du nom de Dom Pinchon,
qui aurait vécu au xvᵉ siècle à l'abbaye de Réome, près de
Montbard, dans la Côte-d'Or.

D'après notre auteur, Dom Pinchon « avait de longues
boîtes en bois, à fond de bois, grillées aux deux extrémités en
grillages d'osier ouvertes en haut et couvertes d'un grillage
d'osier; sur le fond de bois, il formait un lit de sable fin et,
imitant la Truite qui creuse un peu le sable avant d'y déposer
ses œufs, il préparait une légère profondeur dans la couche de
sable pour déposer les œufs qu'il avait préalablement fait
féconder. Il plaçait la boîte dans un lieu où l'eau était faible-
ment courante et attendait l'éclosion qui, à son dire, s'opérait
après vingt jours rarement et pour tous les œufs dans le mois
à peu près [1]. »

Il est permis de regretter que M. de Montgaudry n'ait pas
cité les sources où il avait puisé ces renseignements. De plus, il
semble bien que Dom Pinchon ne se servait de ses boîtes que

---

1. De Montgaudry, *Bull. Soc. d'Accl.*, t. I, 1854, p. 80.

pour des œufs fécondés *naturellement*. C'est bien, si l'on veut, de la pisciculture, mais c'est de la pisciculture *naturelle*, et la fécondation artificielle n'est pas encore intervenue. Cependant la ressemblance existant entre les boîtes de Dom Pinchon et celles de Jacoby est assez intéressante.

Mais ce n'est que vers 1740 que le lieutenant Jacoby de Hohenhausen commença à s'occuper des questions se rapportant à la fécondation des poissons.

Dès 1758, le capitaine de vaisseau de Marolle, qui avait eu connaissance des travaux de Jacoby pendant un séjour qu'il fit à Hamel en Hanovre, en donna communication à Buffon, et celui-ci transmit ces renseignements à Lacépède[1].

A la même époque (1758), le comte de Golstein remit à Fourcroy un manuscrit de Jacoby où se trouvait mentionné le procédé de fécondation artificielle. En 1763, un journal du Hanovre publiait un article de Jacoby relatant les succès qu'il avait obtenus. En 1764, Gleditsch communiqua à l'Académie des sciences de Berlin les travaux de Jacoby, et en 1770 cette communication était reproduite dans un journal français, *Extrait des mémoires de l'Académie de Berlin*.

En 1771, le marquis de Pezay, dans un livre intitulé *Soirées helvétiennes*, raconte la découverte du lieutenant hanovrien et rapporte que l'inventeur a obtenu une pension du gouvernement anglais. En 1772, Adanson, professeur au Jardin du Roy, parlait dans son cours de la fécondation artificielle des œufs de poisson, et disait que ces procédés étaient habituellement employés en Suisse et dans diverses localités de l'Allemagne.

La même année (1772), Duhamel publiait, *sous les auspices et par ordre de l'Académie des Sciences*, son *Traité de pêche*, où il donnait une traduction du mémoire de Jacoby.

Tout cela paraissait à peu près oublié quand, en 1815, le

---

1. Nous empruntons ce renseignement à un travail de M. Soubeiran, fait avec beaucoup de soin et servant d'introduction au livre de M. Dabry de Thiersant, *Sur la Pêche et la Pisciculture en Chine*, Paris, 1872.

pasteur Armack, de Lipersdorff, près de Roda, organisa dans la principauté de Waldeck des essais qui furent poursuivis, sur une grande échelle par le garde général Scell et par le grand maître des eaux et forêts Beuchel de Meureback.

En 1824, le grand maître des eaux et forêts de Knas disposa à Buckebury des appareils de pisciculture artificielle, et on obtint des Truites qui servirent à repeupler les eaux de Schauenbourg-Lippe[1]. En 1827, un établissement analogue fut installé à Schieden par le garde général Mertins. Enfin, en 1837, on organisa un grand établissement à Detmold. Pendant ce temps, en France, MM. Hivert et Pitachon poursuivaient avec succès des expériences semblables à Torcillon et à Fontenay près Montbard (Côte-d'Or).

En Italie (1824), Rusconi opéra des fécondations artificielles de poissons, dans un but purement scientifique[2]. En 1842, M. Vogt s'occupa de cette question à propos du travail qu'il publia sur l'*Embryologie des Salmonés*. Agassiz et lui avaient fait d'assez nombreuses fécondations artificielles, et à la suite de ces travaux, le Gouvernement de Neufchâtel fit publier une instruction complète sur cette question et fit distribuer cette brochure aux pêcheurs.

En Angleterre et en Écosse, quelques essais avaient également eu lieu. Dès 1837, Shaw fit des fécondations artificielles à Édimbourg. En 1838, Lord Grey essaya, par le même procédé, d'augmenter le nombre des poissons dans la rivière Le Tay[3]. Boccius fit également des essais en Écosse (1841).

Toutes ces expériences, d'autres encore qu'il est inutile de rappeler, ne semblent pas avoir donné de résultats pratiques d'une grande importance, et la pisciculture était retombée dans l'oubli, lorsqu'en 1848 survint un petit événement qui la remit en faveur.

---

1. Artig, *Teichwisthcchaft*, p. 413, 1831. — Cité par Soubeiran, *loc. cit.*, p. 9.
2. Assoc. sc. nat., 1836.
3. *Farmer's Magazine*, 1852.

En 1848 donc, M. de Quatrefages faisait à l'Académie des Sciences une communication sur les *fécondations artificielles appliquées à l'élève du poisson* [1]. Dans cette communication, le savant naturaliste attirait l'attention sur les services que pourrait rendre la fécondation artificielle des œufs de poisson au point de vue du repeuplement des cours d'eau.

L'Académie écouta avec intérêt la communication de M. de Quatrefages, et aucune réclamation ne se produisit alors. Mais, quelques jours après, arriva une lettre adressée par M. le docteur Haxo. Cette lettre informait l'Académie que, dès 1842, la Société d'émulation des Vosges avait accordé à deux artisans, Rémy et Géhin, une récompense pour l'application de la fécondation artificielle des poissons au repeuplement des cours d'eau. Rémy et Géhin avaient fécondé des œufs de Truites, avaient obtenu des jeunes, et repeuplé avec eux un petit cours d'eau, la Moselotte. La surprise de l'Académie et celle de toutes les personnes s'occupant d'histoire naturelle fut alors assez vive. Chose curieuse, toutes les tentatives, toutes les publications que j'ai rappelées plus haut, avaient été absolument oubliées !

On nomma une Commission pour s'occuper des travaux de Rémy et de Géhin, et on rechercha alors ce qui avait bien pu être publié sur cette question. C'est alors que l'on s'aperçut que la fécondation artificielle des œufs de poisson n'était pas chose nouvelle. Quelques savants rendirent justice à Rémy et à Géhin, d'autres les accusèrent de plagiat !

En réalité, ces deux artisans avaient accompli un travail des plus intéressants. S'il est incontestable que Jacoby d'abord, d'autres ensuite, s'étaient occupés de la question plus d'un siècle avant eux, s'il est indéniable qu'ils n'ont pas *inventé* le procédé, au moins peut-on penser qu'ils l'ont *réinventé*. Lorsque l'on voit, en effet, les naturalistes les plus autorisés de cette époque

1. *C. R. A. S.*, t. XXVII, p. 413. 1848.

avoir *oublié* tout ce qui avait été publié sur la question, on peut bien admettre que Rémy et Géhin ignoraient absolument ces travaux, et que l'observation seule les avait guidés dans leurs recherches.

Quoi qu'il en soit, les procédés de pisciculture seraient probablement retombés une fois encore dans l'oubli, si la question n'avait pas été reprise par un homme à qui sa situation scientifique et son talent de vulgarisateur donnaient une grande autorité; je veux parler de M. Coste, professeur au Collège de France.

Non seulement il écrivit sur la pisciculture de nombreux mémoires, mais encore il installa au Collège de France un laboratoire spécial, et obtint un peu plus tard la création d'un vaste établissement piscicole aux environs d'Huningue, en Alsace (1852). On féconda, dans cet établissement, de nombreux œufs de Saumon et d'autres poissons, et ces œufs furent mis à la disposition de tous, avec une libéralité extrême.

Il y eut un moment où ce fut la mode, dans un certain monde, d'élever de ces œufs fécondés et de les faire éclore. Rien ne semblait plus facile, et on conçut à cette époque des espérances exagérées qui durent bientôt être abandonnées.

Puis la réaction se fit, et à l'enthousiasme exagéré succéda un abandon non moins injustifié; la pisciculture retomba dans une période d'oubli.

Il y avait cependant, en France, des hommes d'initiative qui ne s'étaient pas découragés, et, en 1869, quelques efforts individuels pouvaient encore être signalés. M. Soubeiran avait dressé à cette époque une sorte de tableau de l'état de la pisciculture dans notre pays. J'en donne ici un résumé rapide.

Aisne. — M. Hautmann, en 1862, s'est occupé de l'élevage de la Truite dans un petit ruisseau situé près de Charly. Les poissons peuvent gagner facilement la Marne.

Dans le même département, M. de Tillancourt fit des essais

dans son domaine de la Doultie, près de Château-Thierry, et obtint quelques succès [1].

Basses-Alpes. — La Société d'agriculture des Basses-Alpes avait fondé un établissement de pisciculture ; les alevins obtenus furent portés dans les diverses rivières du département, la Durance, la Bléone, le Verdon et dans divers étangs ou lacs. M. Garcin de Saint-André avait également installé un établissement piscicole.

Ardèche. — M. de Gigord, profitant d'une source qui servait à l'irrigation de sa propriété, y avait installé, de 1859 à 1861, un établissement de pisciculture. Dans le même département, M. de Plagniat fit quelques essais heureux.

Aube. — En 1864, M. l'Ingénieur en chef institua des essais de pisciculture à Nogent-sur-Seine, à Méry-sur-Seine, à Arcis-sur-Aube et à Bar-sur-Aube. Puis une organisation plus complète fut faite à Bar ; les produits obtenus furent jetés dans la Seine, la Saigne et l'Ource.

Aveyron. — M. le vicomte de Beaumont fit des tentatives heureuses au ,Cluzel, près de Rodez, pour l'élevage de divers poissons. Il aurait réussi l'acclimatation de la Féra (?). M. de Beaumont employait une frayère en éponge, placée dans une eau courante de telle sorte que l'eau arrivait sur les œufs par capillarité sans que ceux-ci fussent complètement immergés [2]. M. de Beaumont aurait aussi introduit dans l'Aveyron le Gardon, qui, paraît-il, n'avait jamais été signalé dans ces eaux.

Bouches-du-Rhône. — M. L. Vidal avait fait des essais fort intéressants sur l'élevage en stabulation des Muges et de quelques autres poissons.

Creuse. — M. le docteur Cancalon opéra la fécondation artificielle d'œufs de Truite, et il obtint des alevins qui parurent réussir.

Eure. — M. le docteur Lamy de Maintenon obtint de beaux

1. *Bull. de la S. d'Accl.*, 2º sér., t. II, p. 46.
2. De Beaumont, *Études théoriques et pratiques sur la pisciculture.*

résultats en fécondant artificiellement des œufs de Perches et de quelques Cyprinodes. M. le comte d'Epremesnil, à Beaumont-le-Roger, M. Mathieu, près de Beuil, ont organisé des établissements de pisciculture. Enfin M. L'Hermitte, près de Gisors, et M. Léonard, à Étrépagny, firent quelques essais suivis de réussite.

Gironde. — Ce département fonda, en 1865, un établissement de pisciculture à Cadillac-sur-Garonne. M. l'abbé Durassié a fait aussi de nombreux essais à l'école de la Sauve.

Hérault. — M. le professeur Gervais, alors professeur à la Faculté des sciences de Montpellier, fit en 1863 plusieurs tentatives pour introduire le Saumon dans le bassin de l'Hérault, mais ses tentatives ne réussirent aucunement.

Isère. — Ce département a vu faire de nombreuses expériences, et quelques-unes ont donné des résultats fort heureux. Dès 1770, le curé Garden (de Venosc en Oisans) mit des Truites dans le lac Lovitel, et obtint un succès complet; le conseiller Bonneau empoissonna de même le petit lac de Porcellet, commune de Lamorte. Il y déposa *sept* Truites qui ont prospéré depuis. De même, M. Giroud empoissonna le lac de Pierre-Chatel, et M. Lesbries introduisit la Truite dans le bassin de la Mure. Dès cette époque M. de Galbert s'occupait avec succès de pisciculture dans son établissement de la Buisse. Nous verrons plus loin que cet établissement existe encore et que d'autres essais suivis de succès ont été faits dans le département de l'Isère.

Jura. — L'Administration des eaux et forêts s'était occupée avec activité du repeuplement des cours d'eau du département.

Landes. — L'Administration des ponts et chaussées avait établi à Mont-de-Marsan, sur un ruisseau alimenté par une source d'eau vive, des bassins en toile métallique fermés de tous côtés et où étaient déposés les alevins aussitôt après la résorption de la vésicule ombilicale, et étaient mis en liberté en octobre.

Loir-et-Cher. — M. le curé Luca avait fondé à La Chartre

un établissement de pisciculture qui, transformé en établissement départemental, lâcha dans les eaux du Loir de grandes quantités d'alevins.

Haute-Loire. — M. de Causans, dès cette époque, s'occupait de l'empoissonnement du lac de Saint-Front[1]. Cet établissement existant encore, j'aurai à y revenir plus tard.

Loire-Inférieure. — M. Leroy s'occupait avec succès de pisciculture. Toutefois il employait de préférence les œufs fécondés naturellement.

Marne. — En 1862, M. Delouche, à Saint-Martin-d'Ablois, fit des expériences de pisciculture dans les propriétés de M. de Talhouët.

Meuse. — M. Cicile Brion de Verdon avait imaginé un appareil d'incubation assez singulier : M. Malard de Commercy avait commencé des essais qui promettaient beaucoup, mais qui furent interrompus par la guerre.

Nièvre. — C'est dans ce département que se trouve le lac des Settons, et j'ai eu occasion de rappeler déjà qu'on y avait bien réussi l'acclimatation de la Féra.

Oise. — M. Caron, de Beauvais, M. le baron de Tocqueville et M. de la Blanchère s'étaient occupés de pisciculture dans ce département.

Puy-de-Dôme. — Dès 1857, le Conseil général du département vota une subvention pour les essais de pisciculture. M. Lecoq, puis M. Rico s'occupèrent de ces essais et arrivèrent même à fonder à Clermont une sorte d'école de pisciculture. Nous verrons plus tard que cet établissement est, en partie, disparu.

Seine-et-Marne. — En 1863-1864, M. Roy, de Coulommiers, fit quelques essais, à l'aide d'œufs provenant de l'établissement d'Huningue. Ces tentatives ayant semblé réussir, l'ingénieur des ponts et chaussées continua les expériences. Un

1. Voir p. 145.

petit établissement fut installé dans un canal ; les alevins obtenus étaient, après la résorption de la vésicule ombilicale, jetés dans le Grand-Morin.

Seine-et-Oise. — L'établissement le plus important était celui de M. de Selve, où l'on élevait de nombreuses Écrevisses et aussi une certaine quantité de Salmonides. Cet établissement, situé à Villiers, près de la Ferté-Alais, occupait une surface considérable (12 kilomètres de canaux). Il semblait en pleine prospérité lorsque les événements de 1870 amenèrent sa destruction. J'aurai à en reparler en traitant de l'élevage des Écrevisses.

Dans le même département, MM. Wallut, Penel, de Pourtalès, etc., s'occupèrent aussi de pisciculture.

Seine-Inférieure. — M. Nicole, de Fécamp, avait fondé à Gonfreville-l'Orcher un établissement assez considérable[1]. Actuellement, un nouvel établissement a été installé, comme nous le verrons, dans les environs mêmes de Fécamp. Quelques essais avaient également eu lieu sur d'autres points de notre territoire, mais ils n'avaient qu'une faible importance.

Les choses en étaient là lorsque survint la guerre de 1870, et tout naturellement la pisciculture fut abandonnée. Après ces cruels événements, on semblait hésiter à s'occuper de nouveau de ces questions, malgré les efforts de la Société d'acclimatation, qui s'est toujours occupée des questions de pisciculture avec une sorte de prédilection.

A l'étranger, les choses avaient bien marché. En Angleterre, aux États-Unis surtout, les résultats obtenus avaient été des plus remarquables.

Ces résultats, vulgarisés par les intéressantes publications de M. Raveret-Wattel, donnèrent aux pisciculteurs français une sorte d'énergie nouvelle.

L'Administration, de son côté, était loin de rester inactive.

---

1. M. Noël s'était également occupé des questions piscicoles.

L'enseignement de la pisciculture était introduit dans les programmes de l'Institut national agronomique. Un cours nomade de pisciculture, ou plus généralement d'aquiculture, était fondé en France, et de plus l'enseignement pratique de la pisciculture était organisé dans une série de fermes-écoles et d'écoles d'agriculture.

Il n'est que justice de reporter à M. le conseiller d'État Tisserand, directeur de l'agriculture, le mérite de toutes ces nouvelles mesures.

De son côté, le Ministère des travaux publics rétablissait à l'École des ponts et chaussées les conférences de pisciculture et stimulait le zèle de MM. les ingénieurs par de nombreuses circulaires. Sous cette impulsion, le goût de la pisciculture semble s'être réveillé en France. En 1889, M. de Lacaze-Duthiers, M. Raveret-Wattel, et celui qui écrit ces lignes, fondaient à Paris une Société centrale d'aquiculture et parvenaient à grouper rapidement autour d'eux une certaine quantité de personnes s'intéressant à la culture des eaux.

Quand j'aurai à montrer l'état actuel de la pisciculture en France, on pourra se convaincre que tous ces efforts ne sont pas restés improductifs.

FÉCONDATION ARTIFICIELLE DES ŒUFS

Choix des reproducteurs.

Lorsque l'on veut procéder à la fécondation artificielle des œufs de poisson, la première chose à faire est naturellement de se procurer les reproducteurs.

Il est utile de les avoir à sa disposition quelques jours au moins avant l'époque où doivent avoir lieu les opérations. On avait l'habitude autrefois, car cet usage me semble à peu près abandonné, de se procurer un mâle que l'on plaçait en captivité dans le courant d'une rivière ; c'était ce que l'on nommait un *appelant*, chargé d'attirer les femelles. Quand on possède un établissement complet de pisciculture, on a presque toujours des individus adultes conservés, soit dans des étangs, soit dans de petites rivières. Il est alors facile de se procurer des reproducteurs qui, au moment du frai, se rendent toujours sur les frayères. Quand il s'agit notamment de capturer des reproducteurs dans une petite rivière, on peut avoir recours à des dispositions fort simples.

Voici, par exemple, une disposition employée par M. Capel, à Cray Fishery, et que nous rapporte M. Raveret-Wattel [1] : « L'invention de ce système est due à M. Silk, pisciculteur chez le marquis d'Exeter. Deux ou trois planches clouées horizontalement entre deux pieds verticaux forment, en travers du ruisseau, un petit barrage rendu complètement étanche à l'aide d'un peu de glaise et à la partie supérieure duquel se trouve ménagée une échancrure. Par suite, au lieu de se déverser en nappe mince par-dessus le barrage et dans toute la largeur, l'eau s'échappe uniquement par cette ouverture en formant une chute bruyante et beaucoup trop séduisante pour que les Truites qui cherchent à remonter négligent de s'y engager afin de gagner le bief supérieur. Or un léger grillage de la largeur de l'échancrure, monté sur une sorte de charnière, leur permet bien de passer sans la moindre difficulté à la remonte, mais leur interdit absolument de redescendre, et comme, à peu de distance en amont du barrage se trouve un grillage infranchissable, le poisson reste emprisonné dans un étroit espace. »

Je me souviens avoir vu un système analogue employé par M. Leblanc dans son établissement de pisciculture des Ardennes. Le laboratoire était établi sur le ruisseau même où se trouvaient les Truites.

On peut aussi faire usage d'une rigole frayère telle que celle

1. Raveret-Wattel, *loc. cit.*, p. 87.

employée par M. Raveret-Wattel à l'établissement du Nid-du-Verdier [1]. Dans un bassin de forme circulaire où sont conservés les reproducteurs vient déboucher une rigole à pente rapide et à fond de sable et de gravier. A l'époque du frai, on ouvre une petite vanne qui ferme habituellement la rigole. Celle-ci se transforme en ruisselet qui, se déversant dans le bassin, attire les Truites disposées à frayer, et on voit les couples gagner la rigole. Mais celle-ci est coupée par des grillages mobiles qui permettent de capturer facilement les poissons désirés.

Quant aux pisciculteurs qui ne peuvent agir de cette manière, il leur devient nécessaire de se procurer des reproducteurs pêchés dans les rivières ou ruisseaux du voisinage.

Quoi qu'il en soit, une fois que l'on a les reproducteurs, il faut les placer dans les bassins disposés à cet effet, c'est-à-dire où les poissons puissent remuer à leur aise et aient à leur disposition une eau suffisamment fraîche, courante et limpide. On emploie souvent à cet effet des bassins en ciment pouvant communiquer les uns avec les autres. On peut, au besoin, remplacer ces bassins, quand on ne dispose pas de beaucoup de place, par l'appareil dont se sert M. Lefebvre dans son établissement d'Amiens, sur lequel j'aurai à revenir plus loin. Cet appareil est formé par deux sortes de demi-tonneaux dits *bachottes,* munis chacun de deux ouvertures auxquelles sont adaptés des ajutages en cuivre. Le premier de ces vases reçoit l'eau amenée par un tuyau de caoutchouc, et cette eau s'échappe par la seconde ouverture qui, elle aussi, est munie d'un tuyau la mettant en communication avec le second vase. L'eau forme ainsi un courant continu dans les deux récipients et va s'échapper par la deuxième ouverture du second récipient.

Ces bassins peuvent être utilisés quand il s'agit de poissons ayant une taille médiocre, comme les Truites ordinaires, par exemple. Mais quand il s'agit de Saumons, on éprouve plus de

1. Voir p. 267.

difficultés. Il arrive alors très souvent qu'il faille procéder à la fécondation dès que le poisson est capturé, et souvent le Saumon ne survit pas à l'opération.

Cependant, dans quelques grands établissements améri- cains, on est parvenu à parquer les Saumons de manière à les avoir à sa disposition.

M. Raveret-Wattel a trouvé les renseignements suivants dans une notice publiée par l'établissement de pisciculture de Bucksport-Orland (Maine) et les a traduits de la manière sui- vante :

« L'établissement de Bucksport, créé en 1872, est installé près de l'embouchure du Penobscot. Le choix de l'emplace- ment fut dicté par la nécessité de se procurer aisément des sujets reproducteurs... On prit le parti de s'installer auprès des pêcheries importantes ; mais comme ces pêcheries fonctionnent en mai, juin, juillet, il fallait aviser au moyen de conserver les poissons en captivité jusqu'à la fin d'octobre ou le commence- ment de novembre, époque habituelle du frai. Le Saumon pas- sant généralement cette partie de l'année en rivière, il parut convenable de parquer en eau douce les sujets captifs. Après de nombreux essais, on s'est définitivement arrêté à l'utilisation d'une rivière dans laquelle les Saumons sont parqués au moyen de deux clayonnages qui coupent le cours d'eau dans toute sa largeur à un intervalle d'environ 600 mètres. Les eaux de cette rivière, qui proviennent de deux petits lacs, sont limpides sans être d'une pureté exceptionnelle. Le fond, moitié sablonneux moitié vaseux, est couvert d'une abondante végétation aqua- tique. Dans les endroits les plus creux, la profondeur atteint $2^m,50$, mais elle n'est guère en moyenne que de 1 mètre à $1^m,50$. Ce parc, qui mesure un peu plus d'un hectare de super- ficie, peut recevoir environ un millier de Saumons reproduc- teurs.

Age des reproducteurs.

Il n'est pas indifférent d'employer des reproducteurs de n'importe quel âge. Les pisciculteurs anglais attachent la plus grande importance à n'employer que des sujets suffisamment âgés, c'est-à-dire ayant au moins six ou sept ans. L'expérience a démontré que les jeunes sujets, bien que plus prolifiques, donnent des alevins plus délicats. On ne récolte pas d'œufs provenant de femelles ayant moins de quatre à cinq ans. J'ajoute que dans les grands établissements d'outre-Manche, les poissons destinés à la reproduction sont nourris avec des soins particuliers.

Fécondation des œufs libres.

Lorsque l'on s'est procuré les reproducteurs, il faut les examiner journellement pour s'assurer du moment où œuf et laitance sont arrivés à maturité.

Lorsque les œufs s'échappent pour ainsi dire d'eux-mêmes ainsi que la laitance, le moment d'opérer est arrivé, et l'on est appelé à choisir entre deux procédés :

1° *Ancien procédé ou procédé Jacoby.* — Voici çomment Jacoby décrivait l'opération : « On versera environ une pinte d'eau claire dans quelque vase bien nettoyé, comme seau de bois ou baquet, et, saisissant la femelle du Saumon par la tête, on la tiendra suspendue sur ce vase. Si les œufs sont bien à maturité, ils tomberont d'eux-mêmes dans le vase; sinon, en pressant légèrement le ventre avec la paume de la main, les œufs se détacheront et on les recevra facilement dans l'eau. On fera de même d'un Saumon mâle ; quand il y aura sur les œufs assez de laitance pour blanchir la surface de l'eau, l'opération sera terminée. »

C'est ce procédé qui a été mis en usage pendant bien long-

temps et dont on se sert encore quelquefois. Voici donc quelques détails plus complets sur la manière d'opérer :

On prend un vase de verre, de terre ou de porcelaine, peu
importe, pourvu que l'ouverture ait à peu de chose près le même
diamètre que le fond, et que ce dernier soit plat pour que les
œufs puissent s'y étaler bien également. On verse de l'eau dans
le vase, qui naturellement a été parfaitement nettoyé, et l'eau doit
atteindre une hauteur de $0^m,10$ environ.

L'eau doit être claire, limpide et, si cela est possible, a
dû être puisée dans l'étang, le lac ou la rivière dans laquelle
vivait le poisson avant sa captivité. Enfin, il est nécessaire que
la température de l'eau employée soit très voisine de celle où
le poisson a l'habi-
tude de frayer.

Les choses étant
ainsi disposées, on
saisit la femelle de la
main gauche et on la
tient suspendue per-
pendiculairement par
les nageoires pecto-
rales au-dessus et le
plus près possible du
vase. Les œufs qui se
trouvent près de l'o-
rifice génital tombent
par leur propre poids.

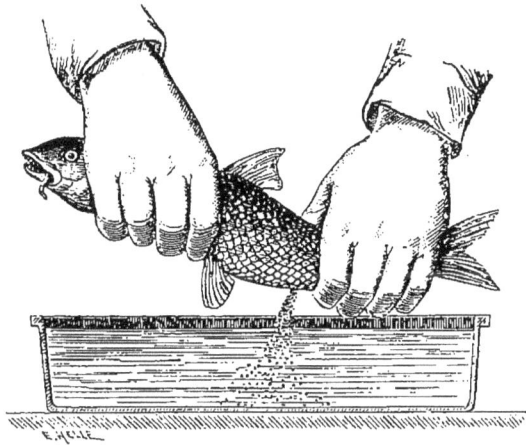

Fig. 83. — Fécondation artificielle des œufs.

Sinon, on presse doucement le ventre de l'animal entre le pouce
et l'index de la main droite, en allant de haut en bas (fig. 83).
Mais il ne faut jamais mettre de force dans cette opération. Si
les œufs ne tombent pas facilement, c'est qu'ils ne sont pas
arrivés à maturité. Il serait donc inutile d'insister et le poisson
succomberait si on usait de violence.

Dès que les œufs forment sur le fond du vase une couche

complète, on saisit le mâle de la même façon et on fait couler
la laitance jusqu'au moment où l'eau se trouble légèrement et
devient laiteuse. On agite alors légèrement le mélange d'eau et
de laitance avec les barbes d'une plume ou la queue du poisson,
et l'opération est terminée. Cependant si l'eau a été souillée par
des mucosités, des écailles ou tout autre corps étranger, il faut
laver les œufs quand la fécondation est opérée, c'est-à-dire
quatre à cinq minutes après le moment où on a versé la laitance. Si, après le dépôt des œufs, l'eau était trop salie, on
pourrait la changer avant de verser la laitance.

Certains pisciculteurs modifient un peu cette méthode. Avant
de procéder à la ponte forcée, ou mieux provoquée, de la femelle,
ils font couler quelques gouttes de laitance dans l'eau, puis ils
agissent comme il a été dit ci-dessus. Cette pratique, imaginée
par M. Guitel, garde à Maintenon, lui avait été suggérée par l'observation. Il avait remarqué, en effet, chez les poissons vivant en
liberté, que la femelle vient sur une frayère, fait mine de pondre,
puis s'éloigne. Le mâle vient alors à la même place et verse
quelques gouttes de laitance. La femelle revient alors, dépose
ses œufs, qui sont fécondés par le mâle. Il ne semble pas que
cette modification du procédé indiqué ait une grande importance.

Lorsque les poissons dont on se sert pour la fécondation
sont d'assez grande taille, la présence d'un aide devient absolument nécessaire. Il arrive même, lorsque les reproducteurs
sont très gros, que leur résistance est telle qu'on éprouve de
grandes difficultés à les maîtriser. Dans ce cas, on les suspend
parfois par une corde passée dans les ouïes. Ce procédé a le
grand inconvénient de faire souffrir et parfois même périr le
poisson. Il vaut mieux, dans ce cas, avoir recours au procédé
suivant : on accroche le poisson avec un hameçon dont on a
soigneusement limé la barbe. On fixe le hameçon à une corde
ayant 1^m,20 de longueur et cette corde est à son tour attachée à
une verge flexible et élastique. Le poisson fait des efforts pour
se dégager, la baguette plie et ne rompt pas, de manière que

l'animal épuise rapidement son énergie musculaire et peut être ensuite manié avec beaucoup de facilité.

Le procédé que je viens d'indiquer pour la fécondation artificielle des œufs a été presque complètement abandonné, et on se sert actuellement de la méthode suivante :

2° *Méthode russe ou de Wraski.* — Ce procédé semble avoir été imaginé par le docteur Knoch, de Saint-Pétersbourg. M. Knoch avait remarqué que lorsque l'on procède à la fécondation artificielle, les résultats sont moins complets lorsque le mélange des œufs et de la laitance est un peu retardé.

Examinant de près et à l'aide du microscope ce qui se passait alors, M. Knoch s'assura :

1° Que les œufs pondus dans l'eau absorbent une partie de ce liquide tant par endosmose que par le micropyle. Les œufs peuvent être fécondés pendant tout le temps que dure cette absorption, soit pendant une demi-heure environ ; mais, passé ce temps, les spermatozoïdes n'ont plus d'action.

2° Si on examine ce que deviennent les spermatozoïdes dans l'eau, on les voit s'agiter avec vigueur ; mais les mouvements cessent au bout de fort peu de temps, une ou deux minutes au plus.

3° Si, au contraire, on conserve les œufs à sec, ils restent pendant assez longtemps capables d'être fécondés, et la laitance, conservée dans les mêmes conditions, peut servir pendant plusieurs jours.

Ce serait donc à la suite de ces constatations que Knoch aurait conseillé au pisciculteur russe Wraski de féconder les œufs à sec.

Voici comment l'on doit s'y prendre. On a deux vases ; dans le premier on fait couler les œufs, mais à sec, sans avoir mis d'eau dans le vase. Dans le deuxième vase on recueille de la laitance, on y ajoute une très petite quantité d'eau, simplement pour les délayer, et on verse sur les œufs contenus dans le premier vase. On peut aussi verser directement la laitance sur les œufs, agiter doucement la vase, puis au bout de deux minutes verser sur les œufs une petite quantité d'eau, et enfin les laver avec soin.

Les pertes sont moins considérables par ce procédé que par le précédent. On arrive à n'avoir que 1 pour 100 de non-réussite, tandis que cette perte est souvent de 12 pour 100 avec l'ancienne méthode. Chose remarquable, les alevins provenant d'œufs fécondés par le procédé russe seraient en majeure partie des poissons mâles. S'il en est réellement ainsi, ce serait encore un avantage au point de vue pratique, les poissons mâles étant plus estimés que les femelles lorsque celles-ci portent les œufs.

Avant d'aller plus loin, il importe de faire remarquer que l'on peut pratiquer, en cas de nécessité, la fécondation artificielle avec des poissons morts déjà depuis quelques heures. Cela résulte de ce que nous avons dit en rapportant les observations du docteur Knoch. Ce fait est tellement vrai d'ailleurs, que, dans certaines localités de l'Allemagne et de la Suisse, les pisciculteurs usent de ce procédé. Ils passent des sortes de traités avec les hôtels et les restaurants du pays, et leur achètent les œufs et la laitance des poissons livrés à la consommation. Il est bien vrai que les fécondations opérées dans ces conditions donnent des pertes assez considérables, mais on y trouve encore avantage[1].

Enfin, je dois rappeler que certains pisciculteurs préfèrent recueillir pour les mettre en incubation les œufs fécondés naturellement. Ils ont imaginé pour cela, et surtout pour recueillir les œufs de Truites, divers appareils; je me contenterai de décrire ici un des procédés employés.

Le but que l'on se propose est le suivant : attirer les Truites qui doivent frayer dans une sorte de rigole où il soit ensuite

---

1. On a préconisé divers moyens pour s'assurer si les œufs ont bien été fécondés. M. Nussbaum dit qu'en plongeant dans du vinaigre de table allongé de 50 pour 100 d'eau un œuf fécondé, l'embryon, même dès les premiers stades de son développement, devient nettement visible par son opacité et se détache sur le fond transparent du vitellus. (Elvart, *Bull. de la Soc. d'Aq.*, t. I, p. 140.)

facile de recueillir les œufs. Ces rigoles, désignées sous le nom
de *rigoles-frayères*, peuvent être construites de diverses manières.
On peut se servir de simples rigoles sans adjonction d'appareils
spéciaux. Les parois doivent être en ciment et le fond formé par

Fig. 84. — Appareil Ainsworth.

du gravier bien nettoyé. Bien entendu que ce fond doit se rac-
corder avec celui de l'étang, et la pente de la rigole devra,
d'après M. Gauckler, être d'environ 0ᵐ,025 par mètre[1]. La
rigole est ensuite recouverte d'un plancher mobile. Lorsque l'on
se sert d'appareil, on peut faire usage de celui imaginé par
M. Ainsworth (fig. 84) et qu'a perfectionné M. Collins. Le

1. Gauckler, *les Poissons d'eau douce et la pisciculture*, p. 205.

système a été décrit de la manière suivante par M. Gauckler :

« M. Ainsworth a imaginé de placer dans la rigole une caisse en planches qui en occupe toute la largeur. Dans l'intérieur de la caisse, des taquets fixés contre les parois portent deux cadres superposés qui bordent des treillages en toile métallique. Les mailles du treillis supérieur sont assez larges pour livrer facilement passage aux œufs fécondés. Ils tombent sur le treillis inférieur placé à environ 0ᵐ,08 plus bas, où ils sont arrêtés par les fines mailles de la toile métallique. Sur 0ᵐ,10 d'épaisseur, le cadre supérieur est recouvert de gravier de la grosseur d'une noix, telle qu'il ne puisse pas passer à travers les mailles. Les Truites se rendent sur ce gravier, l'écartent pour faire leur nid et frayent sur le treillis... On récolte les œufs en enlevant d'abord le cadre supérieur...

« M. Collins a perfectionné cet appareil de la manière suivante : le cadre supérieur reste fixe et peut, dès lors, recevoir de grandes dimensions. Il est partagé en compartiments capables, chacun, de recevoir un couple de poissons. Ces compartiments communiquent entre eux au moyen d'échancrures demi-circulaires, se faisant face sur les côtés des compartiments dans le sens du courant. La toile inférieure est sans fin ; elle repose sur des rouleaux actionnés par un engrenage à axe vertical de telle façon qu'on puisse la faire avancer ou reculer (fig. 85). En avant de cette toile mobile, à l'aval, on place un cuveau armé de tiges verticales qui permettent de le soulever et de le retirer de l'eau. On voit qu'il suffit de faire avancer la toile mobile pour faire tomber dans le cuveau les œufs qu'elle a recueillis. Il reste à retirer ces derniers et à les récolter. Le cuveau est placé à environ 0ᵐ,03 de l'extrémité de la toile mobile, de telle sorte que les gravois qui ont pu y arriver de la toile supé-

Fig. 85. — Appareil Collins.

rieure tombent en dehors du cuveau où l'eau n'entraîne que les
œufs fécondés. L'accès de la toile inférieure est interdit aux
Truites par des grillages qui ferment l'appareil vers l'amont et
couvrent le cuveau en aval.

Fécondation des œufs adhérents.

Les pratiques de la fécondation artificielle sont moins
souvent appliquées aux œufs adhérents qu'à ceux qui sont distincts et séparés. Cependant, il peut être utile d'y recourir et
on devra procéder de la manière suivante :

On se procure des plantes aquatiques, renoncules d'eau,
callitriches, ou autres, et on les lave avec soin, portant une
grande attention à faire disparaître les insectes, crustacés, ou
autres animaux de petite taille qui pourraient s'y trouver. Puis
on fait avec ces plantes plusieurs petits paquets que l'on place
dans un vase à demi rempli d'eau. Prenant alors un mâle, on
laitance l'eau et on l'agite doucement. Puis saisissant la femelle,
on lui fait évacuer ses œufs en les dirigeant sur les plantes
aquatiques où ils viennent se fixer, enfin, on reprend un mâle
et on laitance de nouveau.

Le point le plus important est d'employer de l'eau ayant
une température convenable. Le mieux est de prendre, si la
chose est possible, de l'eau de l'étang ou de la rivière où vivaient
les poissons dont on veut féconder les œufs. En tout cas, pour
les Carpes, l'eau doit avoir une température d'environ 25° C.

M. Hessel emploie pour la fécondation des œufs adhérents
de minces cadres en bois, sur lesquels on tend de la gaze ou
de la mousseline. Ces cadres, qui ont 1 mètre de longueur
sur 0ᵐ,30 de largeur, forment des sortes de tamis sur lesquels
on reçoit les œufs évacués par la femelle, œufs qui se collent
immédiatement sur le tissu. Quand la surface du tamis est ainsi
couverte d'œufs, on pose l'appareil sur un plateau à bords peu
élevés. Deux plateaux semblables sont nécessaires et ils doivent

être un peu plus grands que le tamis pour rendre les manœuvres plus faciles. Le premier plateau étant rempli d'eau à une température de 22 à 27° C., on y place un tamis sur lequel on répand les œufs comme il a été dit plus haut. Puis on retourne ce tamis, on couvre d'œufs son autre face, et on le transporte dans le deuxième plateau contenant de l'eau sur une épaisseur de 2 ou 3 centimètres ; on verse alors la laitance sur les œufs.

Mais, en définitive, lorsque l'on veut avoir à sa disposition des œufs adhérents fécondés, il vaut mieux se procurer de ces œufs fécondés naturellement. Cela n'offre pas de grandes difficultés. Lorsque, par exemple, dans un bassin ou étang à feuilles on place des frayères artificielles, on peut y recueillir, comme nous l'avons vu déjà, de grandes quantités d'œufs.

Dans les pays du nord de l'Europe, on se procure des œufs adhérents à l'aide d'un appareil inventé, en 1761, par le conseiller Lund. Cet appareil n'est autre chose qu'une grande caisse en bois, dont les parois sont percées de trous nombreux. A l'intérieur de la caisse, on place des rameaux d'arbres verts, pins, sapins, etc. Cette caisse, munie de panneaux mobiles, est placée dans un courant d'eau, et au moment du frai, on y met quelques couples de poissons qui déposent leurs œufs sur les branches dont est garnie la caisse. La caisse elle-même servira d'appareil incubateur pour les œufs ainsi pondus.

Lorsque l'on s'est procuré des œufs fécondés par un des moyens que nous venons de rappeler, il y a deux manières d'en tirer parti : ou bien vendre ces œufs à d'autres pisciculteurs, ou bien les placer dans les appareils d'incubation jusqu'au moment de l'éclosion.

Lorsque l'on veut vendre les œufs, il faut pour les expédier prendre certaines précautions que je dois indiquer ici.

TRANSPORT DES ŒUFS FÉCONDÉS

Il importe d'abord de remarquer que le *moment où l'on expédie les œufs* est loin d'être indifférent.

Ces œufs peuvent être expédiés sans inconvénients après la fécondation, à condition cependant que le voyage soit terminé le *sixième* jour qui suit cette opération. Après ce terme et pendant quelque temps, les secousses, les chocs, impossibles à éviter pendant le transport, deviendraient tout à fait dangereux.

Il faut alors attendre que, suivant l'expression des pisciculteurs, les œufs soient *embryonés,* c'est-à-dire que le futur poisson ait déjà subi un certain développement. Il ne faut pas croire d'ailleurs qu'il soit difficile de reconnaître cette époque. On voit à ce moment deux points noirs sur la surface de l'œuf, points noirs qui ne sont autre chose que les yeux du jeune poisson. Quand ce phénomène s'est produit, le transport des œufs offre beaucoup moins de dangers, et on peut y procéder en employant un des moyens suivants :

Si le voyage doit être de peu de durée, on peut les emballer simplement dans de la mousse humide entourée de linges mouillés. Lorsque l'on se sert de plantes aquatiques pour emballer les œufs, il ne faut pas négliger de laver avec soin ces plantes, pour les débarrasser des petits animaux qui s'y pourraient trouver.

On peut se servir de boîtes plates en sapin ayant $0^m,10$ à $0^m,12$ de hauteur et garnies de toiles ou de mousselines humides. On y place les œufs sur les plantes aquatiques ou entre des morceaux de mousseline. Une condition importante qu'il ne faut pas perdre de vue, c'est d'éviter autant que possible que les œufs soient soumis à des changements brusques de température. Il est donc utile d'enfermer la boîte contenant les œufs dans un deuxième récipient de dimension plus grande.

Entre les deux boîtes, on placera un corps isolant. En somme, les meilleurs matériaux pour l'emballage des œufs sont : 1° la *ouate non gommée* ; 2° la mousse d'eau (*sphaigne*).

Cependant les pisciculteurs qui ont à expédier de grandes quantités d'œufs et à les envoyer au loin ont recours à des emballages un peu plus compliqués.

C'est ainsi qu'actuellement, on se sert surtout d'appareils dits : *Châssis d'emballage* (fig. 86 et 87). Ce sont des cadres en bois léger sur lesquels on cloue de la mousseline ou de la futaine. Les œufs sont également disposés sur ces châssis, qui, eux-mêmes placés les uns au-dessus des autres, sont emballés dans une caisse où on doit les assujettir solidement.

Fig. 86.
Châssis d'emballage ouvert.

Comme pour les boîtes dont je parlais tout à l'heure, la caisse renfermant les châssis doit être placée dans une seconde caisse de plus grande dimension, et l'espace entre les deux récipients sera rempli avec une matière isolante, de la mousse sèche, par exemple.

Fig. 87.
Châssis d'emballage fermé.

M. F. Mather a été le premier à se servir de châssis se fermant et s'ouvrant comme un livre, la futaine clouée sur les cadres formant charnières.

M. Raveret-Wattel a décrit un appareil qu'il avait pu observer à l'Exposition de Londres, et qu'il est utile de faire connaître. C'est une caisse dans laquelle on en place une seconde, isolée de la première par de la sciure de bois. Huit cadres garnis de molletons de coton sont superposés dans cette caisse et reçoivent chacun une couche d'œufs. Le dessus et le fond des deux caisses présentent de petites ouvertures qui permettent d'arroser au besoin les œufs pendant le transport.

L'eau, introduite en petite quantité par le haut, filtre à travers les tamis et s'échappe par le bas. Une chambre à glace est ménagée au-dessus des œufs, entre la chape et la caisse intérieure[1].

Certains œufs, et les œufs de Saumon entre autres, peuvent être expédiés à sec avec quelque avantage. M. M. von dem Borne avait fait à ce sujet de fort intéressantes expériences. Il s'était assuré que les œufs fécondés à sec et conservés hors de l'eau, pour en retarder le développement, voyagent avec une grande facilité.

Quel que soit le système employé, il ne faut pas perdre de vue un point important, c'est que l'œuf d'un animal quelconque, étant un être vivant, doit être amplement fourni d'air pour sa respiration.

Lorsqu'il s'agit de voyages lointains, la glace employée dans l'emballage des œufs peut rendre les plus grands services. En effet, les œufs maintenus à une haute température voient le moment de leur éclosion considérablement retardé.

M. Raveret-Wattel a vu à l'Exposition de Berlin des œufs de Salmonides, placés dans un appareil dont je parlerai tout à l'heure, s'y conserver pendant des mois. Voici d'ailleurs ce que dit sur ce sujet l'auteur que j'ai cité si souvent :

« A l'Exposition de Berlin, des œufs de Saumon du Rhin fécondés en décembre furent conservés jusqu'à la clôture de l'Exposition (fin de juin), c'est-à-dire pendant plus de six mois. Ces œufs, que nous vîmes dans la première quinzaine de juin, étaient dans un état magnifique de conservation. L'évolution embryonnaire était extrêmement avancée, et quelques éclosions commençaient à se produire, donnant des alevins très vigoureux. Le fait est d'autant plus remarquable qu'à l'Exposition ces œufs

1. Raveret-Wattel, *Pisciculture dans la Grande-Bretagne*, p. 27.

13

se trouvaient dans des conditions extrêmement désavantageuses. Souvent l'appareil était ouvert quarante ou cinquante fois par jour, pour en montrer le fonctionnement aux visiteurs, et l'introduction dans la glacière de l'air extérieur, parfois extrêmement chaud, ne pouvait être que très défavorable aux œufs[1]. »

Je rappellerai que c'est grâce à l'emploi de la glace qu'après de nombreux échecs, on est arrivé à transporter en

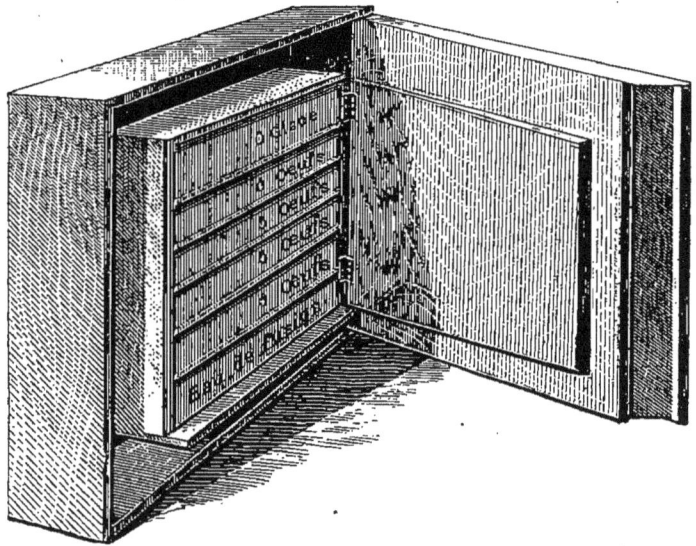

Fig. 88. — Appareil de M. Hoack.

Australie et à la Nouvelle-Zélande des œufs de Truites et de Saumons fécondés en Angleterre.

Je dois insister également sur ce point, que tous les observateurs sont d'accord pour déclarer que les œufs retardés dans leur développement par la glace, dont l'incubation s'est faite lentement et à une basse température, donnent des alevins extrêmement vigoureux et en bien meilleur état que ceux dont l'évolution a été trop rapide.

1. Raveret-Wattel, *Pisciculture à l'étranger*, p. 195.

Parmi les appareils à glace employés, un des plus commodes est celui imaginé par M. Hoack.

Que l'on se figure une petite armoire, ou mieux une commode avec tiroirs superposés (fig. 88). Le tiroir du haut a son fond percé de trous nombreux et on y place des morceaux de glace. Les tiroirs suivants renferment des tamis sur lesquels sont disposés les œufs. Ces œufs, formant une seule couche, sont placés sur de la ouate bien cardée. Chaque tiroir renferme un de ces tamis percé de trous. Enfin, le tiroir inférieur a un fond plein en zinc, et c'est là où vient se réunir l'eau provenant de la fusion de la glace.

On comprend facilement ce qui se passe. La glace placée dans le compartiment supérieur fond doucement, l'eau de fusion passant à travers les trous présentés par le fond du récipient tombe goutte à goutte sur les œufs placés sur le premier tamis; puis, filtrant à travers ce tamis, elle tombe sur le deuxième, et ainsi de suite.

Chaque jour on change l'ordre de superposition des tamis, plaçant au deuxième rang celui qui se trouvait au premier, etc. Enfin, cette sorte d'armoire est revêtue d'une enveloppe à double paroi qui isole le tamis de l'air extérieur et maintient les œufs dans une obscurité complète.

J'aurai à montrer plus tard que cette glacière peut être utilisée dans les établissements mêmes de pisciculture, car nous verrons qu'il devient parfois utile de retarder le moment de l'éclosion des œufs.

INCUBATION DES ŒUFS

Appareils à incubation.

Comme nous le verrons, et d'une manière générale, l'incubation des œufs de poissons ne présente pas de sérieuses difficultés. Il ne faudrait pas croire cependant que le choix d'un appareil soit complètement indifférent. Comme toutes choses, les appareils employés ont subi de notables perfectionnements, et il importe de se servir de ceux de ces instruments présentant des avantages sérieux.

Ce n'est pas à dire pour cela qu'il me semble nécessaire d'énumérer tous les appareils qui ont été figurés, décrits ou présentés jusqu'à ce jour.

Une fois certaines modifications indispensables admises, on pourrait dire de ces appareils ce que l'on a dit d'autres instruments : « Le meilleur est celui dont on a l'habitude de se servir. » Je me contenterai donc de rappeler quels ont été les appareils employés par les premiers pisciculteurs, ces appareils ayant tout au moins un intérêt historique, puis nous verrons quels sont parmi les appareils modernes ceux qui peuvent être considérés comme des types, types qui peuvent et sont modifiés à chaque instant, soit par les pisciculteurs eux-mêmes, soit par les fabricants.

Les appareils dont je m'occuperai d'abord sont ceux employés pour l'incubation des *œufs libres ;* ce sont, en effet, les plus importants, mais il y aura à dire quelques mots ensuite sur l'incubation des œufs adhérents.

Appareils pour l'incubation des œufs libres.

En laissant de côté les boîtes de Dom Pinchon, le premier appareil employé pour l'incubation des œufs de poissons est celui dont se servait Jacoby et qu'il a décrit de la manière suivante : « On fait une caisse ayant douze pieds de long, un pied de large et six pouces d'épaisseur. A l'une des extrémités on laissera une ouverture de six pouces carrés, fermée d'un grillage en fer ou de laiton dont les fils ne seront pas éloignés de plus de quatre lignes les uns des autres. A l'autre extrémité sera

pareille ouverture grillée de même. Celle-là servira pour la
sortie de l'eau, l'autre pour son entrée, et le grillage empêchera
qu'il ne puisse se glisser dans la caisse ni rats d'eau ni aucun
autre insecte, ennemi ou destructeur d'œufs de poissons.

« La caisse sera exactement fermée par le dessus pour les
mêmes raisons. On peut cependant laisser au couvercle une
ouverture de six pouces carrés pour donner du jour aux jeunes
poissons, mais cela n'est pas nécessaire. On couvrira le fond
de la caisse d'un pouce d'épaisseur de sable ou de gravier
recouvert d'un lit de petits cailloux jointifs de la grosseur d'une
noisette. »

Les œufs fécondés artificiellement étaient déposés dans cette
caisse et l'appareil était placé dans le courant d'une rivière.

Ces boîtes ont été abandonnées. En effet, la surveillance
des œufs est difficile ; puis lorsque, et c'est le cas le plus ordinaire, les eaux ne sont pas parfaitement pures, il se forme à
l'intérieur de l'appareil un amoncellement de vase qui nuit
beaucoup aux œufs.

Dans leurs premiers essais, Rémy et Géhin se servaient de
boîtes en bois, carrées et percées de trous, mais ils y renon-
cèrent bien vite et employèrent des boîtes rondes en zinc ayant
0^m,20 à 0^m,25 de diamètre sur 0^m,10 de profondeur ; ces boîtes
avaient un couvercle de 0^m,04 de hauteur, couvercle mobile
sur une charnière. Ces boîtes étaient criblées de trous ayant à
peu près 0^m,001 de diamètre. Mais dans l'eau ces trous se
bouchent rapidement. M. Koltz les a remplacées par des vases en
terre cuite également percés de trous et munis de flotteurs en
bois. Ces vases sont placés dans une caisse fixe et tenue à
niveau constant. Les boîtes que l'on y place sont ou munies
d'un double fond à claire-voie ou à moitié remplies de gravier
pour y déposer les œufs. Dans tous les appareils employés
jusqu'en 1853, les œufs étaient placés directement sur le fond
des appareils.

M. Millet semble bien être le premier qui eut l'idée de

suspendre les œufs dans l'eau, en les plaçant sur des claies ou
châssis ; car, dès 1852, il exposait des appareils consistant en
rigoles disposées en étagères, et dans lesquelles l'eau coulait
goutte à goutte d'une petite fontaine. Il y avait dans ces rigoles
des *petits paniers suspendus* à 0^m,02 ou 0^m,03 au-dessous de
la flottaison et garnis d'œufs de Saumons et de Truites [1]. Les
discussions assez vives qui s'élevèrent à cette époque entre
M. Millet et M. Coste sur
une question de priorité
n'ont plus actuellement aucun intérêt. Il est même
probable que l'appareil dit
appareil Coste (fig. 89) a
été imaginé par un con-
structeur ; mais tout cela
importe peu, et voici la description de l'appareil tel
que l'a donnée le professeur
du Collège de France [2] :

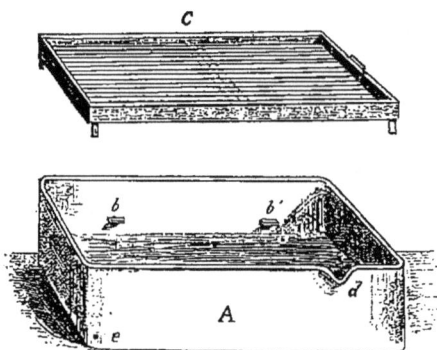

Fig. 89. — Appareil Coste.

L'appareil est consti-
tué par une série d'auges en terre cuite ; chacune de ces auges
a 0^m,50 de long sur 0^m,15 de large et 0^m,10 de profondeur ;
elle porte sur le côté, à 0^m,06 ou 0^m,07 d'une de ses extrémités,
une gouttière de décharge *d ;* sur la face de l'extrémité opposée,
et au niveau du fond un trou *o* qui permet de la vider entièrement, et à l'intérieur, à peu près vers le milieu de la profondeur
et de chaque côté, deux petits supports médianes *b b'*. Chaque
auge est garnie d'une claie *c* sur laquelle on étale les œufs
fécondés que l'on veut faire éclore. Les barreaux de cette claie,
formés par des baguettes de verre placées parallèlement, soit
en long, soit en large et écartées les unes des autres de 2 à

1. *Bull. de la Soc. d'Accl.*, 1854, t. I, p. 128 et suivantes.
2. Coste, *Instructions pratiques sur la pisciculture*, 2e édit. Paris, 1856.

3 millimètres, sont maintenus, à l'aide d'une très mince lame de plomb, dans des entailles pratiquées sur le bord inférieur des pièces qui forment les extrémités d'un encadrement de bois. Une traverse, également munie de petites entailles proportionnées au volume des baguettes, occupe le milieu du cadre qu'elle contribue à consolider, en même temps qu'elle soutient le clayonnage de verre. Les dimensions de cette claie doivent être en rapport avec l'intérieur de l'auge, de telle sorte qu'on puisse la mettre en place sans efforts et la retirer de même. Cette manœuvre est facilitée par la présence d'une anse en fil de fer étamé à chaque extrémité du cadre.

Une fois mise en place, la claie se trouve à 0^m,02 ou 0^m,03 au-dessus du niveau de l'eau, et, par conséquent, beaucoup plus rapprochée de la surface que du fond.

Quand on possède un certain nombre de ces auges, il est facile de comprendre qu'on peut les disposer de bien des manières différentes. On peut les étager, par exemple (fig. 90), sur un double rang de gradins disposés en marches d'escalier, ou bien encore par séries parallèles sur des échafaudages en gradins ; en somme, la disposition adoptée importe peu ; il faut s'arranger de manière que l'eau qui

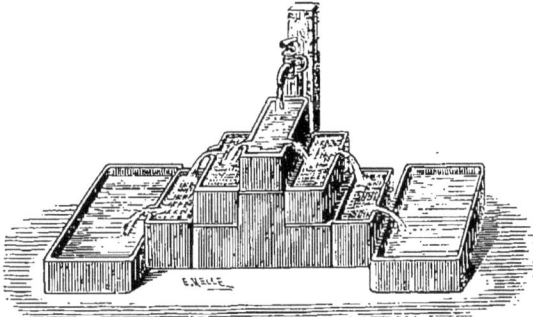

Fig. 90. — Auges disposées en gradins.

s'écoule d'une auge supérieure tombe dans l'inférieure, etc. Souvent la première auge, celle qui occupe la partie la plus élevée de l'ensemble de l'appareil, renferme simplement des matières filtrantes.

Dans les grands établissements on a modifié l'appareil

Coste, en construisant de grandes auges en ciment fixées à demeure le long des murs du laboratoire et placées les unes au-dessous des autres. Ces rigoles en ciment sont parfois remplacées par des rigoles en bois que l'on place les unes à la suite des autres, formant ainsi des sortes de ruisseaux artificiels. On remplace alors les claies en verre par des toiles métalliques.

On avait craint autrefois l'emploi des métaux dans ces auges à incubation. Coste, entre autres, redoutait des phénomènes électriques pouvant détruire les embryons.

On se sert actuellement de toiles métalliques galvanisées dont les mailles ont une forme rectangulaire. Chaque maille doit avoir 5 millimètres de largeur sur 15 à 18 millimètres de longueur (œufs de Salmonides).

En Amérique, la toile métallique n'est pas galvanisée; elle est simplement enduite de trois couches successives d'un vernis à l'asphalte.

En général, les grandes rigoles dont je m'occupe en ce moment ne doivent pas avoir plus de 3 à 5 mètres de longueur sur $0^m,30$ de profondeur et $0^m,40$ à $0^m,50$ de largeur.

M. Raveret-Wattel nous a appris que les auges en bois sont seules employées dans l'établissement d'Howietown, près de Stirling (Écosse), établissement de tout premier ordre fondé par sir J. Maitland.

« A Howietown, dit M. Raveret-Wattel, chaque auge ou rigole est alimentée par un robinet (quelquefois par deux, si l'auge est très large) dont l'eau ne tombe pas directement dans l'auge, mais se déverse sur une planchette ayant toute la largeur de l'auge et formant un plan incliné du côté du robinet. Cette planchette précède les claies ou grilles en baguettes de verre qui supportent les œufs et elle descend au-dessous du niveau de ces claies. Le but de cette disposition est de faciliter l'aération de l'eau, de répartir le courant sur toute la largeur de l'appareil d'éclosion, d'en diriger une partie sous les claies pour que les œufs soient lavés de tous côtés par le courant, enfin d'éviter un bouillonnement de l'eau considéré comme préjudiciable aux embryons et pouvant amener la formation de monstres. Dans chaque auge, l'orifice de sortie est précédé d'une grille ou cloison en zinc perforé qui, après l'éclosion, s'oppose à la fuite des alevins [1].

Il est important de noter qu'il est fort utile, lorsque l'on fait usage d'auges en bois, d'avoir soin de carboniser légèrement ce bois à l'intérieur, à l'aide d'un fer rouge. Le bois ainsi carbonisé se conserve fort net.

On se sert aussi d'auges émaillées, avec quelques avantages. Quelle que soit la matière employée, il importe de recouvrir les auges pendant l'incubation, soit que l'on se serve de couvercles spéciaux, soit simplement de planches ordinaires. On évite ainsi la production des algues microscopiques et de plus on met les œufs et les alevins à l'abri des attaques de quelques ennemis, des Musaraignes aquatiques, par exemple.

Quelquefois on garnit le fond des auges d'une couche de $0^m,05$ à $0^m,06$ de gravier et de charbon de bois. M. Rivoiron, qui garnit ainsi ses auges d'éclosion, y trouve, dit-il, un sérieux avantage. Il est vrai qu'il conserve pendant plusieurs mois les alevins dans ces auges.

Je crois inutile d'insister sur ces appareils à auges qui, on le comprend, peuvent être modifiés presque à l'infini dans leurs formes, la manière de les alimenter d'eau, etc.

Mais je dois m'occuper maintenant d'un autre système d'appareil.

Jusqu'à présent, dans tous ceux qui nous ont occupé, le courant de l'eau était *descendant,* c'est-à-dire que l'eau arrivait de haut en bas sur les œufs. On tend maintenant à remplacer ces appareils par ceux où le courant est *ascendant,* dans lesquels l'eau arrive en *dessous* des claies qui supportent les œufs.

J'y insisterai même d'une manière toute spéciale, car ils

1. Raveret-Wattel, *la Pisciculture dans la Grande-Bretagne,* p. 6. Paris, 1891.

me paraissent présenter des avantages de premier ordre. Le plus ancien et peut-être aussi le plus simple de ces appareils que l'on a désignés souvent sous le nom d'appareils *canadiens* est le suivant, inventé par M. Ferguson (fig. 91) et que M. Raveret-Wattel a fait connaître en France [1].

Que l'on se figure un grand bocal en verre ayant 0^m,20 de diamètre. Ce bocal porte deux tubulures opposées l'une à l'autre,

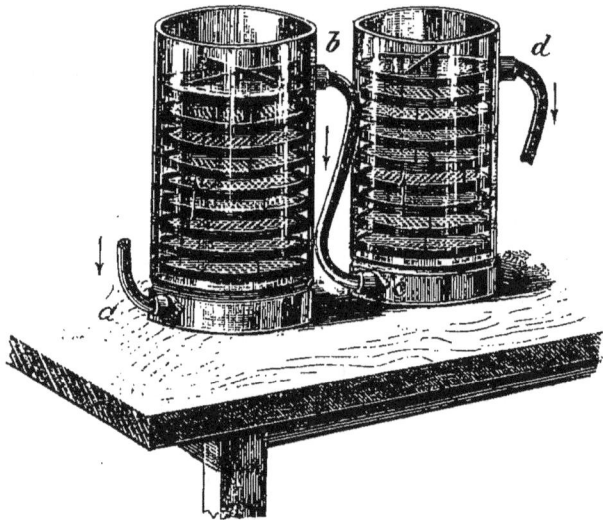

Fig. 91. — Appareil Ferguson.

l'une au fond, l'autre près du bord supérieur *a, b*. On dispose à l'intérieur du bocal neuf à dix tamis circulaires en toile métallique. C'est sur ces tamis que sont placés les œufs. On fait arriver l'eau par la tubulure inférieure *a,* et cette eau, suivant un courant ascendant, traverse successivement les tamis porte-œufs de bas en haut et va ressortir par la tubulure supérieure *b*.

Maintenant on conçoit facilement que l'on puisse réunir plu-

_____

1. Raveret-Wattel, *Rapport sur la pisciculture à l'étranger en 1880*, p. 161.

sieurs appareils semblables à l'aide de simples tuyaux de caoutchouc, et on arrivera ainsi à mettre en incubation un grand
nombre d'œufs dans un espace fort restreint.

Si on doit employer de l'eau légèrement trouble, on place
dans le premier bocal des matières filtrantes (éponges, graviers, etc.).

Pour maintenir les œufs dans l'obscurité, on recouvre les
bocaux d'une enveloppe en carton ou en fort papier, enveloppe
dans laquelle on a soin de ménager des ouvertures pour laisser
passer les tuyaux de raccord.

Un appareil très simple, toujours basé sur le même principe, est celui imaginé par M. Holton. C'est une caisse en bois,
de forme rectangulaire et ayant un fond concave au centre duquel
débouche le tuyau qui amène l'eau, et cette eau va s'échapper
par un goulot latéral situé vers le haut de l'appareil. A l'intérieur de la boîte sont superposés des tamis en toile sur lesquels
on dépose les œufs. Les cadres en bois des tamis ont une épaisseur de 0^m,02 à 0^m,03 et de 0^m,30 à 0^m,35 de côté. Ces dimensions permettent de placer sur chaque tamis 1,000 œufs de
Saumons ou 1,500 à 1,800 œufs de Truites. Le nombre des
tamis peut s'élever à dix-huit; ce seraient donc 27,000 œufs
mis en incubation dans un seul appareil.

Un appareil très répandu actuellement est celui désigné
sous le nom d'*auge californienne*, et qui a été sinon inventé, du
moins perfectionné par MM. Von dem Borne (fig. 92).

Cet appareil comprend :

1° Une grande caisse de zinc ou de tôle émaillée ou
vernie A, ayant 0^m,35 de longueur sur 0^m,25 de hauteur et
0^m,30 de largeur ;

2° Une seconde caisse *c*, ayant 0^m,10 de moins en hauteur et en largeur et dont le fond, au lieu d'être plein, est formé
par une toile métallique (6 fils par centimètre). Cette deuxième
caisse est munie d'un rebord horizontal qui la soutient quand
elle est placée dans la première. Enfin cette caisse *c* porte un

goulot pour l'écoulement de l'eau, goulot qui vient pénétrer dans un ajutage semblable présenté par la caisse A.

Les deux caisses se trouvent ainsi bien fixées l'une à l'autre. Les œufs sont placés sur le fond à claire-voie de la caisse c. On fait ensuite arriver l'eau dans la première caisse; elle remonte naturellement pour prendre son niveau, traverse de bas en haut les œufs placés dans la caisse c, et vient sortir par le goulot latéral.

Au moment où les éclosions commencent à se produire, on complète

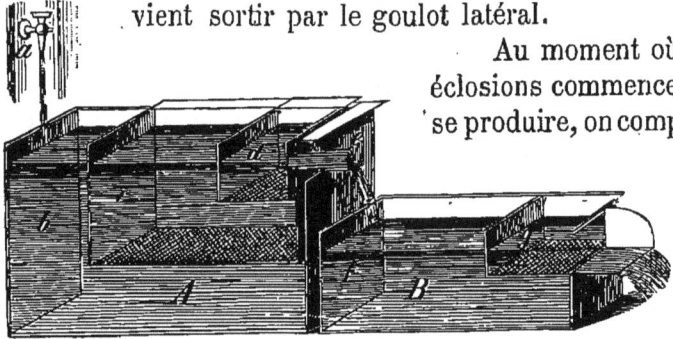

Fig. 92. — Appareil Van dem Borne.

l'appareil en y ajoutant une troisième caisse e de beaucoup plus faible de dimension. Cette petite caisse a un fond en toile métallique et porte un goulot qui s'engage dans ceux des deux premières caisses et la fixe de cette manière. Cette caissette est destinée à empêcher les alevins de s'échapper au dehors, mais elle a l'inconvénient de retenir les coques d'œufs; on préfère laisser passer les alevins qui sont reçus dans un récipient placé sous le goulot d'échappement.

Pendant l'incubation et toujours pour soustraire les œufs à la lumière, on recouvre l'appareil d'un couvercle. Une auge telle que celle qui vient d'être décrite peut servir à mettre en incubation 10,000 œufs de Truites ou de Saumons.

« Le nombre des œufs, fait observer M. Raveret-Wattel,

1. Raveret-Wattel, *loc. cit.*, p. 153.

doit toujours être subordonné à la température de l'eau qui alimente l'appareil. »

Avec une eau de 8 à 9° C., il ne faudrait pas mettre des quantités d'œufs aussi considérables que celles indiquées plus haut. M. M. van dem Borne, qui était un des pisciculteurs les plus distingués de l'Allemagne, dit avoir mis jusqu'à 30,000 œufs de Truites dans une auge alimentée par de l'eau à 0° R.

En résumé, il faut retenir que l'on peut sans inconvénient placer plusieurs couches d'œufs les unes sur les autres, à condition de répartir ces œufs le plus également possible.

On peut, dans des rigoles ordinaires ou même dans des auges, obtenir des courants ascendants. Voici, par exemple, une disposition adoptée à l'établissement de *Cray Fishery* (a Foot's Cray, comté de Kent) et rapportée par M. Raveret-Wattel [1] :

On se sert d'auges en bois dans lesquelles les œufs sont mis en incubation dans une caisse en zinc perforé. Chacune de ces auges, disposées en gradins, mesure environ $1^m,50$ de longueur et la caisse en zinc qui s'y place peut contenir 9,000 à 10,000 œufs. Le tuyau qui amène l'eau court le long des gradins, mais il donne naissance à des branches qui, s'en détachant à angle droit, courent sur la paroi inférieure de l'auge, et comme ils sont percés de trous, l'eau s'en échappe sous la caisse en zinc perforé qui contient les œufs. Ceux-ci se trouvent ainsi placés dans un fort courant ascendant, qui leur fournit autant d'oxygène qu'ils peuvent en avoir besoin.

Enfin, je citerai encore un appareil qui est employé dans les grands établissements des Etats-Unis, et dans lequel les œufs contenus dans des sortes de boîtes d'éclosion sont placés dans des rigoles où se produit un courant ascendant; cet appareil est connu sous le nom de son inventeur M. Williamson (fig. 93).

Dans une rigole ayant 5 mètres de longueur sur une lar-

1. Raveret-Wattel, *la Pisciculture dans la Grande-Bretagne*, p. 8.

geur de 0ᵐ,50 et une profondeur de 0ᵐ,22, on place des caisses
rectangulaires dans lesquelles on peut superposer quatre à cinq

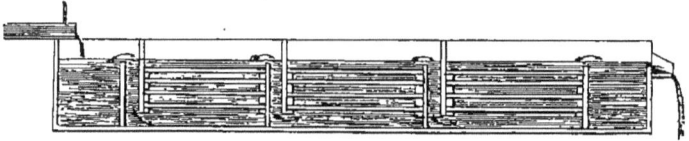

Fig. 93. — Disposition des tamis dans les boîtes Williamson.

claies métalliques portant des œufs. Bien entendu que les caisses
ont un fond à claire-voie permettant le passage de l'eau.

Un regard jeté sur la figure ci-contre (fig. 93) permettra de
voir que, par une disposition très simple des caisses, l'eau amenée
dans la rigole est forcée de traverser les caisses suivant la direction indiquée par les flèches, c'est-à-dire de bas en haut.

Nos constructeurs français d'appareils piscicoles construi-
sent actuellement des auges où les œufs sont également tra-
versés de bas en haut par le courant d'eau.

Voici, par exemple, l'appareil construit par M. Jeunet, pisciculteur à Paris. Comme il est facile de le voir sur la figure 94,

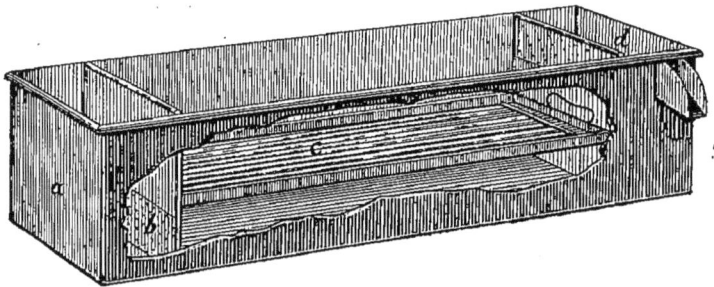

Fig. 94. — Appareil Jeunet.

les œufs étant disposés sur la claie c, l'eau arrive dans le
compartiment a, traverse la plaque trouée b et va ressortir par
la plaque d, pour s'échapper ensuite au dehors.

Tous les appareils dont nous nous sommes occupé jusqu'à présent conviennent surtout pour obtenir l'éclosion des œufs, qui ne doivent pas être agités pendant leur incubation.

Si, au contraire, on a affaire à des œufs qui demandent à être soumis à une certaine agitation pour arriver à bonne éclosion, on a dû modifier les appareils. C'est ainsi que lorsque l'on a voulu faire éclore des œufs d'Alose, on s'est trouvé longtemps arrêté par la difficulté de les maintenir dans un état d'agitation

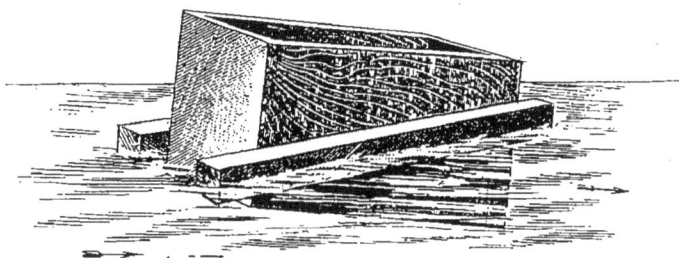

Fig. 95. — Boîte flottante de S. Green.

suffisante. M. Seeth Green triompha de ces difficultés en imaginant de placer les œufs dans des boîtes flottantes (fig. 95), dont le fond est formé par une toile métallique. Ces boîtes sont placées dans le courant d'une rivière (fig. 96). Mais si elles sont horizontales, la force du courant accumule les œufs à l'une des extrémités de la boîte. Pour maintenir les boîtes suffisamment inclinées, on fixe extérieurement à leurs parois deux flotteurs obliquement placés. Cette inclinaison fait que les œufs sont toujours en mouvement. Moins le courant est rapide, plus l'inclinaison doit être prononcée. Les mailles qui forment la toile métallique du fond doivent être très serrées (1 millimètre), car les alevins sont très petits et s'échappent facilement par des ouvertures relativement très étroites.

Mais il n'est pas toujours commode de fixer ainsi des boîtes dans le courant d'une rivière, et cette disposition exige une surveillance constante ; aussi, les pisciculteurs américains qui se sont occupés d'une façon toute spéciale de la multiplication de l'Alose ont-ils imaginé des appareils qui permettent de pratiquer l'incubation dans les établissements mêmes.

Tel est, par exemple, l'appareil de MM. F. Mather et

Fig. 96. — Disposition des boîtes flottantes.

Ch. Bell (fig. 97), appareil que M. Raveret-Wattel décrit de la manière suivante :

« Cet appareil se compose d'un entonnoir en métal de $0^m,30$ de haut sur $0^m,35$ de diamètre[1], auquel est soudée une bordure métallique de $0^m,03$ de hauteur. A l'extérieur, un large rebord forme une rigole circulaire qui porte un ajutage latéral pour la sortie de l'eau.

« Vers le fond de l'entonnoir, à l'endroit où le diamètre n'est plus que de $0^m,05$ se trouve une cloison horizontale en fine

---

1. La dimension importe peu; on se sert d'appareils beaucoup plus grands. L'essentiel, c'est que les proportions relatives soient observées.

toile métallique (de préférence en laiton) sur laquelle on place les œufs, et qui sert à tamiser le courant d'eau qu'amène dans l'appareil un tube en caoutchouc fixé au bas de l'entonnoir.

« Ce courant entraîne les œufs de bas en haut et dans une direction excentri-
que, vers la bordure de toile métallique à travers laquelle l'eau s'échappe en nappe circulaire. Mais comme le courant en s'élargissant perd de sa force, il n'est plus suffisant lorsqu'il arrive près du bord (si l'on a réglé convenablement le débit) pour continuer à soutenir les œufs. Ceux-ci retombent sur la paroi oblique de l'entonnoir ; ils roulent vers le fond, et sont repris de nouveau par le courant pour

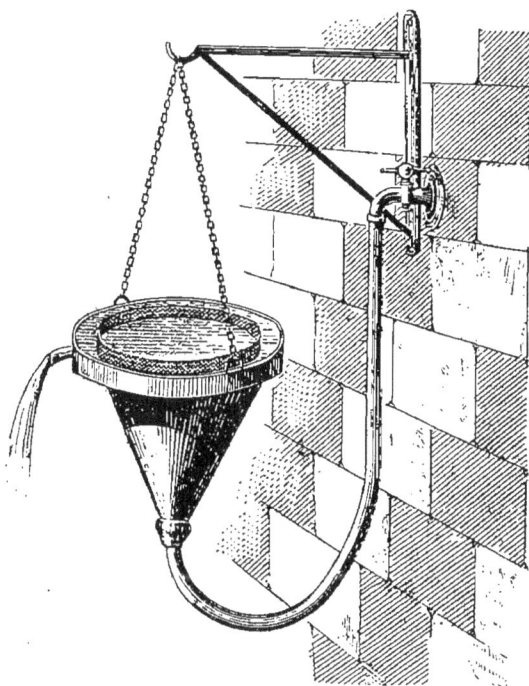

Fig. 97. — Appareil de M. Fréd. Mather.

retomber encore, et ainsi de suite. Cette agitation continuelle les entretient en parfait état de propreté, et l'évolution embryonnaire s'accomplit dans d'excellentes conditions [1].

Cet appareil, perfectionné par M. Fergusson, a été très employé aux États-Unis.

Un autre appareil est également souvent employé aux États-

1. Raveret-Wattel, *loc. cit.*, p. 164.

Unis sous le nom de *jarres de Chase*. L'appareil consiste essentiellement en une jarre de verre ayant 0^m,50 de hauteur sur
0^m,15 de diamètre. L'eau amenée, par un tuyau en caoutchouc,
entre par un tube en verre placé au centre et ressort sur le côté
par un ajutage placé vers le bord supérieur de la jarre.

M. Mac-Donald est l'inventeur d'un appareil d'éclosion dit
à triage automatique (*Automatic fish hatching jar*) qui semble
avoir donné d'excellents résultats, l'inventeur a donné la description de l'appareil dans un mémoire spécial, auquel sont empruntés les quelques détails suivants[1] :

M. Mac-Donald, poursuivant des expériences tendant à déter-
miner la limite extrême de durée qu'il est possible
d'obtenir dans le dévelop-
pement des œufs par un abaissement de la température de l'eau, avait placé des œufs dans des flacons

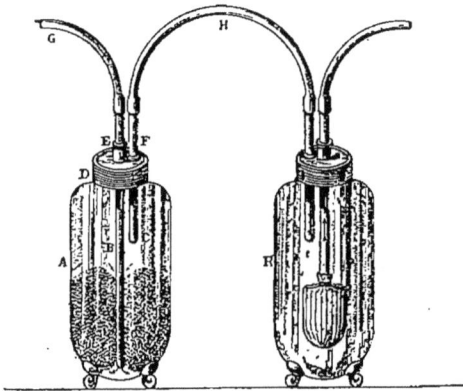

Fig. 98. — Jarres Mac-Donald.

de laboratoire hermétiquement bouchés. Au centre du bouchon
passait un tube descendant presque jusqu'au bas du flacon et
par lequel on faisait arriver l'eau. En examinant cet appareil,
M. Mac-Donald eut l'idée de ces jarres à éclosion dont il donne
la description suivante :

« Deux jarres sont disposées (fig. 98), l'une A pour l'éclosion des œufs, l'autre R pour la réception des alevins. Ces jarres
sont des vases cylindriques en verre épais dont le fond est hémi-
sphérique. Elles ne doivent pas être soufflées, mais moulées, afin

---

1. M. Donald, *History of the experiments leading to the developpement of the
automatic fish hatching jar*. (Transactions of the fish, Cultural Association twelfth
annual meeting, p. 34. New-York, 1883.)

que l'intérieur des vases soit parfaitement régulier, ce qui est absolument indispensable au bon fonctionnement de l'appareil. Chacun de ces vases repose sur trois petits pieds qui sont au besoin retouchés à la meule, afin que l'appareil se trouve parfaitement d'aplomb et que l'axe du cylindre soit rigoureusement vertical, toutes conditions fort importantes.

« Le col de la jarre porte un pas de vis D, lequel sert à fixer un bouchon métallique qui est garni d'une rondelle de caout-chouc pour assurer l'é-tanchéité complète du vase et qui est percé de deux trous de 15 mil-limètres de diamètre, l'un au centre, l'autre à égale distance du centre et de la circon-férence. Le trou central sert à introduire le tube d'amenée de l'eau G E; dans l'autre est placé le tube de sortie F. Tous deux portent une gar-

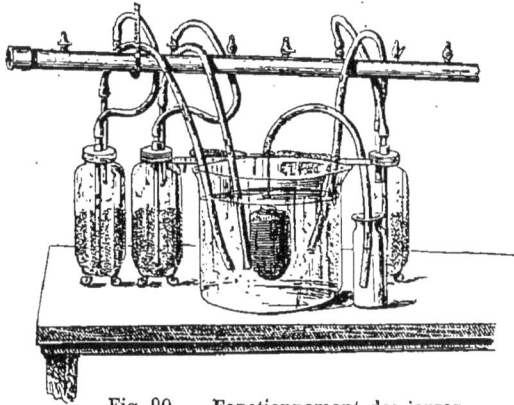

Fig. 99. — Fonctionnement des jarres Mac-Donald.

niture en caoutchouc qui sert à rendre le joint parfaitement étanche, tout en laissant suffisamment de jeu pour que l'on puisse hausser ou baisser le tube à volonté et amener ainsi l'extrémité inférieure juste au niveau convenable. C'est en effet par le jeu de ces deux tubes qu'on règle le mouvement des œufs. Ainsi, si l'eau arrive en trop petite quantité ou sous une pression trop faible, on peut, sans rien modifier à l'alimentation, augmenter la vitesse du courant qui pénètre dans la jarre. Il suffit d'amener l'extrémité inférieure du tube central presque en contact avec le fond de l'appareil. Aussitôt le courant, resserré dans un plus petit espace, acquiert plus de force et produit autant d'effet que s'il était plus abondant. Quand, au contraire, arrive le moment des éclosions, où les œufs ont besoin de plus d'eau et de moins de mouvement, en même temps qu'on augmente le débit du tube central on remonte plus ou moins ce tube pour diminuer la pression et la vitesse du courant.

Le tube de sortie sert à la fois à l'écoulement de l'eau et à l'enlèvement quotidien des œufs morts. Cette opération qui n'est généralement utile qu'une fois par vingt-quatre heures se fait avec la plus grande facilité. On enfonce peu à peu le tube dans la jarre jusqu'à ce que l'on voie les œufs les plus voisins de l'orifice inférieur du tube commencer à s'y engager entraînés par le courant. Une fois le tube bien placé, quelques minutes suffisent pour que toute la couche des œufs morts soit enlevée et rejetée au dehors. Quand approche la période d'éclosion, au lieu de laisser l'eau s'écouler librement à la sortie des jarres on lui fait traverser un appareil collecteur, c'est-à-dire une seconde jarre R semblable à celle qui a servi à l'éclosion, à cette seule différence près que les fonctions des deux tubes de verre sont interverties. Ici, c'est le tube le plus court placé sur le côté du bouchon qui sert à amener l'eau et le tube central qui la laisse échapper. L'extrémité inférieure de ce tube porte un petit sac en tissu de coton soutenu par une légère carcasse en fil de fer. Le tissu de coton laisse aisément tamiser l'eau et retient les minuscules et délicats alevins. »

Pour terminer ce qui est relatif à ces appareils sur lesquels je crois avoir suffisamment insisté, j'ajouterai seulement que M. Van dem Borne, en modifiant son auge californienne, était parvenu à en faire un appareil à triage automatique. Je renverrai d'ailleurs les personnes qui désireraient avoir plus de détails sur ce sujet à l'excellent mémoire publié par M. Raveret-Wattel et que j'ai eu à citer bien des fois.

J'ai dit que les appareils à courant ascendant me paraissaient présenter de sérieux avantages, mais peut-être n'ai-je pas suffisamment insisté sur la nature de ces avantages. Le plus important est d'exiger du pisciculteur des soins moins constants pour les œufs mis en incubation. Comme nous allons le voir bientôt en effet, les œufs placés dans les appareils doivent être l'objet d'une grande surveillance. Un des accidents qui se produisent le plus souvent est *l'envasement* des œufs. Si, en effet, les eaux sont impures ou insuffisamment filtrées, les sédiments qu'elles tiennent en suspension se déposent sur les œufs et les *étouffent*. Il ne faut pas perdre de vue, en effet, que les œufs sont des êtres vivants et que, par suite, ils ont besoin de respirer pour que l'embryon puisse se développer. Or si on laisse les sédiments, la vase se déposer à la surface de l'œuf, il se produit le phénomène *cherché* quand on veut conserver des œufs d'oiseau frais, c'est-à-dire empêcher l'embryon de se développer. Il faut donc, lorsque la vase s'est déposée en trop grande abondance, s'empresser d'y remédier par les moyens que j'indiquerai tout à l'heure. Or, on comprendra facilement que, lorsque l'eau passe sur les œufs en venant de bas en haut, les sédiments ne peuvent se déposer que difficilement, les œufs se trouvent lavés d'une manière constante.

De l'eau qui doit servir à alimenter les appareils d'éclosion. — L'eau qui doit alimenter les appareils doit être surveillée avec soin. Je dirai d'abord que, lorsque la chose est possible, il faut donner la préférence aux eaux de source. Non seulement, en effet, ces eaux sont généralement plus claires, plus limpides que les autres, mais elles offrent l'avantage d'avoir une température plus constante. En hiver, elles ne risquent pas de geler, ce qui n'est pas le cas pour l'eau des rivières. J'ai eu occasion de voir de ces dernières eaux se prendre tout à coup en glace dans les appareils mêmes. Le phénomène me paraît pouvoir s'expliquer de la manière suivante. Quand la température s'abaisse suffisamment, on voit les rivières charrier parfois de très petites particules de glace qui, arrivant en contact et par le phénomène du regel, peuvent former rapidement des glaçons.

Sans doute, un semblable accident peut n'avoir pas de suites graves, mais cependant il convient de l'éviter.

Mais, quelle que soit l'origine des eaux, elles doivent être : 1° aussi pures que possible; 2° être suffisamment aérées.

Pour obtenir la première condition, pureté aussi grande que possible, il est presque toujours nécessaire de filtrer les eaux avant de les laisser pénétrer dans les appareils.

Pour filtrer les eaux, bien des sortes de filtres ont été proposés. Je me contenterai de rappeler que l'un des plus employés est le *filtre à graviers*. On remplit de graviers plusieurs compartiments en pierre communiquant les uns avec les autres. La couche de graviers doit avoir une épaisseur de $0^m,60$ environ, et les graviers doivent être de la grosseur d'une noix environ. On fait passer l'eau successivement dans chacun des compartiments.

Quelques grands établissements ou même des établissements moins importants, mais où l'économie n'est pas de rigueur, se servent des filtres dits *américains*.

Ces filtres sont composés d'une suite de cadres sur lesquels sont tendues des pièces de flanelle ou de molleton. L'étoffe n'est pas clouée sur le cadre; ce dernier est double, c'est-à-dire formé de deux parties entrant l'une dans l'autre, à frottement serré, de manière à maintenir fortement le tissu employé, et ce tissu doit déborder des châssis pour être plus aisé à saisir et aussi pour boucher tout interstice entre les cadres et le fond et les côtés du bac dans lequel sont placés ces tamis filtrants.

M. Lefebvre, d'Amiens, emploie avec succès un tissu d'amiante pour remplacer la flanelle.

Ces filtres et bien d'autres encore que l'on pourrait citer sont certainement très bons, mais tous me paraissent, surtout les filtres en étoffe, être trop coûteux à établir.

Dans la plupart des cas, on peut se servir d'un filtre plus simple, moins cher, et qui donne de bons résultats. On place dans une caisse de zinc, ou même simplement de bois, une certaine quantité de ces éponges grossières, connues dans le commerce sous le nom d'éponges de Barbarie. L'eau en passant à travers ces éponges s'épure suffisamment, à moins qu'elle ne soit par trop chargée de matières étrangères.

Aération de l'eau. — Un des moyens les plus simples d'aérer l'eau destinée aux appareils d'éclosion est de lui faire exécuter une petite chute avant son entrée dans le laboratoire Pour faciliter cette disposition, on peut installer les appareils d'incubation dans un sous-sol, ce qui permet également d'obtenir une température plus égale. On peut faire tomber l'eau par des tubes verticaux ayant à leur extrémité supérieure plusieurs petites ouvertures permettant l'introduction de l'air.

Un autre système que l'on peut employer avec avantage est celui imaginé par M. Werger, de Brünn. L'eau arrivant sous une forte pression est introduite dans un tube de fer-blanc de $0^m,01$ de diamètre. Ce tube, terminé en cône, ne présente plus à son extrémité inférieure qu'une ouverture de 1 millimètre environ; il pénètre à frottement serré dans un autre tube, jusqu'à ce qu'il soit arrêté par un anneau de fer formant arrêt. Son extrémité se trouve ainsi à un demi-centimètre environ de quatre trous présentés par le second tube; ces trous, qui ont 3 millimètres de diamètre, laissent pénétrer l'air qui est entraîné par l'eau.

M. Raveret-Wattel signale la disposition suivante qu'il a pu voir chez un pisciculteur de Berlin : « C'est un robinet aérateur d'un modèle très simple et assez satisfaisant. Presque immédiatement après la clef se trouve accolé longitudinalement sur le robinet un petit tube de même métal que ce dernier et ayant environ le diamètre d'un tuyau de plume. Ce petit tube, dont l'extrémité supérieure est ouverte, pénètre, après quelques centimètres de parcours, dans l'épaisseur d'un robinet, à l'intérieur duquel il va déboucher en y introduisant de l'air. Lorsque le robinet est ouvert, l'eau qui tombe entraîne cet air et s'en sature[1].

---

1. Raveret-Wattel, *loc. cit.*, p. 185.

Soins à donner aux œufs placés dans les appareils. — Comme j'ai déjà eu occasion de le dire, il est nécessaire de surveiller les œufs placés dans les appareils. Il faut avoir soin, par exemple, d'enlever les œufs qui n'ont pas été fécondés. Ces derniers se reconnaissent facilement, parce qu'ils deviennent rapidement opaques et blanchissent. Pour les enlever, on se sert souvent de pinces à longues branches, mais l'usage de ces instruments n'est pas sans présenter quelques inconvénients, ne serait-ce que celui de heurter souvent les œufs voisins de celui que l'on veut enlever. Il vaut mieux faire usage d'une pipette (fig. 100). Voici, par exemple, un modèle de pipette, dont on se sert dans quelques établissements anglais, et qui semble présenter des avantages : « L'instrument se compose d'un tube en verre terminé par une demi-sphère creuse, sur laquelle est tendue une mince feuille de caoutchouc. L'extrémité libre du verre est légèrement évasée en entonnoir. Pour se servir de l'instrument, on appuie légèrement avec le pouce sur le caoutchouc, on applique la partie évasée du tube sur l'œuf qu'on veut saisir, et on cesse d'appuyer sur le caoutchouc[1]. »

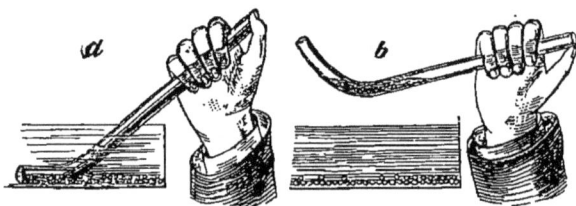

Fig. 100. — Pipette.

Quand on fait usage d'appareils à courant descendant, nous avons vu que si l'eau n'était pas bien filtrée les œufs pouvaient se trouver envasés. Il faut alors les transborder, les changer d'appareil, et, là encore, c'est la pipette qui devra être employée.

Il arrive aussi que quelques œufs se couvrent d'une végétation que les pisciculteurs ont l'habitude de désigner sous le

1. *Pisciculture dans la Grande-Bretagne*, p. 94.

nom de *Byssus*. Ces végétaux parasites se développent principalement sur les œufs avariés non fécondés. Il faut se hâter
d'enlever les œufs attaqués. Vouloir les nettoyer avec un pinceau,
comme on l'a recommandé quelquefois, serait chose non seulement inutile, mais même dangereuse.

Quand on n'a pas soin de soustraire les œufs à la lumière,
on voit souvent se développer dans les appareils des algues
microscopiques, des diatomées par exemple, qui peuvent
devenir sérieusement nuisibles. Il suffit de supprimer la cause
du mal, c'est-à-dire la lumière pour se préserver de cet accident.

Appareils à éclosion pour les œufs adhérents.

On ne se sert pas ordinairement d'appareils pour obtenir
l'éclosion des œufs adhérents. Les paquets de plantes, ou les
plantes elles-mêmes sur lesquelles se sont fixés les œufs, sont
placés directement dans l'eau et l'éclosion arrive tout naturellement. Cependant, lorsque l'on fait déposer les œufs sur des tamis,
ainsi que le fait M. Hessel, voici comment on procède. Ces tamis
sont formés de morceaux de gaze ou de mousseline tendus sur
des cadres en bois ayant 1 mètre de longueur sur $0^m,30$ de largeur. Ces tamis, couverts d'œufs sur leurs deux faces, sont placés
dans une boîte flottante recouverte sur les côtés, le fond et le
dessus, d'un tissu qui permet à l'eau de passer tout en s'oppo-
sant à la fuite des alevins. Chaque jour on doit visiter la boîte
pour en retirer les œufs morts.

J'ajouterai que, dans certains cas, les œufs libres eux-
mêmes peuvent, une fois fécondés, être mis en incubation en
pleine eau, dans le cours d'un ruisseau par exemple, en ayant
soin de les placer avec soin sur le fond. Nous verrons que cette
incubation des œufs en pleine eau a même donné de bons résultats dans l'établissement de M. de Folleville [1].

1. Voir p. 264.

CHAPITRE V

Soins à donner aux alevins.

BASSINS D'ALEVINAGE. — ALIMENTATION. — MISE A L'EAU ET TRANSPORT.
MALADIES ET ENNEMIS DES POISSONS.

SOINS A DONNER AUX ALEVINS

Lorsque l'éclosion des œufs a été obtenue, on se trouve en présence des alevins à élever, et c'est à ce moment que commence pour le pisciculteur l'ère des difficultés. J'ai hâte d'ajouter cependant que dans ces dernières années, et cela grâce aux recherches constantes des intéressés, ces difficultés ont notablement diminué.

Au moment de sa naissance, le jeune poisson porte la vésicule ombilicale, aux dépens de laquelle il va s'alimenter pendant les premiers jours de son existence [1]. A ce moment, alourdis par cette vésicule même, les alevins de Saumons et de Truites restent presque immobiles, se dissimulant entre les graviers qui garnissent parfois le fond des appareils où ils ont pris naissance.

Lorsque ces appareils ont des dimensions suffisantes, on enlève les claies qui ont servi à l'incubation, on augmente

---

1. On voit cependant quelques alevins vigoureux rechercher et prendre de la nourriture avant même que cette vésicule soit complètement résorbée. M. J. de Bellesme pense qu'il y a intérêt de commencer à nourrir les alevins une quinzaine de jours après leur naissance.

l'épaisseur de la couche d'eau dans les bacs, et on peut alors y laisser séjourner les poissons pendant quelques jours.

Mais enfin arrive le moment où les poissons sont placés dans les bassins d'alevinage et celui où il faut pourvoir à leur nourriture.

Les *bassins d'alevinage* doivent avoir une faible profondeur, surtout ceux qui sont destinés à recevoir les très jeunes poissons. Il y a grand avantage à avoir plusieurs de ces bassins pouvant au besoin communiqner les uns avec les autres, et il est également fort utile d'entretenir dans ces bassins une certaine quantité de plantes aquatiques, qui, tout en entretenant la pureté de l'eau, fournissent aux poissons une certaine quantité d'insectes, de mollusques, etc., qui vivent sur ces plantes.

Je crois d'ailleurs qu'on ne saurait recommander une meilleure manière d'agir que celle employée récemment par M. Raveret-Wattel à l'Établissement de pisciculture du Nid-du-Verdier (près Fécamp) [1].

M. Raveret-Wattel place les alevins dans des bacs spéciaux immergés dans des sortes de ruisseaux, véritables cressonnières. Voici comment cet éminent pisciculteur décrit les appareils et les bassins dont il est ici question :

« Ces bacs sont de solides caisses en bois A, de 0^m,70 de long sur 0^m,30 de large (fig. 101), à fond de zinc perforé *b*, et avec les deux extrémités fermées d'une toile métallique à grandes mailles qui laisse librement circuler l'eau. Les alevins s'y trouvent très sainement et dans une demi-liberté qui leur est très favorable. En effet, lors des distributions de nourriture artificielle, les parcelles de nourriture non consommées, au lieu de s'amasser au fond des bannes et d'obliger à de fréquents nettoyages, s'échappent par les trous du fond de zinc, grâce au mouvement continuel des alevins, lesquels effectuent ainsi eux-mêmes le nettoyage. Ces parcelles de nourriture tombent dans

1. Voir p. 267.

la cressonnière et attirent autour des caisses une foule de petits animaux, particulièrement des Crevettes d'eau douce (*G. pulex*) qui viennent pour s'en repaître. Beaucoup de ces petits animaux pénètrent dans les caisses, soit par les mailles de la toile métallique, soit par les trous du zinc perforé, et deviennent la proie des alevins pour lesquels ils constituent un apport de nourriture fort appréciable et d'excellente qualité[1]. Quant aux animaux plus gros : insectes aquatiques carnassiers, Dytiques, Notonectes, etc.,

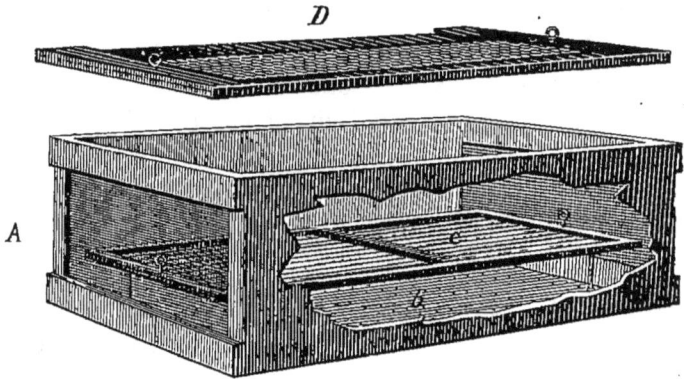

Fig. 101. — Boîte Raveret-Wattel.

qui seraient nuisibles aux alevins, ils ne peuvent, en raison de leur volume, pénétrer dans les caisses où les jeunes poissons se trouvent à la fois préservés de tout danger et placés dans des conditions aussi favorables que s'ils étaient en pleine rivière... Au bout de quelques semaines ils sont à l'étroit et doivent être mis en liberté. On les verse alors dans les cressonnières, où ils trouvent une nourriture abondante constituée par des myriades de menues proies[2]. »

Parmi ces proies, les Crevettes d'eau douce semblent avoir

1. On peut, au besoin, se servir de ces caisses pour obtenir l'éclosion des œufs en y ajoutant une claie à baguettes de verre telle que celle représentée sur la figure 101 (*c*).
2. Raveret-Wattel, *la Station aquicole du Nid-du-Verdier*, 1894, p. 8.

la préférence des Truitelles. Pour favoriser la multiplication de ces crustacés, on peut veiller à leur nourriture en plaçant dans les cressonnières certaines substances végétales, des morceaux de courge, par exemple, dont ils se montrent très avides.

Quant aux cressonnières elles-mêmes, on devra les installer de la manière suivante : « Il va sans dire que le cresson ne doit pas former un champ touffu comme dans de véritables cressonnières. On trace au fond du bassin ou fossé des rigoles parallèles de 0ᵐ,50 de largeur, séparées par des *ados,* au sommet desquels se plante le cresson, qui forme ainsi des lignes de verdure alternant avec les rigoles profondes d'environ 0ᵐ,20 et garnies d'une couche de sable ou de gravier. Cette disposition a l'avantage d'offrir tout à la fois, aux alevins, des endroits à peine recouverts par une mince nappe d'eau, ce qu'ils recherchent souvent, où ils trouvent facilement un abri au milieu du cresson et des parties plus profondes où ils se rendent aussi fréquemment [1].

J'arrive maintenant à l'alimentation des jeunes alevins.

ALIMENTATION DES ALEVINS

Au début de la pisciculture on essaya de bien des substances pour nourrir les alevins. C'est ainsi que M. Coste employait du foie desséché, puis écrasé et donnant ainsi une sorte de poussière alimentaire. On essaya la cervelle de mouton placée dans un sac de mousseline et diluée par un courant d'eau. Cette nourriture revient à un prix beaucoup trop élevé. En effet, et j'insiste sur ce point, lorsque l'on veut nourrir artificiellement les poissons, il est absolument indispensable d'être fixé sur le prix de revient de la nourriture choisie.

On a calculé qu'en payant la nourriture destinée aux alevins

1. Raveret-Wattel, *loc. cit.,* p. 9.

0 fr. 10 la livre, on se trouvait dans de bonnes conditions ; en payant 0 fr. 15 la livre, le bénéfice est déjà diminué, et il devient problématique quand on paye 0 fr. 20.

Pour établir ces chiffres, on se base sur les observations suivantes : On a reconnu que pour qu'une Truite augmente d'une livre il fallait qu'elle reçût environ 12 livres de viande étrangère. Par conséquent, pour obtenir cette augmentation de poids, il faut dépenser 1 fr. 20 si on suppose la viande coûtant 0 fr. 10 la livre. Or le prix moyen de la livre de Truite est, dans notre pays, de 2 fr. 50 ; le bénéfice serait donc satisfaisant. Mais, si on suppose que la viande soit payée 0 fr. 20 la livre, on aura une dépense de 2 fr. 40, et si on ajoute les frais généraux, etc., on voit que l'on se trouvera certainement en perte.

A ce point de vue, l'alimentation des alevins telle qu'on la donne dans le grand établissement d'Howietown (Écosse) me semble être bien coûteuse. Voici en quoi elle consiste : « On prend du filet de bœuf ou de cheval dont on enlève toute la graisse ; on le hache menu, puis on le jette dans un mortier de marbre et on le passe dans un gros tamis. On y ajoute ensuite du jaune d'œuf dur à raison de neuf jaunes par livre de viande... Quand la viande et les jaunes ont été bien mélangés au mortier, on passe le tout dans un tamis fin et l'on obtient, après un nouveau pétrissage, une pâtée à peu près de la consistance du mastic de vitrier. On en fait des boulettes dont chacune représente la ration d'un repas pour la population de cinq bacs d'élevage, et voici comment se font les distributions : une femme prend une sorte de petite raquette de 0^m,07 à 0^m,08 de diamètre, formée d'une monture en bois et d'une plaque circulaire en zinc perforé ; elle y place une boulette et, pressant avec les deux pouces pour faire passer la pâte de viande par les petits trous de zinc, elle en fait un mince vermicelle... Cette nourriture revient à 3 fr. 30 le kilogramme (main-d'œuvre comprise) [1].

1. *La Pisciculture dans la Grande-Bretagne*, p. 96.

On a essayé à Huningue de nourrir les jeunes poissons avec des *spratts* salés et hachés. Cette nourriture avait le grand avantage de coûter 0 fr. 06 la livre. Mais elle a été abandonnée, paraît-il, les résultats obtenus n'étant pas satisfaisants.

Actuellement, on se sert souvent de *rate* de bœuf crue et écrasée en pulpe sanguinolente. Elle se divise dans l'eau en parcelles très petites, et les alevins, même les plus jeunes, saisissent facilement cet aliment. A défaut de rate, M. Raveret-Wattel conseille « le sang cuit conservé en boîtes de la maison Voitellier »; ce produit lui a donné de bons résultats.

Dès que les alevins sont un peu plus grands, on peut leur donner de la viande hachée très mince. Pour hacher la viande de cheval employée, on fait usage de machines américaines qui sont d'un emploi commode. La viande de cheval, surtout pendant l'été, doit être salée et mise en tonneaux. On dessale avant de s'en servir.

Mais il est bien évident que tous ces procédés d'alimentation ne valent pas l'emploi de la nourriture que les alevins absorbent quand ils naissent et vivent en liberté. Cette nourriture naturelle, pour ainsi dire, consiste principalement en crustacés microscopiques. Daphnies, Cyclops, Grammarus de petite taille. Certains ruisseaux nourrissent une quantité de ces êtres qui se reproduisent d'ailleurs avec une abondance extrême, et quand on possède dans un établissement de semblables ruisseaux ou qu'il en existe dans le voisinage, on ne saurait trop préférer cette alimentation pour les alevins que l'on se propose d'élever. Dans le même ordre d'idées, les Naïs, sortes de petits vers (Annélides) vivant dans la vase, constituent une excellente alimentation. Pour les donner aux alevins, on peut agir comme le fait M. Lefebvre à Amiens. On place ces vers dans un vase de zinc dont le fond est perforé, les petits animaux passent les uns après les autres par les ouvertures du vase et sont happés au passage par les alevins.

Mais, même dans le cas favorable où l'on peut se procurer facilement les petits animaux dont il vient d'être question, on se trouve en présence d'une difficulté.

Cette faune microscopique ne pullule dans les eaux qu'au moment où la température extérieure se fait plus clémente, c'est-à-dire vers le printemps. Or, les Truites, les Saumons arrivent à éclosion à une époque de l'année où le froid se fait encore sentir. Dans ce cas, on peut retarder l'éclosion des œufs en les plaçant dans une des armoires-glacières dont j'ai donné la description en parlant du transport des œufs[1]. Nous avons vu que cette pratique ne pouvait en rien être nuisible aux alevins.

On a essayé souvent d'obtenir en petits bassins une multiplication considérable des petits crustacés et surtout des Daphnies, nourriture préférée des Truitelles.

M. Rivoiron, le premier, je crois, a attiré l'attention sur un procédé permettant d'obtenir une énorme quantité de ces petits êtres. Voici comment on procède. On creuse dans un pré, sur le bord d'un ruisseau, plusieurs bassins ayant 10 à 12 mètres de longueur sur 2 mètres de largeur et $1^m,50$ de profondeur. Ces réservoirs sont dirigés du nord au sud. Dans la partie nord, on place, dans les premiers jours de mars, un mètre cube de fumier frais. On agite l'eau chaque jour, jusqu'au moment où elle prend une teinte bistrée. En avril, on place quelques Daphnies dans les bassins et on les voit se multiplier avec une extrême rapidité. On avait craint que ces crustacés, vivant dans cette eau à odeur légèrement ammoniacale, ne fussent pas absorbés sans danger par les jeunes poissons. M. Rivoiron, cependant, m'a affirmé n'avoir pas eu d'accidents.

D'autre part, M. Lefebvre, qui emploie un procédé analogue, assure qu'il n'a jamais vu de mortalité parmi les alevins nourris avec ces Daphnies. Voici comment procède cet habile pisciculteur. Il fait une sorte de bouillon avec de la bouse de vache, de la colombine et de l'eau. Ce bouillon est tamisé, puis placé

1. Voir p. 195.

dans des tonneaux qui se trouvent dans une serre chauffée. On a ainsi, dès le mois d'avril, une grande quantité de Daphnies et de Cyclops[1].

Un autre pisciculteur, M. Lugrin, de Gremaz (Ain), a annoncé l'invention d'un procédé qui lui permet de faire naître une quantité de crustacés microscopiques dans les bassins mêmes où vivent ses Truites. Il est incontestable, comme nous avons pu l'observer à diverses reprises, M. Raveret-Wattel et moi, que dans les bassins de l'établissement de Gremaz on voit pulluler de petits crustacés et notamment des Gamarus ; les Naïs sont également en grande abondance.

Je dois ajouter cependant que quelques pisciculteurs auxquels M. Lugrin avait communiqué le *secret* de son procédé n'ont pas obtenu les mêmes résultats.

M. Lugrin n'a pas, en effet, publié sa manière d'opérer. Tout récemment, le Ministère de l'Agriculture avait créé à Gremaz, une sorte d'École pratique de pisciculture, où l'on devait enseigner les procédés en question. Par suite de circonstances inutiles à rappeler ici, cette création n'a pu être maintenue.

En résumé, il est incontestable qu'en plaçant dans de l'eau stagnante et dont la température est légèrement élevée du fumier, ou, je le pense, *toute autre matière organique*, très divisée et pouvant servir à l'alimentation des petits crustacés, on voit ces derniers se développer en énorme quantité, grâce à leur mode spécial de reproduction. On peut d'ailleurs avancer l'époque de cette multiplication en chauffant légèrement l'eau des bassins, comme l'a proposé M. le docteur Le Play, à l'aide d'un thermo-siphon[2].

1. Brocchi, *Rapport sur la pisciculture dans le département de la Somme.* (*Bull. du Min. de l'Agr.*, 1895.)
2. D[r] Le Play, *Primeurs de Daphnies.* (*Bull. S. C. d'Aquic.*, t. I, p. 26.)

TRANSPORT DES JEUNES POISSONS

Le transport des jeunes poissons, quand il s'agit de leur faire subir des voyages ne dépassant pas une durée de quelques heures, ne présente pas de réelles difficultés. Il faut veiller surtout à ce que l'eau soit suffisamment oxygénée, et la quantité de liquide doit être naturellement proportionée à la durée du voyage et au poids des poissons à transporter. D'après un observateur allemand, on obtiendrait le poids de l'eau nécessaire pour une quantité donnée de poissons en multipliant le poids du poisson par un des nombres inscrits dans le tableau suivant, nombres qui vont en augmentant avec la durée du voyage :

	DURÉE DU VOYAGE.			
	10 HEURES.	20 HEURES.	30 HEURES.	40 HEURES.
Truites de deux ans	15	20	25	30
Saumons de deux ans	18	24	30	35
Corégones de deux ans	20	27	34	40
Carpes de trois ans	9	12	15	18

Pour 50 kilogrammes de Truites de deux ans, il faudrait, par exemple, 50×15 kilogrammes d'eau, soit 750 kilogrammes d'eau pour un voyage de dix heures.

Quand il s'agit de Salmonides, la température de l'eau ne doit pas dépasser 12° C.

On se sert souvent pour le transport des alevins de simples bidons en zinc ayant chacun une contenance de 8 litres. Chacun de ces appareils peut servir au transport de 1,000 alevins de Truite ou de Saumon. Plus l'eau sera froide, moins les chances de pertes seront considérables. On conçoit donc que l'emploi de la glace peut rendre de signalés services. Si le voyage est de quelque durée, il faudra insuffler de l'air à l'intérieur du bidon à l'aide d'un tuyau en caoutchouc.

On peut aussi projeter dans l'eau du bidon une nouvelle quantité d'eau froide à l'aide d'une seringue d'arrosage.

Parfois les appareils de transport sont un peu plus compliqués. Voici, d'après M. Raveret-Wattel, la disposition de quelques-uns d'entre eux[1].

Appareil Erckardt. — Ce sont des bidons en fer-blanc de forme cylindrique (fig. 102) et emballés chacun dans un panier assez grand pour qu'il y ait un espace de $0^m,08$ à $0^m,10$ entre la vannerie et le bidon. On remplit cet espace avec du papier d'emballage et de la mousse sèche mélangée avec des fragments de glace. Le couvercle, en forme de gobelet, est percé de trous dans le fond et reçoit aussi de la glace.

Appareil Schuster. — C'est un grand bidon ovale de $0^m,50$ de hauteur avec un diamètre de $0^m,60$ dans son plus grand axe et de $0^m,40$ dans son plus petit. Ce bidon est suspendu au milieu d'un support en bois à deux solides ressorts à boudin qui évitent, durant le voyage, toute secousse trop forte. A l'une

Fig. 102.
Bidon système Eckardt.

des extrémités du bidon est adaptée une boule creuse en caoutchouc qui, comprimée avec la main, joue le rôle d'un soufflet. Pour que l'air se répartisse uniformément, le tuyau court horizontalement le long de la paroi à l'intérieur du bidon et dans toute sa longueur. Ce tuyau est percé de nombreux trous par lesquels s'échappent les bulles d'air. Le bidon plonge dans

1. Raveret-Wattel, *la Pisciculture à l'étranger*, p. 199 et suivantes.

un bac en fer-blanc qui repose sur le support en bois et dans lequel se trouve de la glace entourée d'ouate. Le couvercle est à double fond et reçoit aussi de la glace.

Il me paraît inutile de multiplier ces descriptions. J'insiste seulement sur ce fait : c'est que, lorsque les distances à parcourir sont faibles, les appareils les plus simples sont parfaitement suffisants. C'est ainsi que les pêcheurs du lac Lentini, près de Catane, vont chercher à la mer des alevins de Muges qu'ils rapportent dans de simples vases en terre [1].

Quand il s'agit de transporter des poissons adultes, les appareils se compliquent un peu. Voici un procédé assez intéressant employé par M. Mather pour amener des poissons vivants des États-Unis à l'Exposition de Berlin. M. Mather s'est servi d'un bac en tôle galvanisée, contenant 150 litres d'eau environ. Des éponges sont attachées à l'intérieur du bac, à quelques centimètres au-dessus du niveau normal de l'eau. Ce niveau oscille par suite des mouvements du navire, et les éponges tour à tour plongeant dans l'eau et en émergeant impriment au liquide une agitation qui lui suffit pour s'aérer.

M. le Directeur de l'aquarium de Berlin a fait construire, pour le transport des poissons, un appareil qui donne de très bons résultats, mais dont la description m'entraînerait trop loin. Je ne puis donc que renvoyer les intéressés au Rapport de M. Raveret sur la Pisciculture à l'Étranger.

En Russie, la Compagnie des chemins de fer Griazi-Tzaritzini a fait construire des wagons-aquariums pour le transport des poissons vivants.

Enfin, on se sert parfois de bateaux renfermant un compartiment formé par des cloisons transversales bien étanches et qui reçoit l'eau de l'extérieur par de petites ouvertures latérales pratiquées dans la coque du bateau. En Hollande, on emploie souvent de semblables embarcations.

1. Brocchi, *Rapport sur la pêche en Italie.*

MALADIES DES POISSONS

Les maladies des poissons ont presque toutes pour cause la présence de parasites végétaux ou animaux.

Parmi ces maladies, il en est un certain nombre qui ont une réelle importance; il convient donc d'en donner ici la description.

La mousse des poissons.

Les pisciculteurs désignent sous ce nom une affection particulière causée par une algue inférieure, la *Saprolegnia ferox* ou *Achilia prolifera*. Cette algue envahit fréquemment le corps des poissons vivants dans de mauvaises conditions, surtout quand ces poissons présentent des blessures, des endroits où les écailles sont tombées.

Fig. 103.
Œufs attaqués par le Byssus.

La maladie débute par l'apparition de taches qui, examinées au microscope, se montrent formées par un lacis de filaments végétaux. C'est un *mycelium* sur lequel se développent rapidement les organes de fructification (*sporanges*) présentant deux types distincts : 1° les uns, de forme allongée, tubulaire, renferment des organes reproducteurs qui, arrivés à maturité, s'échappent. Ces *zoospores* peuvent se mouvoir dans l'eau à l'aide de cils vibratiles; ils vont se fixer dès qu'ils trouvent un milieu favorable, et ne tardent pas à germer; les autres organes de fructification (Oospores) sont de forme

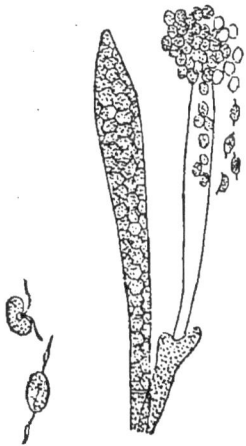

Fig. 104. —Développement des Saprolegniées.

globulaire et ils sont dépourvus de tout mouvement propre.

J'ai dit que cette maladie se développait surtout chez les sujets portant des blessures. Mais cela n'est pas indispensable, comme le montre l'expérience suivante, due à M. Armistead. Une Truite parfaitement saine est mise en contact avec un sujet atteint de la maladie. Immédiatement isolée ensuite dans un bassin, elle se montre atteinte au bout de quelques jours. Les deux Truites malades sont introduites dans un bassin où se trouvent douze sujets bien portants, qui peu à peu sont atteints de la *mousse*, etc.

Le mal est surtout d'une extrême gravité quand il se développe sur les branchies [1].

Le meilleur traitement consiste à placer les poissons atteints dans une eau légèrement salée.

M. Jeunet [2] préfère employer l'eau boriquée. Il sort les poissons de l'eau et badigeonne légèrement la partie malade. J'ajoute que ce pisciculteur soutient, contre l'opinion générale, que cette maladie n'est pas contagieuse.

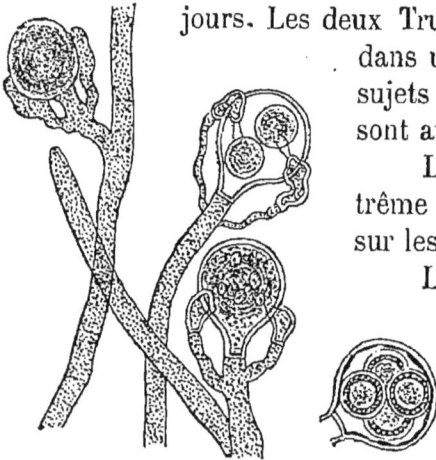

Fig. 105. — Développement des Saprolegniées.

Maladie des Barbeaux.

Les Barbeaux sont parfois atteints d'une maladie présentant les symptômes suivants. On voit se développer à la surface du corps de ces poissons des tumeurs hémisphériques, des sortes de

1. M. Mégnin a vu la *mousse* végéter sur les yeux de quelques Carpes, provoquer le développement d'ulcérations et amener la perte de l'organe. Le poisson devenu aveugle mourait d'inanition, ne pouvant plus subvenir à sa subsistance.

2. Jeunet, *la Mousse du poisson*. (*Bull. de la Soc. d'Aquic.*, t. III, p. 41.)

gros furoncles ayant de un demi à deux centimètres de diamètre ;
les écailles finissent par se détacher sur ces points, et la tumeur
s'ulcère. On observe souvent cinq ou six de ces tumeurs sur le
corps d'un seul poisson. M. Mégnin, qui, dès 1885, étudiait cette
maladie sur les Barbeaux de la Meurthe, ayant examiné la
nature de ces tumeurs, trouva qu'elle était constituée par une
substance fibrineuse englobant des myriades de *psorospermies*
tout à fait semblables à celles que Ch. Robin d'abord, et M. Bal-
biani ensuite, avaient déjà rencontrées sur la Carpe et la Tanche.

Ces psorospermies sont lenticulaires, ovales, constituées
par deux valves contenant du protoplasma, et vers une extrémité
deux corps réfringents en forme de pépins à pointes convergeant
vers une petite ouverture située à l'extrémité du grand diamètre
de la psorospermie, et par laquelle chacun de ces deux corps
pépiniformes émet un long cil qui était enroulé comme un
ressort à boudin dans son intérieur, quand on traite la psorospermie par la potasse [1]. »

Les psorospermies qui s'échappent des ulcères sont ingérées
avec l'eau que les poissons ingurgitent ou respirent. Elles péné-
trent dans le torrent circulatoire, puis arrivent dans le tissu cel-
lulaire sous-cutané. En 1890, cette épidémie a décimé les Barbillons de la Marne.

M. Mégnin a observé une maladie à peu près semblable
sur les *Épinoches;* cette maladie, moins grave que la précédente, est causée par une psorospermie spéciale.

Maladie du gros ventre.

Les poissons des étangs de la Bresse ont beaucoup souffert
à diverses reprises d'une maladie sévissant surtout sur les
Tanches qui périssaient par milliers. Cette maladie, désignée
sous le nom de *maladie du gros ventre,* parce que cette partie

1. Mégnin, *Note sur quelques maladies des poissons.* (*Bull. de la Soc. d'Aquic.,*
t. II, p. 177.)

du corps est parfois démesurément développée chez les poissons malades, est due à un ver parasite connu depuis longtemps par les marchands de poissons, qui le nomment le *ver blanc des Tanches*.

Pour les naturalistes, ce parasite est un ver, une ligule désignée sous le nom de *Ligula simplicissima* (Rudolphi). Cette espèce, ou plutôt cette forme, arrivée à l'état parfait, constitue la *Ligula monogramma* (Creplin).

En 1876, M. Duchamp, qui avait eu occasion d'examiner un certain nombre de poissons atteints, publia sur ce sujet un intéressant travail[1].

La Ligule avait déjà été signalée par divers auteurs comme habitant l'intestin des poissons. On l'avait trouvée dans les espèces suivantes : *Percoïdes :* Perche, Sandre ; *Cyprinides :* Goujon, Carpe, Tanche, Ablette, Brème, Loche de rivière, Gibèle, Rotangle, Chevaine, Chondrostome ; *Salmonides :* Lavaret, Omble ; *Ésocides :* Brochet ; *Silurides :* S. glanis ; *Pétromyzonides :* Lamproie de Planer. Comme on le voit, ce sont les Cyprinides qui sont surtout attaqués. M. Duchamp a observé le plus souvent quatre à cinq vers chez les Tanches malades ; parfois on rencontre jusqu'à quinze de ces parasites chez le même poisson.

La Ligule se montre sous la forme d'un ver aplati, rubanné, d'un blanc jaunâtre, un peu effilé à l'une de ses extrémités. Sur chaque face et sur toute la longueur du corps se distingue un profond sillon. Les Ligules se montrent repliées plusieurs fois sur elles-mêmes, enroulées autour de l'intestin et des viscères abdominaux. Leur présence détermine un gonflement de l'abdomen, comme je l'ai déjà signalé. La Ligule, telle qu'on l'observe chez les poissons, ne possède pas d'organes génitaux. Pour acquérir ces organes, elle doit changer d'habitat et gagner l'intestin des oiseaux aquatiques.

---

1. G. Duchamp, *Recherches anatomiques et physiologiques sur les Ligules.* Paris, 1876.

D'après M. G. Duchamp, ce changement d'hôte se produit de la manière suivante : « On voit souvent, chez les poissons atteints, se former dans la région anale une saillie arrondie, qui augmente rapidement de volume jusqu'à atteindre la grosseur d'une petite noix. Elle présente alors tous les caractères d'un kyste limité par une membrane plus ou moins transparente et dépourvue d'écailles, sur la surface de laquelle se ramifient les vaisseaux sanguins. Au bout de quelques jours, le kyste crève et les liquides s'échappent par cette ouverture. Les vers ainsi mis en liberté peuvent alors être absorbés par un oiseau, un canard, par exemple, et, une fois parvenus chez ce nouvel hôte, ils achèveront leur développement; les organes génitaux se formeront, il y aura production et fécondation des œufs qui seront rejetés au dehors avec les déjections de l'oiseau et pourront être absorbés par les poissons. Il peut arriver aussi que le poisson infecté de Ligules soit avalé tout vivant par l'oiseau et les Ligules seront mises en liberté dans l'estomac même de ce dernier. On a même observé que les Ligules pouvaient continuer à vivre dans le corps d'un poisson mort et même en partie décomposé. C'est encore là une forme sous laquelle elles peuvent être absorbées par l'oiseau [1]. »

Diessing a donné la liste des oiseaux chez lesquels la Ligule a pu être observée. Ce sont : *Falco chrysœtos, Falco albicella, Ciconia alba, Totanus glottis, Sterna hirundo, Sterna alba, Colymbris septentrionalis, Colymbris arcticus, Podiceps cristatus, Podiceps rubicollis, Anas boschas, Mergus merganser.*

En résumé, les Ligules se développent d'abord dans le tube intestinal des poissons; avalées par un oiseau, elles achèvent leur développement et donnent des œufs qui, rejetés au dehors, sont absorbés par les poissons, etc. On a cherché les moyens de combattre ce fléau. Théoriquement, il suffirait d'éloigner les oiseaux aquatiques, mais il est facile de comprendre que c'est

1. Duchamp, *loc. cit.*, p. 19.

là chose impraticable. A mon avis, le meilleur moyen, non pas de faire disparaître complètement le mal, mais de l'atténuer dans une certaine mesure, serait de laisser à sec pendant deux ans les étangs contaminés [1].

Peste des eaux douces.

M. Bataillon, en 1893, avait communiqué à la Société de Biologie des recherches sur une maladie de la Truite et des œufs de Truite, maladie qu'il attribuait à un bacille particulier (Diplobacille). Depuis, M. Bataillon est arrivé à considérer ce microbe comme pouvant être la cause d'une véritable peste des eaux douces [2].

La bactérie en question, inoculée à des Brochets, des Gardons, des Épinoches, a produit la mort en peu de temps. Les masses musculaires sont paralysées : « Quelques heures avant de mourir, les sujets oscillent autour de leur axe et ne progressent plus qu'en sautillant à l'aide des nageoires pectorales. Une autre maladie, désignée parfois sous le nom de *peste des Truites,* a été observée en diverses circonstances, et particulièrement dans les bassins du Collège de France. La cause du mal est un infusoire, *Ichthyophtyrius multifillis.* Simplement signalé en 1869, en Allemagne, ce parasite fut bien étudié en 1876 par M. Fouquet. Les poissons atteints portent des taches blanchâtres, surtout sur les nageoires, près des yeux, et sur les branchies. Examinées au microscope, ces taches se montrent constituées par des cavités dans lesquelles se meut, en tournant dans tous les sens, un infusoire cilié, ovoïde et muni à son extrémité antérieure d'une ventouse. Cet infusoire se reproduit avec une extrême facilité, par simple division. A un moment donné, l'infusoire, étant suffisamment fort, tombe au

---

1. Brocchi, *les Étangs en général et Observations faites dans la Dombes sur leur exploitation,* 1891, p. 34.
2. Bataillon, *C. R. de l'Acad. des Sc.,* avril 1894.

fond de l'eau, s'entoure d'une membrane mince et transparente; puis il se divise d'abord en deux, puis en quatre, huit, seize, trente-deux, et ainsi de suite jusqu'à donner mille individus [1]. »

Cet infusoire semble avoir disparu des bassins du Collège de France, mais il y a été remplacé par une autre espèce fort nuisibles aux alevins. M. le docteur Henneguy a donné de cet infusoire, dénommé *Bodo necator*, une excellente description. Il s'attaque aux jeunes poissons portant encore la vésicule ombilicale, et en fait périr un grand nombre ; le Bodo a la forme d'une petite écuelle garnie de trois longs cils, dont l'un est beaucoup plus fort que les deux autres [2]. »

Pour guérir les poissons atteints, on place au fond des bassins une couche de sable fin ; les poissons viennent se frotter contre ce sable et se débarrassent de leurs parasites.

Contre l'*Ichthyophtyrius*, M. Stiles, qui a eu occasion de l'observer dans les aquariums de l'Exposition de Chicago, a conseillé de placer dans l'eau de très faibles solutions de bleu de métylène et d'éosine. Les poissons résistent mieux que les parasites, qui périssent rapidement [3].

Ce remède ne me semble pas devoir inspirer grande confiance. D'ailleurs, et j'ai hâte de le dire, ces infusoires ne paraissent se produire que dans des aquariums contenant des eaux trop chaudes et insuffisamment oxygénées. Cette maladie est donc, en somme, peu dangereuse et peut se guérir rapidement en plaçant les alevins dans de meilleures conditions hygiéniques.

L'Hydropisie de la vésicule.

C'est également dans les réservoirs contenant une trop grande quantité d'alevins et de l'eau insuffisamment aérée que

---

1. Fabre-Domergue, *la Peste des Truites*. (*Le Naturaliste*, 1887.)
2. Dr Henneguy, *Note sur un infusoire flagellé ectoparasite de la Truite*.
3. Stiles, *Bull. of the United States fish Commission*, 1893.

se produit cette maladie. Quoi qu'il en soit, on voit la vésicule ombilicale des alevins atteints se gonfler, devenir complètement sphérique, et la mort survient assez rapidement.

Pour guérir ces poissons, on a conseillé l'emploi d'une sorte de vase en forme de tronc de cône. L'eau amenée dans l'appareil vient jaillir à l'intérieur du vase par une ouverture placée près du fond de celui-ci. En donnant une force suffisante au courant, l'eau est animée d'un mouvement giratoire. Les alevins malades, placés dans le vase, sont obligés de lutter contre le courant produit, et cet exercice forcé semble leur être salutaire.

ENNEMIS DES POISSONS

Je comprendrai sous ce nom les animaux qui nuisent *directement* aux poissons et en détruisent des quantités notables. Je suivrai l'ordre zoologique pour énumérer ces ennemis.

I. — MAMMIFÈRES

La **Musaraigne** d'eau (*Crossopus fodiens*).

La Musaraigne d'eau est un *insectivore,* mais cette espèce ne s'en attaque pas moins aux poissons. La Musaraigne aquatique a les dents rougeâtres à leur extrémité; les pieds sont garnis de poils raides qui facilitent la natation. Ce petit mammifère a les parties supérieures noires, les inférieures d'un blanc jaunâtre; la queue est aussi longue que le corps. Y compris cet appendice, l'animal a environ $0^m,04$ de longueur.

Cette Musaraigne, souvent confondue avec les souris, habite des galeries qu'elle creuse dans les berges des rivières, des ruisseaux, des étangs.

M. Fatio rapporte qu'une paire de Musaraignes détruisit

en quelques nuits plusieurs milliers d'œufs et de jeunes Truites dans un établissement de pisciculture, à Pontresima. Mais ces petits mammifères peuvent s'attaquer à des poissons de plus grande taille.

Voici ce que raconte Brehm à ce sujet :

On trouvait souvent dans le lac de Heinspitz plusieurs Carpes de deux livres et plus, dont les yeux et le cerveau étaient mangés ; on attribuait ce méfait aux Grenouilles, et Blumenbach soutenait cette opinion.

Brehm fut alors témoin du fait suivant : « Un propriétaire avait retiré de beaux poissons de son étang et, pendant l'automne de 1829, avait placé ses Carpes dans le bassin de la fontaine, sous ses fenêtres, car l'eau n'en gelait jamais ; en janvier 1830 survint un froid de 22 degrés qui recouvrit tous les ruisseaux de glace ; les sources chaudes restèrent libres. Un jour, il trouva une Carpe morte, dont les yeux et le cerveau avaient été déchirés. Quelques jours après, il en eut une seconde mutilée de la même manière.

« Il perdait ainsi ses poissons les uns après les autres. Enfin, sa femme vit une *souris* grimper sur le bassin, s'avancer dans l'eau à la nage, s'asseoir sur la tête de la Carpe et s'y cramponner avec ses pattes de devant. Elle n'eut pas le temps d'ouvrir la fenêtre que la souris avait mangé les yeux du poisson. Enfin, elle parvint à l'effrayer et à la chasser ; mais un chat ne lui donna pas le temps de quitter le bassin et l'attrapa. On parvint à la retirer de ses griffes et elle me fut apportée. C'était une Musaraigne d'eau... Le propriétaire se décida à mettre dans son bassin une tête de Carpe empoisonnée, et il détruisit par ce moyen plusieurs Musaraignes. »

L'Établissement d'Huningue a subi des pertes sérieuses par suite des incursions des Musaraignes aquatiques. On ne saurait trop engager les pisciculteurs et les propriétaires d'étangs à surveiller les berges et les îlots de leurs pièces d'eau.

Quand on a reconnu la présence de ces petits mammifères,

dont la période d'activité est le soir, après le coucher du soleil, il faut les poursuivre sans pitié.

On réussit assez bien à les détruire en employant du poison, de la strychnine, par exemple, que l'on introduit dans le corps de petits poissons morts et abandonnés sur la rive. Mais il faut alors employer bien des précautions pour que ces poissons ne puissent être enlevés, soit par des animaux domestiques, soit même par des enfants. J'avoue ne pas voir sans appréhension abandonner en plein air un poison aussi violent que la strychnine. A mon avis il vaut mieux, à tous égards, faire usage de pièges construits avec soin et amorcés avec un morceau de poisson [1].

La Loutre (*Lutra vulgaris*).

La Loutre est un carnivore de la famille des Mustélides. Ce mammifère a la tête petite, mais large, aplatie, avec des oreilles rondes; la queue est mince à son extrémité; les pattes, munies de cinq doigts bien armés d'ongles crochus, sont complètement palmées. Les parties supérieures de cet animal sont d'un brun foncé; les parties inférieures sont plus claires. La fourrure est épaisse, lustrée; la longueur totale est d'environ un mètre.

La Loutre est certainement un des pires ennemis des poissons, dont elle se nourrit presque exclusivement. Sa grande taille, la facilité avec laquelle elle nage sous l'eau, sachant admirablement échapper à ses ennemis, en font non seulement une bête dangereuse pour les propriétaires de cours d'eau, mais encore un ennemi fort difficile à détruire.

La Loutre habite toujours le voisinage de l'eau. Elle se construit un terrier dont l'entrée est submergée et qui reçoit l'air par une ouverture dissimulée à l'extérieur par des buissons.

---

1. Une maison de Mulhouse fournit de ces pièges spéciaux au prix de 31 fr. 25 le cent.

Tous les observateurs sont d'accord pour déclarer que, lorsque la Loutre s'est emparée d'un poisson, elle sort de l'eau pour le manger, s'établissant souvent sur une pierre de couleur blanche (fig. 106). Il n'est pas facile d'apercevoir la Loutre, mais on n'est que trop averti de sa présence par les dégâts qu'elle commet. On trouve sur le bord de l'eau des poissons à moitié dévorés, et il est à remarquer que ce sont généralement de très belles pièces. On reconnaît aussi la présence de l'ennemi à ses

Fig. 106. — La Loutre.

épreintes, ou plus simplement à ses excréments mélangés d'écailles et d'arêtes, et aussi à la trace laissée par ses pattes palmées. Mais, encore une fois, la Loutre se laisse voir rarement. Non seulement c'est pendant la nuit qu'elle se met en chasse, mais encore, nageant entre deux eaux, elle ne vient à la surface que pour respirer. On peut cependant arriver à détruire cet ennemi par divers moyens.

1° *Les poisons*. — La strychnine est souvent employée. Le poison est introduit dans le corps d'un poisson récemment capturé, puis ce poisson est placé sur une baguette enfoncée sur la rive. J'ai déjà dit que je considérais ce moyen comme dangereux; de plus, dans le cas spécial, il est le plus souvent inefficace; la Loutre n'aime pas les poissons morts, et il faudrait qu'elle fût bien pressée par la faim pour manger l'appât préparé.

2° *Les pièges* donnent, à mon avis, d'excellents résultats, mais il ne faut pas oublier que la Loutre est un animal excessivement vigoureux et en même temps d'une extrême défiance. Il faut donc que le piège soit très solide, et sa pose nécessite les précautions les plus minutieuses. On se sert souvent de pièges à renards dits *pièges à planchettes ;* il faut que le ressort soit assez fort pour qu'il ne s'abaisse, quand on veut le tendre, que sous un poids de 100 kilogrammes. Où doit-on placer ce piège? Voici ce que dit à ce sujet M. d'Audeville[1] :

« La Loutre suivant toujours la voie qu'elle a déjà frayée pour changer de canton, pour aller dévorer sa proie ou déposer ses épreintes, il faut tirer parti de cet instinct en choisissant la place où vous tendez votre piège. C'est ordinairement à un endroit où le bord est très incliné et très élevé, où l'eau est profonde, près d'un banc de sable, de touffes d'herbes épaisses ou de racines noueuses que la Loutre sort de l'eau pour aller déposer ses épreintes au sommet de la berge, sur un endroit élevé et blanc, comme une pierre, une taupinière. A cet endroit de la berge, on voit une glissoire par laquelle l'animal se laisse couler jusqu'à l'eau. C'est là qu'il faut tendre le piège. Si la profondeur ne dépasse pas 0^m,20, ce qui est rare, mieux vaut le placer sous l'eau. Si cette profondeur est plus grande, on est obligé de tendre son piège, soit sur le sentier, soit sur l'endroit même où la Loutre vient déposer ses épreintes, en ayant soin de bien égaliser le terrain sous le piège, de le recouvrir d'abord de mousse, de feuilles mortes ou de papier qui empêchent la terre de s'y introduire, de dissimuler ensuite le tout sous de la terre bien meuble, dont on a écarté les pierres qui pouvaient s'opposer à la fermeture, enfin de conserver le plus possible au

---

1. D'Audeville, *Notre ennemie la Loutre.* Sézanne, 1890, p. 8.

terrain son aspect primitif. Il faut aussi dérouter l'odorat subtil de la Loutre, qui sentirait l'odeur laissée par l'homme durant ces apprêts assez longs, au moyen d'une préparation.

« Enfin, pour que la Loutre, qui, dès qu'elle se sent prise, se jette à l'eau, n'entraîne au loin votre piège, il faut l'attacher solidement au bord par une chaîne de fer assez longue pour permettre à l'animal de se noyer, ou bien le munir d'une pierre assez lourde pour empêcher le captif de venir respirer à la surface, et en même temps d'un flotteur de bois fixé au bout d'une corde pour vous indiquer où la Loutre doit être asphyxiée. Si la bête prise ne pouvait reculer jusqu'à l'eau, elle se rongerait la patte et vous échapperait. »

M. de Piennes a insisté sur les précautions à prendre pour dérouter l'odorat de la Loutre. On doit, pendant que l'on opère, mettre une planche sous ses pieds, ne pas fumer, bien entendu, et enfin l'opérateur doit avoir les mains imprégnées de poireau; la mousse, les feuilles, etc., dont on se sert, doivent également être *parfumées* de poireau.

On se sert parfois, non sans succès, de nasses pour capturer les Loutres; ces nasses sont fabriquées avec du fer galvanisé. On chasse aussi la Loutre à l'aide d'une race spéciale de chiens (*otter-hound*). Mais cette chasse, qui exige une meute spéciale, constitue un genre de sport et ne peut être classée parmi les moyens pratiques de destruction.

Le Putois (*Mustela fœtoria*).

Ce mustélide est brun en dessus, avec les parties inférieures noirâtres; les oreilles sont brunes, bordées de blanc; les moustaches sont bien développées, la queue est touffue; on remarque sur les flancs une sorte de grande tache jaunâtre. La longueur du corps est d'environ 0^m,40, celle de la queue de 0^m,16.

Le Putois habite les forêts et les plaines où se trouvent des

16

bouquets de bois. Bien moins dangereux pour les poissons que la Loutre, il doit cependant être éloigné des cours d'eau, car il est certain que, dans maintes circonstances, on l'a vu pêcher et poursuivre les poissons même en plongeant.

Le Vison d'Europe est signalé par les auteurs allemands comme un ennemi des poissons. Bien que ce mammifère ait été, à diverses reprises, rencontré en France, il est trop rare dans notre pays pour pouvoir causer de sérieux dommages.

Le Campagnol amphibie (*Arvicola amphibius*).

Le Campagnol ou *Rat d'eau* a le corps trapu, la tête arrondie, les oreilles courtes, cachées sous le poil. La coloration générale est d'un brun foncé. On a souvent accusé le Campagnol de s'attaquer aux poissons. En réalité, je crois qu'il est absolument innocent de ces méfaits, sa nourriture semblant se composer exclusivement de végétaux. Mais on a confondu ce *rat d'eau* avec le Rat véritable, le *mus decumanus* ou Surmulot. Ce dernier nage facilement et est essentiellement omnivore.

II. — Oiseaux.

Le Balbuzard fluviatile (*Pandio Haliœtus*).
Noms vulgaires : *Aigle pêcheur, Tappe à brèmes, Galpesquié*, etc.

Le Balbuzard a le bec recourbé près de la base, et à pointe très crochue, acérée. Les tarses sont courts, robustes, les ailes sont longues, la queue est carrée. La coloration des parties supérieures est un mélange de brun, de blanc et de rougeâtre ; le ventre est blanc, parsemé de quelques taches d'un brun roux ; les pieds sont bleuâtres. Le Balbuzard niche sur les arbres élevés. La femelle pond, en mai, deux ou trois œufs d'un blanc grisâtre, avec des taches ocreuses. Cet oiseau se nourrit exclusivement de poissons. C'est donc pour les piscicul-

urs un véritable ennemi. On le voit planer au-dessus des
tangs à une hauteur assez considérable, puis, tout à coup, il
escend rapidement, les ailes étendues, disparaît un instant,
uis revient tenant entre ses serres le poisson qu'il guettait.

Pour s'emparer de cet oiseau, on enfonce au bord ou au
milieu des étangs de grands et forts poteaux dépassant la sur-
ace de l'eau d'un mètre environ et on place un piège sur ces
upports; l'oiseau vient fréquemment se poser sur ces pieux
our guetter les poissons.

Le **Martin-Pêcheur** (*A. Hispida*).

Le Martin-Pêcheur (fig. 107) a la tête très grosse rela-
ivement aux dimensions du corps. Le bec est long, droit, robuste,
d'un rouge vif. Cet oi-
seau a les parties supé-
rieures d'un vert bleu,
les inférieures sont brun
jaune; les pattes sont
rouges. Il a environ $0^m,29$
d'envergure. Cet oiseau
habite le long des cours
d'eau, donnant la pré-
férence aux rivières et
ruisseaux dont les bords
sont ombragés.

Brehm a bien ob-
servé la manière dont
niche le Martin-Pêcheur :

Fig. 107. — Le Martin-Pêcheur.

« Dès qu'il s'est accou-
plé, ce qui arrive à la fin de mars ou au commencement d'avril,
il cherche un endroit pour établir son nid. C'est toujours une
rive sèche, escarpée, complètement dégarnie d'herbe... Là, à
$0^m,30$ ou $0^m,60$ au-dessous du bord supérieur, le Martin-Pêcheur

creuse un trou arrondi d'environ 0^m,05 à 0^m,06 de diamètre et de 0^m,60 à 1 mètre de profondeur ; cette sorte de terrier se dirige un peu en haut. L'entrée est bifurquée et l'extrémité opposée se

Fig. 108. — Le Héron cendré.

termine par une excavation arrondie. Le plancher de cette excavation est couvert d'arêtes de poissons et très sec ; la partie supérieure est lisse. Sur le lit d'arêtes se trouvent les œufs, au nombre de six à sept ; ces œufs sont ronds, d'un blanc lustré ; ils ont à peu près le volume de ceux de la caille. »

Le Martin-Pêcheur reste habituellement immobile sur les

rives, guettant les poissons; puis il s'élance subitement, plonge et s'empare de sa proie.

Cet oiseau est un ennemi très dangereux pour les pisciculteurs. Il faut se servir, pour le détruire, de pièges analogues à ceux que l'on emploie contre les Musaraignes aquatiques [1].

Le Héron cendré (*Ardea cinerea*).

Le Héron cendré (fig. 108) a le sommet de la tête blanc, les parties supérieures d'un gris cendré rayé de blanc; les flancs et une partie des ailes sont noirs; la huppe est formée de trois longues plumes noires. Le bec est jaune et les pattes noirâtres; l'envergure dépasse souvent 2 mètres.

Les Hérons cendrés vivent en troupes, nichant sur les arbres, formant des colonies nombreuses, des héronnières. Cet oiseau est migrateur; cependant il reste pendant tout l'hiver dans le midi de la France. Les Hérons sont de grands destructeurs de poissons. Ils doivent donc être détruits par tous les moyens possibles. Les autres espèces de Hérons ne sont pas moins nuisibles.

Les Palmipèdes.

Tous les palmipèdes peuvent être considérés comme dangereux pour les poissons; tous, en effet, se montrent très avides d'œufs de poisson. Il faut, et je l'ai déjà dit, écarter les canards domestiques des étangs au moment du frai.

Nous avons vu d'ailleurs [2] que les oiseaux aquatiques sont aussi indirectement nuisibles en leur communiquant des parasites.

1. Voir p. 238.
2. Voir p. 231.

III. — REPTILES.

La Couleuvre vipérine.

Cette Couleuvre présente avec la Vipère une ressemblance assez grande pour que des personnes expérimentées aient pu s'y méprendre. On voit, en effet, sur la ligne médiane du dos une série de taches brunes disposées quelquefois en zigzag comme chez les Vipères. La coloration est d'ailleurs très variable. La tête est longue et étroite; mais, quand l'animal est irrité, cette tête change de forme; elle est alors large en arrière, échancrée en forme de cœur de carte à jouer, comme celle de la Vipère. La longueur de ce reptile ne dépasse pas un mètre.

Cette Couleuvre nage avec une grande facilité, poursuivant les poissons, les Grenouilles, les insectes. Elle est très commune dans certaines régions de la France. Elle pullule, par exemple, sur les bords du lac d'Annecy, et on peut attribuer à ce reptile la disparition des Grenouilles dans les eaux de ce lac. En hiver, elle se réfugie dans de vieux troncs d'arbres, sous la mousse. Les Couleuvres forment alors des sortes de boules composées d'un grand nombre d'individus enlacés. On peut rechercher ces boules et les détruire.

La *Couleuvre à collier* va également à l'eau, mais son existence est peut-être moins aquatique que celle de l'espèce précédente. On la distingue facilement aux deux taches triangulaires d'un beau noir placées en arrière d'un collier de couleur claire.

IV. — BATRACIENS.

Les *Grenouilles* ont été considérées souvent comme fort nuisibles aux Carpes des étangs. Brehm a rapporté le fait suivant : « Nordmann, qui faisait valoir aux environs d'Altembourg un vivier considérable, rapporte qu'environ 12,000 Carpes se trouvaient dans un vivier; elles pesaient en moyenne une demi-livre.

« Quelques jours avant le moment de la pêche, un paysan raconta au propriétaire qu'il avait vu une grosse Carpe qui, malgré tous ses efforts, n'avait pu se débarrasser d'une Grenouille cramponnée sur son dos. La pêche qui fut faite confirma la vérité de ce récit, au grand étonnement de Nordmann. On vit, en effet, presque sur chaque Carpe, une, parfois deux Grenouilles cramponnées avec leurs pattes sur les branchies. Quelques Grenouilles s'étaient fixées si énergiquement qu'il était difficile de les détacher. Les plus belles Carpes étaient écorchées, une partie de leurs écailles étaient tombées. Près de mille poissons auxquels les Grenouilles avaient crevé les yeux n'avaient plus aucune valeur marchande. »

Un fait certain est qu'au moment où l'on pêche les étangs, on trouve souvent des Carpes sur lesquelles se trouve cramponnée une Grenouille ou un Crapaud. J'ai pu constater ce fait à diverses reprises. Dans ce cas, les batraciens, par une aberration de l'instinct sexuel, se fixent sur *tous* les corps étrangers plongés dans l'eau. J'en ai vu fixés sur des racines, sur des pierres. Il ne m'a pas paru d'ailleurs que les poissons souffraient beaucoup de cette étrange étreinte. M. Van dem Borne, parlant de la Grenouille, dit seulement que ce batracien détruit des Carpes de la longueur du doigt en les happant dans les eaux tranquilles [1]. M. Mailles s'est élevé avec force contre cette accusation. La Grenouille a été accusée de manger une certaine quantité d'alevins; cela ne me semble pas impossible, mais les dégâts ainsi commis me paraissent devoir être compensés par la quantité de nourriture que le frai des batraciens fournit aux poissons.

Cependant il y a parmi les batraciens certaines espèces qui

---

1. Van dem Borne, *Handbuch der Fischzucht and fischerei*, p. 204.

peuvent être considérées comme véritablement nuisibles ; ce sont les *Tritons* ou *Salamandres d'eau*, désignés parfois aussi sous le nom de *Garde-fontaines*. Ces animaux sont essentiellement aquatiques, ils se nourrissent de vers, d'insectes, de mollusques, mais peuvent aussi détruire une grande quantité d'alevins. Il convient donc de les éloigner avec soin des bassins et canaux d'alevinage.

V. — INSECTES.

Le Dytique bordé (*D. marginalis*).

Le Dytique (fig. 109) est un coléoptère de forme ovoïde ; toutes les parties supérieures sont d'un brun olivâtre, mais une

Fig. 109. — Le Dytique.

bordure jaune encadre le corselet et se prolonge sur les bords externes des ailes supérieures. Les élytres sont lisses chez le mâle (fig. 110) et profondément striées chez la femelle (fig. 111).

Les pattes postérieures sont grandes, très larges, fortement
ciliées, disposées pour la natation. De plus, les
pattes antérieures du mâle portent des sortes de
ventouses cupuliformes.

Cet insecte est absolument carnivore; il
s'attaque à tous les animaux et peut dévorer des
poissons même d'assez forte taille.
Quelques Dytiques, pénétrant
dans les bassins d'un établissement de pisciculture, y peuvent
causer de sérieux dégâts. Il faut
ajouter que la larve de cet insecte (fig. 112) est également carnivore.

Fig. 110.
Dytique marginal
mâle.

Fig. 111.
Dytique marginal
femelle.

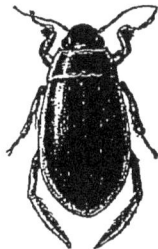

L'Hydrophile brun (*H. piceus*).

L'Hydrophile est également un coléoptère
à la vie aquatique, ayant une forme ovoïde, le
corps très bombé en dessus et, au contraire, plus
ou moins excavé en dessous. Les antennes se ter-
minent par une masse ovoïde; la deuxième et la
troisième paire de pattes sont larges, aplaties,
ciliées, bien disposées pour la natation. Quant
aux pattes de la première paire, elles présentent
chez le mâle un caractère particulier : le dernier
article du tarse est élargi en forme de hache.
A la partie inférieure du corps, le sternum nettement caréné se prolonge en arrière en forme de
pointe aiguë. L'Hydrophile se nourrit volontiers
de plantes aquatiques, mais il est également carnivore et s'attaque aux jeunes poissons aussi bien
que le Dytique. Il en est de même de l'*Acilie
sillonnée,* autre coléoptère voisin des Dytiques dont ils ont les
mœurs.

Fig. 112.
Larve
de Dytique.

Libellules.

Les Libellules ou *Demoiselles* sont des névroptères qui, à l'état parfait, ont une vie aérienne et ne peuvent, par conséquent, être nuisibles aux poissons. Mais les larves sont essentiellement aquatiques et absolument carnivores.

Parmi les autres insectes aquatiques, on a signalé diverses espèces pouvant être dangereuses pour les alevins; telle est la Notonecte aquatique, cette sorte de punaise d'eau que l'on voit nageant sur le dos. Cet insecte ne me paraît pas devoir être bien dangereux.

VI. — Crustacés.

Un assez grand nombre de crustacés ont été signalés comme vivant en parasites sur le corps ou les branchies des poissons. Il ne paraît pas que ces parasites incommodent beaucoup leurs hôtes; exception doit être faite cependant pour

Fig. 113.
Argulus foliaceus
(grossi).

L'Argulus foliaceus, vulgo *Pou des poissons.*

Ce parasite (fig. 113) est un crustacé de l'ordre des Copépodes. Chez ce parasite, les pattes-mâchoires sont transformées en ventouses et les mâchoires en petits stylets sétiformes.

L'animal est de forme ovalaire, d'une coloration vert jaunâtre et a une longueur de 4 millimètres environ.

Baldner connaissait ce parasite : « Cette espèce, dit-il, est accrochée aux poissons et les suce au point de les faire mourir, ce qui arrive surtout aux poissons d'étang. Elle s'y acharne et s'y accroche si bien que parfois elle leur détruit la queue. Les grandeur et largeur sont celles d'une punaise [1]. »

On trouve souvent ce parasite sur la Carpe, mais il peut se fixer sur d'autres poissons. Non seulement sa présence peut affaiblir l'hôte qui le porte, mais il présente un autre inconvénient. M. Mégnin a fait remarquer que les piqûres de l'Argule pouvaient servir de *portes d'entrée* aux psorospermies déterminant les maladies dont nous nous sommes occupés [2].

Les autres crustacés parasites semblent plus inoffensifs. Tous appartiennent à l'ordre des Copépodes, et presque tous sont fixés sur les branchies (fig. 114 et 115).

Fig. 114.
Tracheliastes
polycolpus
(très grossi)
sur peau
des Cyprinides.

Fig. 115.
Achteres
percarum
(très grossi)
sur branchies
des perches.

VII. — ANNÉLIDES.

Les Annélides fournissent à la liste des ennemis la *Piscicola geometra*. Cet annélide appartient à la famille des Rhynchobdellides ou Sangsues à trompes. Ce sont des vers à corps allongé, cylindrique ou large et aplati. Il y a deux ventouses, une antérieure et une postérieure. La cavité buccale renferme une trompe. La Piscicole géomètre a la bouche au fond de la ventouse antérieure. Elle est verdâtre ou jaunâtre, avec des raies plus claires; elle a $0^m,02$ ou $0^m,03$ de longueur sur 1 à 2 millimètres de largeur. Un grand nombre de ces vers se fixent parfois autour des branchies des Carpes, des Tanches... Le poisson finit alors par périr.

Fig. 116.
Piscicole
géomètre.

Fig. 117.
Piscicole
géomètre.

---

1. Baldner, *Histoire naturelle des eaux strasbourgeoises*, 1666.
2. Voir p. 231.

Vers intestinaux.

J'ai déjà cité les Ligules comme présentant un danger sérieux pour les Cyprinides. Il y a bien d'autres vers parasites vivant aux dépens des poissons, mais sans que ces derniers en semblent sérieusement incommodés. On peut citer parmi les Trématodes l'*Holostomum cuticola* sur la peau des Chevaines et des Gardons, le *Diplozoon paradoxus* sur les branchies des Brêmes et de plusieurs autres poissons, etc., parmi les *Teniadides*, les *Ligules*, etc.

CHAPITRE VI

Principaux établissements de pisciculture en France

Établissement de Bouzey, près Épinal (Vosges).

L'établissement de Bouzey est le plus important parmi ceux qui appartiennent à l'État. Il a été fondé en 1881 et met gratuitement à la disposition des pisciculteurs qui s'occupent du repeuplement des eaux une certaine quantité d'œufs de Salmonides.

L'établissement a été installé dans une ancienne féculerie acquise pour la construction du réservoir de Bouzey qui alimente le bief de partage du canal de l'Est [1]. Il est situé à 8 kilomètres de la station de Darnieulles.

Les bâtiments comprennent, au centre, un grand laboratoire ou atelier d'incubation, un vestibule formant petit laboratoire et un bureau; à l'est, des magasins; à l'ouest, des ateliers, une glacière et le logement du garde pisciculteur.

Le grand laboratoire a $16^m,50$ de longueur, 10 mètres de largeur et environ 3 mètres de hauteur. Il est pavé en partie de dalles de grès et en partie de ciment. Il est éclairé par

---

1. *Notice descriptive de l'Établissement national de pisciculture de Bouzey.* Épinal, 1892.

cinq fenêtres carrées de 1ᵐ,80 de côté. Il contient six tables fixes d'incubation, trois rigoles inférieures et quatre bassins dits de *premier élevage*.

Tables fixes d'incubation. — Ces tables ont 6ᵐ,30 de longueur chacune, 0ᵐ,85 de largeur intérieure et 0ᵐ,15 de profondeur. Le rebord des tables a 1 mètre au-dessus du sol. On maintient dans ces sortes de bassins une profondeur élevée de 6 à 8 centimètres. Le fond est formé de dalles en ardoises d'Angers de 3 centimètres d'épaisseur, assemblées au ciment de Portland et soutenues par de petits piliers en pierre de taille; les rebords sont formés d'un rang de briques.

Rigoles inférieures. — Au-dessous des tables fixes d'incubation se trouvent trois grandes rigoles dites inférieures; elles ont 0ᵐ,85 de largeur, 0ᵐ,50 de profondeur, un développement total de 38 mètres. Elles peuvent être divisées en vingt compartiments au moyen de cloisons mobiles en zinc perforé qui glissent dans de petites rainures.

Bassins de premier élevage. — Ce sont des bassins qui servaient aux opérations de la féculerie; ils sont au nombre de quatre; construits en pierre de taille, ces bassins ont chacun 4 mètres de longueur, 2ᵐ,20 de largeur et 0ᵐ,60 à 1 mètre de profondeur.

Tables mobiles d'incubation. — Ces tables sont faites en planches de sapin de 27 millimètres d'épaisseur; leur profondeur est de 0ᵐ,12 et leur largeur varie de 0ᵐ,50 à 0ᵐ,67. Elles sont garnies intérieurement d'une feuille de zinc d'environ 1 millimètre d'épaisseur. Leur longueur varie de 2ᵐ,20 à 3ᵐ,40. Elles reposent sur des tréteaux ordinaires. L'établissement possède treize tables mobiles.

Toutes les tables fixes ou mobiles sont munies de couvercles en volige de sapin de 17 millimètres d'épaisseur établis par tronçons de 0ᵐ,90 de longueur; ces couvercles se manœuvrent au moyen de deux poignées en bois.

Alimentation et conduite d'eau. — L'eau nécessaire à l'établissement est prise dans la rigole qui amène du réservoir au bief de partage les eaux d'alimentation du canal. Une prise d'eau en maçonnerie munie d'une vanne permet d'introduire l'eau dans une chambre de décantation également en maçonnerie. L'eau, avant d'arriver au laboratoire, est fournie par une cuve en maçonnerie de briques ayant 3^m,60 de longueur intérieure, 2^m,05 de largeur et 1^m,80 de profondeur.

L'eau du réservoir est amenée en tête de chaque rangée de tables fixes d'incubation au moyen de trois tuyaux en plomb de 0^m,055 et 0^m,03 de diamètre extérieur. Deux de ces tuyaux sont fixes ; ils ont leur origine dans le réservoir d'eau à 0^m,20 au-dessus du fond. Le troisième, qui est mobile, plonge par l'une de ses extrémités dans le réservoir et alimente les tables par siphonnement. Pour l'alimentation des tables mobiles on emploie des tuyaux en caoutchouc de 0^m,02 de diamètre intérieur, qui amènent l'eau par siphonnement.

Filtrage. — Le filtre est constitué par une boîte ayant 0^m,50 de longueur, 0^m,25 de largeur et 0^m,30 de hauteur. La matière filtrante est un lit d'éponges de 0^m,12 d'épaisseur, serré entre deux châssis en zinc perforé, garnis, celui de bas en flanelle mince dite *finette* et celui du haut en épaisse flanelle. L'eau tombe de 0^m,30 de hauteur, au sortir de la boîte-filtre, dans un premier compartiment qui garantit les œufs et les alevins contre l'action d'une chute directe. On prend habituellement la précaution de placer dans le compartiment cinq à six Vérons chargés de dévorer les larves ou insectes microscopiques qui sont amenés par l'eau d'alimentation même filtrée et qui pourraient nuire aux œufs et alevins.

Outillage. — Les œufs mis en incubation sont déposés sur des claies en baguettes de verre, qui reposent directement sur le fond des tables d'incubation. Les claies destinées aux œufs de Truite et de Saumon ont 0^m,48 de longueur et 0^m,16 de largeur. Celles qui reçoivent les œufs de Corégones ont 0^m,40 de longueur et 0^m,20 de largeur. Les baguettes en verre sont au nombre de vingt-cinq à vingt-sept pour les claies à Salmonides, de trente-trois à trente-cinq pour les claies à Corégones; elles ont 4 millimètres à 5 millimètres de diamètre et sont placées à environ 2 millimètres l'une de l'autre. Chaque claie peut recevoir environ 2,500 œufs de Truite ou 2,000 œufs de Saumon, ou encore 8,000 à 10,000 de Féra. L'établissement possède 600 claies pour Salmonides et 50 pour Corégones.

Mesures pour le comptage des œufs. — Le comptage des œufs se fait au moyen de petites mesures de capacité en fer-blanc étalonnées suivant les espèces et la grosseur des œufs. Les dimensions de ces mesures, établies aussi exactement que possible pour contenir 1,000 œufs, sont les suivantes :

	DIAMÈTRE.	HAUTEUR.
Pour les œufs de Truite ordinaire.. . . .	0^m,048	0^m,054
Pour les œufs de Truite des lacs.	0 058	0 063
Pour les œufs de Saumon du Rhin.. . .	0 060	0 060
Pour les œufs d'Omble-Chevalier	0 043	0 050
Pour les œufs d'Ombre ou de Corégones.	0 034	0 027

La grosseur des œufs étant sujette à varier quelque peu, on commence toujours par se rendre compte du nombre d'œufs que contient une mesure, et c'est le chiffre obtenu qu'on applique au nombre de mesures dont se compose chaque envoi.

Bassins extérieurs. — Ces bassins sont au nombre de vingt-cinq, savoir :

	MÈTRES CARRÉS.
Deux bassins dits des *reproducteurs*, occupant une surface totale de. .	150
Quatre bassins d'élevage, occupant une surface de	200
Une rigole dite frayère des Salmonides divisée par des barrages en quatre sections à peu près d'égale longueur	400
Quatre bassins réservés aux jeunes Salmonides, occupant ensemble . .	156
Un bassin au pied du mur du réservoir réservé aux Corégones, occupant	2,000
Quatre bassins pour Truites adultes	5,500
Un bassin central pour Cyprinides.	5,000
Enfin quatre bassins servant de frayères aux Cyprinides	700

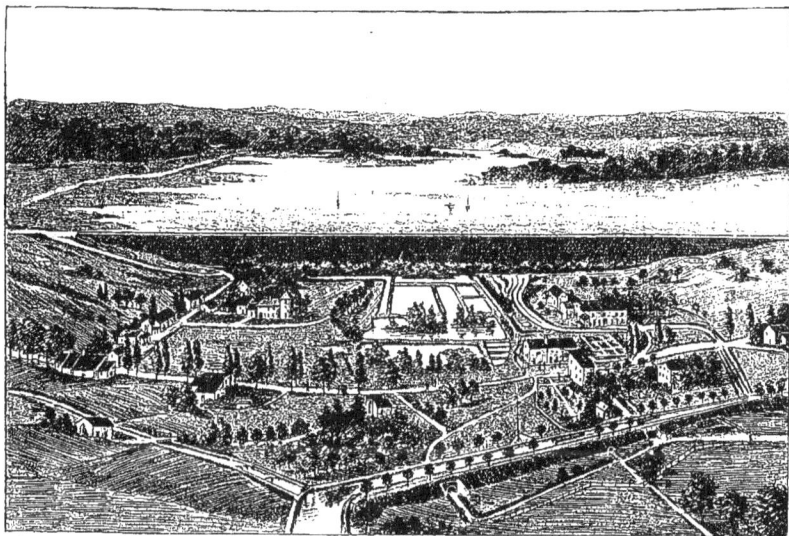

Fig. 118. — Établissement de Bouzey, près Épinal (Vosges).

ESPÈCES.	NOMBRE D'ŒUFS							TAUX de la RÉUSSITE à l'éclosion 1890-1891.
	REÇUS à l'établissement.	ALTÉRÉS à l'arrivée.	EXPÉDIÉS à l'arrivée.	MIS en incubation.	PERDUS pendant l'incubation.	EXPÉDIÉS embryonnés.	ÉCLOS à l'établissement.	
CAMPAGNE D'HIVER.								
Saumon du Rhin	75,000	2,000	»	73,000	3,000	69,000	1,000	93 p. 100
Truite commune	893,500	7,500	322,000	554,000	2,300	428,500	123,000	98 —
Truite saumonée (?)	617,000	10,500	223,000	383,500	21,600	223,500	130,400	95 —
Grande Truite des lacs . .	59,000	900	»	58,100	1,200	43,000	13,900	97 —
Omble-Chevalier	45,000	1,800	»	43,200	400	32,000	10,800	95 —
Salmo fontinalis	2,700	500	»	2,600	100	»	2,500	92 —
Corégone { féra	450,000	30,000	»	420,000	215,000	92,000	83,000	39 —
{ marœna. . . .	12,000	100	»	11,900	400	3,000	8,500	96 —
TOTAUX	2,154,000	52,900	555,000	1,546,300	274,300	891,000	381,300	
CAMPAGNE DU PRINTEMPS.								
Ombre	89,000	10,000	»	79,000	22,500	30,500	26,000	63 p. 100
Truite arc-en-ciel.	6,000	»	»	6,000	200	»	5,800	92 —

Ces bassins occupent ensemble une surface de 19,000 mètres carrés. Tous sont alimentés par le réservoir du canal de
l'Est.

Les espèces de poissons sur lesquelles on opère sont les
suivantes : Truite commune, Saumon du Rhin, grande Truite
des lacs, Omble-Chevalier, Salmo fontinalis et Salmo quinnat,
Corégones (Féra et Marœna).

Les résultats obtenus sont figurés dans le tableau ci-contre.

La dépense annuelle est d'environ 23,000 francs, dont
10,000 pour achat d'œufs et 13,000 pour entretien de l'établissement, etc.

Comme on le voit, les résultats obtenus par les habiles
directeurs de l'établissement, M. l'ingénieur en chef Denys et
M. le sous-ingénieur Hausser, sont très satisfaisants [1].

Établissement d'Haybes (Ardennes).

Cet établissement a été fondé par M. Leblanc et a donné
de bons résultats. Il comprend : 1° un laboratoire destiné à l'éclosion des œufs; 2° plusieurs bassins d'alevinage; 3° deux étangs
alimentés par des sources et un petit ruisseau. Le laboratoire
est situé sur le ruisseau même; dans le cours de ce dernier, on
a installé une sorte de barrage muni d'une ouverture où l'on
a disposé une nasse [2]. Les Truites, à l'époque du frai, remontent
la rivière et viennent se prendre dans la nasse.

Les auges d'incubation sont construites en briques et en
ciment et placées en gradins; elles sont au nombre de vingt,

---

1. Les lignes qui précèdent étaient écrites lorsque s'est produit le terrible accident qui a détruit l'établissement de Bouzey. J'ai pensé cependant qu'il y avait quelque
intérêt à conserver la description de l'établissement disparu. La disparition de l'établissement de pisciculture n'a certainement qu'une importance bien faible, si on la
compare aux affreux malheurs qu'a entraînés la rupture de la digue. Mais il n'en est
pas moins vrai que c'est là une perte regrettable et qu'il faut espérer voir réparer
dans un prochain avenir.

2. Brocchi, *Rapport sur le cours de pisciculture fait dans les Ardennes en* 1889
(*Bull. Min. de l'Agr.*, n° 8, 1889).

dix de chaque côté. Chaque auge contient une caisse en bois de même largeur, mais moins longue et moins haute qu'elle ; le fond en est garni de toile métallique.

Cette disposition fait de ces appareils de véritables *auges californiennes*. L'eau employée a une température de 9° C. Les éclosions ont lieu en quarante-cinq jours pour la Truite ordinaire, en trente-deux jours pour la Truite arc-en-ciel.

Établissement de Sermaize (Marne).

Au commencement de 1885, on établit à Sermaize, sous la direction de M. Urbain, conducteur principal des ponts et chaussées, un petit établissement de pisciculture.

On installa sur un déversoir superficiel du ruisseau des Fontaines de Remennecourt un bassin en charpente couvert dans lequel on fait passer un courant d'eau filtrée que l'on règle à volonté. Ce bassin est destiné à recevoir des boîtes dont le fond et les côtés sont garnis de toile métallique, et dans lesquelles on place des claies à baguettes de verre pour recevoir les œufs à faire éclore. Ce petit bassin, construit presque sans frais, permettrait d'y faire éclore plus de deux cent mille œufs et d'y élever, pendant environ deux mois, les alevins obtenus. En outre, près de la maison éclusière, on a établi une rigole alimentée par l'eau du canal pour l'incubation des œufs de poissons autres que ceux de la famille des Salmonides.

En 1889, cet établissement si simple avait donné des résultats : la Saulx, l'Ornain et d'autres cours d'eau semblaient s'être repeuplés en Truites [1].

Établissement de Saint-Bon (Haute-Marne).

Cet établissement a été fondé en 1883, à l'École pratique d'agriculture de Saint-Bon, située près des sources de la Blaise,

[1]. Urbain, *Note sur les travaux de pisciculture, etc. (Bull. S. d'Aquic.*, t. I, p. 54).

l'un des principaux affluents de la Marne. Le laboratoire, alimenté par de l'eau de source [1], contient une série de petites auges, les unes en tôle galvanisée et munies de claies en verre, les autres en bois carbonisé, sont simplement à moitié remplies de gravier; il est à noter que chaque auge en sapin carbonisé revient à 2 francs seulement.

Ce laboratoire permet l'incubation de 20,000 œufs à la fois. Depuis 1884, ce petit établissement a jeté dans la Blaise une quantité totale de 104,600 alevins, dont 35 pour 100 environ semblent s'être bien développés. Ces alevins sont conservés dans les auges aussi longtemps que possible, puis ils sont transportés à la rivière et déposés sur une frayère artificielle établie aux sources mêmes de la Blaise.

Établissement de Bessemont (Aisne).

Cet établissement, fondé par M. de Marcillac, à Bessemont, près de Villers-Cotterets (Aisne), présente un véritable intérêt. M. Raveret-Wattel, qui l'a visité, a fourni des renseignements sur cette installation [2].

Le laboratoire est alimenté par une eau de très bonne qualité. Les appareils adoptés sont ceux dits de Coste, légèrement modifiés. On enlève les alevins de ces auges fort peu de temps après leur naissance, et on les place dans des petits bassins en briques et en ciment, ou dans des aquariums en verre gaufré avec ossature en fers cornières.

Quant à la nourriture des alevins, M. de Marcillac n'emploie que de la rate. Dans les premiers jours, de la rate de veau; un peu plus tard, de la rate de bœuf ou de mouton. Mais cet aliment est donné cuit. Voici comment on opère, d'après M. Ra-

---

1. Daguin et Bardies, *la Pisciculture à l'École pratique d'agriculture de Saint-Bon* (*Bull. S. C. d'Aquic.*, t. V, p. 52).
2. Raveret-Wattel, *Une visite à l'établissement de pisciculture de Bessemont,* janvier 1893 (*Revue Sc. nat. appliq.*).

veret-Wattel : « Pour le petit poisson qui commence à peine à manger, on fait seulement bouillir la rate pendant quelques instants, puis on la réduit en une bouillie fine soigneusement débarrassée de toute parcelle de la membrane extérieure. Plus tard, on prépare l'aliment avec moins de soin. » Les poissons plus gros sont nourris avec de la viande de cheval. Les alevins âgés de trois mois sont placés dans un bassin d'élevage ayant 40 mètres de longueur sur 4 ou 5 mètres de largeur. Ce long bassin est fort peu profond à l'une de ses extrémités (0^m,15 de profondeur); à l'autre extrémité, la profondeur de l'eau atteint 0^m,80 et même 1 mètre. Placés dans la partie la moins profonde, les alevins, peu à peu, gagnent l'autre extrémité du bassin.

Du bassin d'élevage les Truitelles passent dans un bassin de 40 ares.

L'établissement dispose encore d'un étang de 90 ares et de plusieurs autres pièces d'eau.

M. de Marcillac a eu l'excellente idée de faire transporter ses Truites vivantes dans le magasin de vente, à Paris, et les poissons acquièrent ainsi une plus-value.

Établissement d'Amiens (Somme).

Cet établissement a été fondé, en 1886, par M. Lefebvre, en pleine ville d'Amiens. En principe, je considère comme une condition fâcheuse l'installation d'un établissement de pisciculture dans l'intérieur d'une ville, surtout lorsque l'on ne peut compter que sur l'eau de concession. Mais cette réserve nécessaire une fois faite, il est juste de reconnaître que M. Lefebvre, grâce à des dispositions fort ingénieuses, a tiré le meilleur parti possible de l'espace restreint dont il pouvait disposer.

Il a, en somme, pu établir un établissement complet, c'est-à-dire dans lequel peuvent être exécutées toutes les opérations de pisciculture : fécondation des œufs, éclosion, élevage des alevins, etc.

Laboratoire. — Le laboratoire comprend une pièce de 16 mètres carrés environ. Sur les parois latérales de cette pièce se trouvent fixées des tablettes destinées à recevoir les auges d'incubation. Ces auges sont en fonte émaillée et munies de claies en baguettes de verre pour recevoir les œufs; ce sont, en résumé, des auges du système Coste. Après la résorption de la vésicule ombilicale, les alevins sont placés dans un des trois aquariums de l'établissement. Deux de ces réservoirs sont comme encastrés dans une des parois du laboratoire; ils sont placés sur une sorte de chemin de fer, disposition qui permet de les avancer ou de les reculer, et facilite, par suite, les manipulations nécessaires.

Chaque aquarium est alimenté d'eau par un tuyau de fond percé de trous nombreux. Quant au trop-plein, il est formé par un tuyau portant à sa partie supérieure un cylindre dont le fond est percé de trous; de cette manière, l'eau peut s'échapper sans que les alevins courent le risque d'être entraînés au dehors[1]. Lorsque les alevins ont acquis une taille plus considérable, ils sont transportés dans une série de bassins d'alevinage situés dans le jardin.

Lorsque j'ai eu à m'occuper de l'alimentation des alevins, j'ai rappelé la manière de procéder de M. Lefebvre pour l'obtention des Daphnies[2]; je n'y reviendrai pas ici, disant seulement que lorsque les jeunes poissons sont devenus d'une taille suffisante, ils sont nourris à l'aide de vers (*Naïs*), abondants dans la vase des mares qui se trouvent aux environs de la ville. Plus tard encore, les poissons sont nourris avec de la viande de cheval hachée. Trois bassins viennent compléter l'établissement. Ces bassins, d'une profondeur moyenne de $0^m,40$, sont plantés d'herbes aquatiques et communiquent entre eux par des canaux souterrains.

L'établissement d'Amiens fournit à son propriétaire une

1. Brocchi, *loc. cit.*, p. 183.
2. Voir p. 224.

certaine quantité de poissons, et, de plus, il rend de véritables services au point de vue pédagogique. Les élèves de l'École d'agriculture du Paraclet visitent chaque année l'établissement, et de nombreux propriétaires viennent également y demander des conseils pratiques.

Établissement de Gouville (Seine-Inférieure).

L'établissement de Gouville a été fondé par M. de Germiny, assisté de M. d'Halloy, dans la vallée de Fontaine-le-Bourg. L'établissement est alimenté par les eaux de la rivière de Cailly, dont la source se trouve à 2 ou 3 kilomètres de la propriété.

Cette eau, après avoir été filtrée, pénètre dans le laboratoire servant à l'incubation des œufs artificiellement fécondés. Les appareils d'incubation employés à Gouville sont des auges du système dit de Coste. Ces auges sont en ciment et ont $0^m,50$ de longueur, $0^m,40$ de largeur et $0^m,20$ de profondeur. Elles sont munies de claies à baguettes de verre. Après résorption de la vésicule, les alevins sont placés dans des bassins d'alevinage creusés dans le sol. Ces bassins, vastes, mais peu profonds, sont reliés entre eux par un ruisseau d'eau courante ; chacun d'eux peut être isolé des autres par un système de vannes.

Lorsque les poissons sont arrivés à une taille suffisante, ils sont amenés dans un grand étang par un canal communiquant avec les bassins dont je viens de parler.

Cet établissement a donné de très beaux résultats.

Établissement d'Imbleville (Seine-Inférieure).

Cet établissement, propriété de M. de Folleville, est situé à Imbleville, canton de Tôtes, sur les bords de la Saâne, petit fleuve qui va se jeter dans la Manche. Cet établissement présente quelques particularités intéressantes. C'est ainsi que, bien que la Saâne traverse le parc même et que les eaux en soient fraîches et limpides, M. de Folleville n'a voulu employer pour son établissement que les eaux d'une source abondante dont il est propriétaire. L'établissement comprend : 1° un étang E,

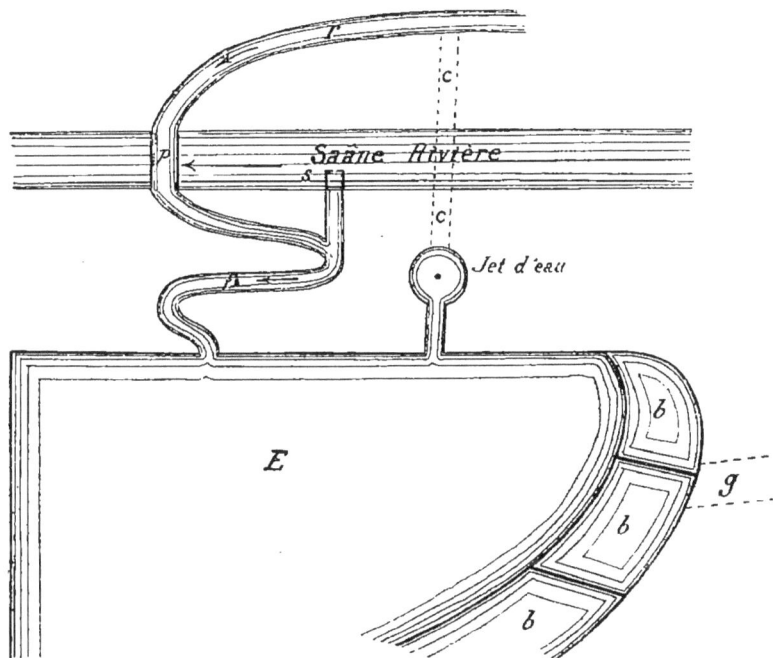

Fig. 119. — Établissement d'Imbleville.

(fig. 119) qui entoure presque complètement le château servant d'habitation ; 2° un ruisseau *r* amenant les eaux de la source dont j'ai parlé tout à l'heure ; 3° une *rigole frayère f* alimentée par cette même eau ; 4° une échelle à poissons *s* permettant aux Truites de la Saâne de gagner la rigole frayère ; 5° des bassins *b b* destinés à l'incubation et à l'éclosion des œufs fécondés, et dans lesquels les alevins sont conservés pendant un certain temps.

Voici maintenant comment sont disposées ces diverses parties :

Le ruisseau *r* amenant les eaux de la source traverse la Saône sur un pont-aqueduc *p* et va se jeter dans l'étang E, après avoir formé une rigole frayère *f*. Cette rigole est en communication avec la Saône par une échelle à poissons *s* qui permet aux Truites de gagner la frayère. De plus, l'étang reçoit les eaux de la source *c* qui passe sous le lit de la Saône. Les eaux ainsi captées forment des jets d'eau avant de rejoindre l'étang. Quant aux bassins d'alevinage et d'éclosion *b b,* ils sont aussi alimentés par les eaux de source qui y sont amenées par un conduit souterrain *g*. Il est à remarquer que l'établissement d'Imbleville n'a pas de laboratoire ; *les opérations de fécondation, d'éclosion se font en plein air, sur les bords de l'étang*. A l'époque où il convient de procéder à la fécondation des œufs, on se procure facilement des reproducteurs ; en effet, en ce moment, les Truites de l'étang remontent dans la rigole frayère ; quelques-unes viennent de la Saône par l'échelle signalée. La fécondation des œufs ayant été opérée, ces derniers sont placés sur des tamis, sortes de boîtes en toile métallique recouvertes d'une couche de minium.

Ces espèces d'auges, de grandes dimensions, présentent à leur centre un petit tube pour l'échappement de l'air. Les pisciculteurs d'Imbleville pensent que ce petit tube empêche la formation des globules d'air, qu'ils considèrent comme nuisibles à l'évolution des œufs.

Ces auges chargées d'œufs sont placées dans les rigoles d'éclosion, rigoles alimentées par l'eau courante.

Après l'éclosion, les alevins y sont également laissés pendant environ deux mois. Puis on les transporte dans la rigole frayère. Un grand nombre sont ainsi jetés dans la Saône.

Tel est cet établissement digne d'attirer l'attention et qui existe depuis de longues années. Il fut en effet fondé en 1853 par M. de Folleville père.

Établissement du Nid-du-Verdier (Seine-Inférieure).

Cet établissement a été créé par le département de la Seine-Inférieure, avec le concours des Ministères de l'agriculture et des travaux publics. Il est situé près de Fécamp et a été placé sous l'habile direction de M. Raveret-Wattel, dont j'ai eu si souvent à citer les travaux.

Les constructions comprennent : 1° un bâtiment d'exploitation à deux étages présentant deux grandes salles de près de 20 mètres de long sur 10 mètres de large, plus une autre pièce et un petit bâtiment annexe ; 2° une maison d'habitation comprenant le logement du garde, plus un cabinet de travail et deux pièces de service pour le directeur.

Plusieurs sources prennent naissance sur la propriété même et fournissent une eau abondante, très pure, fraîche en été, légèrement calcaire.

Laboratoire d'éclosion. — Ce laboratoire mesure 10 mètres de long sur $4^m,50$ de large. « L'ancien canal d'amenée de l'eau[1], transformé en réservoir d'alimentation, est coupé par des diaphragmes en toile métallique qui arrêtent les corps flottants et pourraient au besoin recevoir des lés de flanelle, afin de constituer un filtre « américain ». Des conduites en plomb partant du réservoir courent horizontalement le long des murs, à l'intérieur du laboratoire, à deux mètres environ du sol et distribuent l'eau par de nombreux robinets aux appareils d'incubation[2]. »

Ces appareils sont constitués par de longues auges en bois, garnies intérieurement de zinc et formant ruisseau ; les œufs y sont mis en incubation sur des claies à baguettes de verre portées sur des pieds qui portent sur le fond même des auges ; ces

1. L'établissement a été installé sur l'emplacement d'un ancien moulin à tan.
2. Raveret-Wattel, *la Station aquicole du Nid du Verdier*, 1894, p. 2.

dernières, supportées par des tréteaux en fer, sont à un mètre du sol, ce qui permet d'opérer facilement les manœuvres nécessaires. On se sert également pour l'incubation des œufs de petits augets en tôle émaillée pouvant recevoir chacun de 1,200 à 1,500 œufs et qui peuvent être placés sur gradins. Ils sont établis sur le principe des appareils américains, c'est-à-dire à *courant ascendant*.

L'usage des pinces pour le triage des œufs est ici remplacé par l'emploi d'une pipette particulière. C'est un petit tube en verre terminé par une demi-sphère creuse sur laquelle est étendue une mince feuille de caoutchouc; le canal intérieur de ce tube est légèrement évasé en entonnoir à son extrémité libre. « Pour se servir de l'instrument, on appuie légèrement avec le pouce sur le caoutchouc et on applique la partie évasée du tube sur l'œuf qu'on veut saisir; puis on cesse d'appuyer sur le caoutchouc; la pression de l'air colle l'œuf au fond de l'entonnoir, et il est facile de le retirer sans déranger aucun des œufs voisins[1]. »

Sous les appareils d'éclosion on a construit des bacs en ciment alimentés d'eau courante, bassins qui sont utilisés pour entreposer les reproducteurs ou pour parquer momentanément les alevins. Dans une salle contiguë, on remise le matériel d'exploitation, et c'est là où se trouve installé un hache-viande du système dit *enterprise* qui fonctionne de la façon la plus satisfaisante.

Les bassins d'alevinage consistent surtout en cressonnières que j'ai eu occasion de décrire plus haut, ainsi que les boîtes spéciales où sont placés les alevins[2].

L'établissement fournit une grande quantité de poissons pour le repeuplement des cours d'eau, mais ces poissons ne sont livrés que lorsqu'ils ont atteint une taille relativement considérable. J'ai insisté déjà sur l'avantage que présente cette ma-

1. Raveret-Wattel, *loc. cit.*, p. 3.
2. Voir p. 220.

nière d'opérer. Les poissons sont transportés dans de grands bidons en tôle galvanisée ayant une contenance de 30 à 35 litres. Ces bidons, de forme ovale, sont surmontés d'une partie conique qui reste vide, afin que l'eau agitée par les secousses du transport puisse facilement s'aérer.

Établissement de Saint-Pierre-lez-Elbeuf (Seine-Inférieure).

Cet établissement a été fondé, dans le but spécial de la propagation artificielle de l'Alose, par M. Vincent.

M. Vincent, grâce aux subventions accordées par les Ministères de la marine et de l'agriculture et aussi par le département de la Seine-Inférieure, arriva en 1886 à créer l'établissement au barrage de Martot (commune de Saint-Pierre-lez-Elbeuf) : « Cet établissement, construit entièrement en bois, goudronné à l'extérieur, mesure 12 mètres de longueur sur 4 mètres de largeur. Le premier étage contient le réservoir principal, d'une capacité de 2 mètres cubes, alimentant deux autres réservoirs plus petits situés au rez-de-chaussée, et qui sont entretenus pleins au moyen de robinets-flotteurs en vue de maintenir une pression toujours égale dans les appareils[1]. »

Ceux-ci ne sont autres que les jarres Mac-Donald, dont j'ai donné la description plus haut.

Les aloses sont capturées du 15 mai au 15 juin. La pêche commence vers dix heures du soir pour se terminer au lever du soleil ; c'est entre minuit et deux heures qu'elle est productive en femelles. Dès que les poissons sont capturés, ils sont apportés à un ponton où se tiennent les personnes chargées d'opérer les fécondations artificielles, puis les œufs fécondés sont transportés à l'établissement et mis en incubation.

Ces opérations, commencées en 1888, se sont continuées jusque dans ces derniers temps.

---

1. Vincent, *Rapport sur l'organisation d'un établissement destiné à la propagation artificielle de l'Alose (Bull. du Min. de l'Agr.,* 1889, p. 854).

Établissement de Saint-Genest-l'Enfant (Puy-de-Dôme).

Cet établissement a été fondé par M. G. de Féligonde. Il est situé à Saint-Genest, à quelques kilomètres de Riom. L'établissement est alimenté par plusieurs sources [1] d'une abondance considérable. Ces eaux sont d'une limpidité et d'une fraîcheur parfaites, leur température est d'environ 6° C. L'établissement comprend :

1° *Un laboratoire* où l'on pratique les fécondations artificielles et la mise en éclosion des œufs. Ces derniers sont fécondés par la méthode dite *russe* [2]. Les appareils d'éclosion sont de grandes rigoles en ciment appliquées à demeure et superposées sur les murs du laboratoire. L'eau coule de rigole en rigole en formant de petites cascades et les œufs sont placés sur des claies à baguettes de verre. L'eau, comme je l'ai déjà dit, est très fraîche. Le jour où j'eus l'occasion de visiter l'établissement, la température extérieure dépassait 30° C., et cependant l'eau qui coulait à l'intérieur des appareils [3] avait à peine 8° C.

2° *Canaux d'alevinage.* — Les alevins ayant résorbé la vésicule ombilicale sont placés dans les canaux d'alevinage, qui communiquent au besoin entre eux par de petites écluses. Le long de ces canaux poussent une quantité de plantes aquatiques abritant une faune microscopique suffisante pour l'alimentation des jeunes poissons. Tous les mois, une sorte de triage est effectuée parmi ces alevins de façon à ne laisser dans un même canal que des poissons ayant à peu près la même taille. J'ajoute que M. de Féligonde a garni ses canaux d'une quantité de crochets en fer, crochets qui rendent presque impossible l'usage des filets et éloignent ainsi les braconniers.

1. Pour donner une idée du grand débit de ces sources, je dirai qu'elles suffisent à alimenter d'eau la ville de Riom tout entière.
2. Voir p. 185.
3. Brocchi, *Rapport sur la pisciculture dans le Puy-de-Dôme* (*Bull. min. de l'Agric.*, 1885, p. 230).

3° *Étang.* — Tous ces canaux sont en communication avec un étang de 2 hectares. Bien ombragé, peuplé d'une grande quantité d'insectes, de crustacés, de mollusques aquatiques, cet étang offre aux Truites d'excellentes conditions pour leur alimentation. Il possède une frayère naturelle d'une grande étendue; là sont facilement capturés les reproducteurs à l'époque du frai.

Établissement de Theix (Puy-de-Dôme).

L'établissement de Theix est situé dans le village de ce nom, à 14 kilomètres de Clermont, sur la route du Mont-Dore. Il a été fondé et est dirigé par M. F. Chauvassaignes.

Laboratoire. — Il existe dans cet établissement un laboratoire construit avec beaucoup de luxe. Il est en forme de serre, trop largement éclairé peut-être. De chaque côté de la pièce se voient sept vasques de faïence ornée, chacune ayant environ $2^m,50$ de longueur sur $1^m,75$ de largeur. Au-dessous de ces vasques destinées à l'éclosion des œufs se trouvent de grands bassins en ciment destinés à recevoir les reproducteurs. Le milieu du laboratoire est occupé par un vaste bassin également en faïence et divisé en cinq compartiments.

Un deuxième laboratoire se trouve dans une serre. Les rigoles destinées à l'incubation sont en zinc, les claies employées sont garnies de baguettes de verre. A chaque extrémité des rigoles se trouve un petit appareil imaginé par M. Chauvassaignes, et destiné à éviter un accident qui se produit assez souvent dans les établissements piscicoles. Quand la pression qui s'exerce dans les tuyaux chargés d'amener l'eau est trop considérable, cette eau se charge d'acide carbonique. Ce gaz se dépose sous forme de globules sur la surface du corps des alevins auxquels ils peuvent nuire. Ce sont les *globules* des pisciculteurs. M. Chauvassaignes a donc imaginé un petit instrument constitué par un cylindre de zinc garni à sa partie supérieure d'un petit tamis en toile métallique; l'eau, en traversant ce tamis, se débarrasserait des globules. Le meilleur procédé pour éviter ce petit accident est d'aérer suffisamment l'eau qui arrive aux appareils.

Étangs. — Les étangs de l'établissement sont au nombre de trois. Le plus grand et le plus élevé a une superficie d'environ 2 hectares. Il est alimenté par des sources peut-être insuffisantes.

Ce grand étang communique avec une deuxième pièce d'eau plus petite. Le niveau de ce deuxième étang est à près de 4 mètres en contre-bas de celui du premier. Il n'existe d'ailleurs pas de vannes entre ces deux étangs et c'est seulement le trop-plein de la grande pièce d'eau qui alimente la seconde. Enfin un troisième étang est en communication avec le deuxième.

L'eau de ces étangs est chargée d'alimenter les canaux d'alevinage. Sur le grand étang viennent s'embrancher ces canaux qui, construits en maçonnerie, communiquent entre eux par une série de vannes. D'autres bassins d'alevinage, alimentés par une source particulière, sont au nombre de sept et disposés parallèlement les uns aux autres ; à chaque extrémité et à l'extérieur des bassins, des tuyaux projettent des jets d'eau de façon à renouveler et à aérer celle qui se trouve dans les canaux. Le bassin supérieur est alimenté par un grand jet d'eau.

Établissement de Pontgibaud (Puy-de-Dôme).

Cet établissement a été fondé par la Société des mines de plomb argentifère. Il comprend :

1° A Pontgibaud même, dans le jardin attenant aux bâtiments de la direction, avait été créé en 1874 un laboratoire de pisciculture auquel se trouvaient annexés quelques canaux d'alevinage et un étang de 20 ares de superficie. Cet établissement avait été construit par M. Rico. Le laboratoire, qui existe encore, a 5^m,50 de long sur 2^m,50 de large. Ce laboratoire, fort bien disposé, a dû cependant être abandonné ; la cause de cet abandon n'est pas sans présenter quelque intérêt.

L'établissement était alimenté, non par l'eau de source, mais par une dérivation de la Sioulle. Or les froids sont assez intenses dans cette région pour que la rivière puisse, sinon se prendre, du moins charrier de petits fragments de glace, très ténus à la vérité, mais qui, par un phénomène bien connu, se soudent lorsqu'ils sont mis en contact. C'est ce phénomène qui se produisait chaque année dans les rigoles d'éclosion et gênait l'évolution des œufs.

2° La deuxième partie de l'établissement est de beaucoup préférable. Elle est formée par un étang (étang de Péchadoire) et par un laboratoire servant à la fécondation et à l'éclosion des œufs.

L'étang, d'une superficie de 28 ares, est alimenté par une source abondante, fournissant une eau d'excellente qualité et froide, puisqu'à l'époque où je visitai cet étang, la température de l'eau était de 8 degrés seulement, tandis que l'eau de la Sioulle, située dans le voisinage, accusait une température de 23° C.

Cette pièce d'eau alimente un petit moulin, et c'est dans la partie basse de cette usine que l'on a installé le laboratoire. C'est une sorte de cave traversée par un courant d'eau fourni par le trop-plein de l'étang. Ce canal est divisé par des planches, en compartiments destinés à recevoir les reproducteurs à l'époque du frai. Le long du mur sont disposées les auges d'éclosion, également construites en bois. Cette installation des plus simples, et en même temps des plus pratiques, a été obtenue sans dépenses sérieuses et les frais d'entretien sont presque nuls.

Établissement de Bourges (Cher).

Cet établissement a été créé par la Société de pisciculture du Cher, fondé, en 1883, dans un emplacement de l'hôtel Lal-

18

lement, accordé par la ville. Le laboratoire a été aménagé dans une grande salle située au rez-de-chaussée de l'hôtel. Cette salle (les anciennes cuisines) est située au nord, et la température en temps ordinaire est de 12° C. Le laboratoire est alimenté par les eaux de la ville, qui ont une température moyenne de 9 à 11° C. L'eau passe d'abord par un filtre à éponges, puis se répand dans des appareils d'éclosion de types divers.

Les bassins destinés à conserver les poissons ont été creusés dans une des cours de l'hôtel. Ils ont une longueur de 3ᵐ,10 sur 1ᵐ,60 de largeur et 0ᵐ,65 de profondeur.

Cet établissement, construit par M. Delafosse et dirigé par M. M. Leprince, est de bien modestes proportions ; mais il est loin d'être sans utilité. Il permet d'abord de mettre en incubation une notable quantité d'œufs, puis son existence est un excellent moyen de propagande pour l'industrie piscicole. Le laboratoire est, en effet, visité souvent non pas seulement par les habitants de Bourges, mais encore par les propriétaires des environs, et les visiteurs reçoivent du directeur tous les renseignements nécessaires.

Établissement de Ligoure (Haute-Vienne).

M. le sénateur Le Play, lauréat de la prime d'honneur, à Ligoure (Haute-Vienne), a créé, il y a dix ans, un établissement de pisciculture qui a pour but de repeupler en Truites les rivières du voisinage. C'est une application du système de repeuplement par *têtes de bassins* qui est considéré comme le plus pratique, et les résultats ont répondu aux espérances. Chaque année, suivant la réussite de l'élevage, on lâche dans les petits ruisseaux un nombre plus ou moins considérable d'alevins dès la résorption de la vésicule. Ce nombre varie de 20,000 à 60,000. Le succès est démontré par ce fait que les pêcheurs ont été très surpris de prendre des Truites d'espèces jusqu'alors inconnues dans le pays, telles que les Truites des lacs et de Lochleven.

Aujourd'hui, l'établissement se livre exclusivement à la propagation de la Truite indigène, la petite Truite de ruisseau. L'établissement n'a pas été fondé à cause de l'heureuse disposition des lieux et de l'abondance des eaux, mais seulement à cause de la présence d'un ruisseau, d'une petite rivière et de quelques sources à proximité de l'habitation, dans un parc clos de 100 hectares, ce qui donnait certaines garanties contre les maraudeurs.

Le ruisseau du *Gabi*, dès son entrée dans le parc, coule dans une vallée assez large et à pente relativement faible. On a profité de cette situation pour creuser des bassins et des retenues d'eau dont nous allons donner le détail en descendant le cours du ruisseau :

1° Une dérivation d'une superficie de 20 ares et d'une profondeur de $1^m,50$. C'est là où vivent toute l'année les Truites destinées à la reproduction.

2° Une dérivation semblable sert à conserver les alevins de douze à trente-six mois.

3° Au-dessous, on rencontre un bassin pour élevages divers.

4° Puis vient un étang d'un hectare et demi de superficie où se rendent les eaux supérieures. C'est dans cet étang que l'on transborde les Truites de trente-six mois élevées dans la deuxième dérivation. Cet étang est pêché tous les deux ans.

5° En sortant de l'étang, les eaux se rendent dans une nouvelle série de bassins, qui servent de viviers où on garde le poisson pêché dans l'étang pour les besoins de la table du propriétaire.

Un premier bassin est destiné aux Carpes, un second aux petits poissons de variétés diverses destinés aux fritures; un troisième enfin, rafraîchi par des sources, est destiné aux Truites.

Le *laboratoire* a été construit sur les bords de l'étang. Il est alimenté par deux sources d'eau très pure dont la température se maintient en été de 10 à 12°

Les eaux sont distribuées par de nombreux tuyaux et robinets aux auges d'éclosion et aux aquariums où sont élevés les
alevins. Ce laboratoire est entouré de plusieurs petits bassins
où on confine séparément les reproducteurs au moment de la
ponte vers la fin d'octobre; on peut ainsi les surveiller et pratiquer facilement la fécondation artificielle. D'un côté du laboratoire se trouve une grande table sur laquelle trouvent facilement place quarante auges à éclosion, pouvant contenir chacune
2,000 œufs. En face, de grandes auges en ciment, alimentées
par des jets d'eau vive, reçoivent les alevins d'âges divers; de
petits aquariums vitrés, accolés aux murs, servent aussi à l'élevage et à l'étude du développement des jeunes sujets.

Une petite rivière, la Ligoure, entre dans l'enceinte du
parc à une autre extrémité. Cette rivière est malheureusement
très encaissée, de sorte qu'il n'a pas été possible de tirer parti
de ses eaux pour créer de vastes superficies de bassins. On a
dû se contenter de faire de chaque côté une dérivation d'une
largeur variant de 3 à 5 mètres et d'une longueur de 400 mètres.
Ces dérivations, alimentées par un fort courant d'eau, sont
peuplées d'alevins qui s'y développent assez rapidement.

En résumé, l'établissement de M. le docteur Le Play possède une population de reproducteurs suffisante pour produire
chaque année 100,000 œufs de Truite donnant de 20,000 à
60,000 alevins qui sont lâchés dans les ruisseaux environnants.
On conserve seulement chaque année 2,000 ou 3,000 alevins
pour les élever dans les dérivations de la Ligoure et dans l'étang,
et dans les dérivations alimentées par le ruisseau le Galis.

Dans le département de la Haute-Vienne existent quelques
autres établissements de moindre importance; tel est celui de
la Jonchère [1]. La ferme-école de Chavaignac, habilement dirigée
par M. de Bruchard, s'occupe également du repeuplement des
cours d'eau. Les alevins obtenus sont versés dans la *Glane*.

---

1. Brocchi, *Rapport sur la pisciculture dans la Haute-Vienne* (*Bull. du Min. de l'Agric.*, 1886, p. 963).

Enfin, je dois dire quelques mots d'un établissement dit *École de pisciculture* et situé dans la ville même de Limoges. Cette école a été fondée à l'aide de fonds votés par le Conseil général, sur la proposition d'un de ses membres. Dans la pensée de ses fondateurs, l'établissement devait non seulement servir à l'enseignement, mais encore fournir chaque année un certain nombre de poissons pour le repeuplement des cours d'eau.

Je considère les établissements de pisciculture placés dans les grandes villes comme offrant de grands inconvénients. J'ai déjà insisté sur ce point et je juge inutile d'y revenir. Enfin, l'existence de l'établissement de Limoges peut avoir l'avantage d'attirer l'attention des visiteurs sur l'industrie piscicole; il est seulement observé que les résultats obtenus ne semblent pas être en rapport avec les dépenses exigées par la construction de cet établissement.

Établissement de Bergerac (Dordogne).

Cet établissement a été fondé par M. Geneste, fermier d'un canton de pêche de la Dordogne. Ce pisciculteur, aux termes de son contrat avec l'Administration, doit verser annuellement dans la Dordogne une certaine quantité d'alevins. Cette quantité, fixée à 20,000 alevins de Saumon et 40,000 alevins de Carpe pour les deux premières années, va, pour le Saumon, en augmentant de 10,000 alevins chaque année, jusqu'à concurrence de 80,000 [1].

Quoi qu'il en soit, cet établissement a été créé en 1886, près du barrage de Bergerac. Les Saumons arrivent chaque année au pied du barrage; on les capture et on les place dans des bateaux-viviers amarrés en rivière jusqu'à l'époque du frai.

Le laboratoire d'éclosion est alimenté par l'eau de la

1. Bordine, *Établissement de Bergerac* (*Bull. Soc. d'Aquic.*, t. IV, p. 209).

rivière à l'aide d'une prise d'eau ménagée à une certaine distance en amont du barrage. Les appareils d'éclosion sont constitués par des caisses en bois garnies de zinc intérieurement ; ces caisses ont 1^m,50 de longueur sur 0^m,75 de largeur et 0^m,13 de profondeur ; disposées par paires, ces caisses sont placées en gradins. Dans toute la longueur de chaque caisse se trouve, sur l'un des côtés, un tuyau d'alimentation percé de petits trous très rapprochés, d'où s'échappent de minces filets d'eau, lesquels retombent en pluie dans la caisse et contribuent à l'aération de l'eau. Les boîtes sont garnies de claies en baguettes de verre pour recevoir les œufs. Ces claies sont munies de pieds qui portent sur le fond des caisses ; elles sont ainsi rendues plus maniables.

Les alevins sont placés dans des bacs en ciment alimentés par de l'eau courante. Pour assurer l'aération de cette eau, chaque robinet d'alimentation est muni d'une trompe d'Alvergniat.

On commence les fécondations artificielles vers la fin de novembre ; la durée de l'incubation est en moyenne de quatre-vingt-dix jours.

Les alevins sont conservés pendant une quarantaine de jours ; on les nourrit d'abord avec de la cervelle de veau, puis avec de la viande de cheval finement hachée et plus tard avec de l'alevin de Vandoise (*Squalius leuciscus*). On se procure ces alevins de la manière suivante : au moment du frai des Vandoises, on capture quelques sujets adultes, on fait des fécondations artificielles, et l'on met les œufs en incubation dans un petit bassin où ils n'ont besoin d'aucun soin. Au bout de deux à trois jours, on a des milliers d'alevins qui forment une nourriture vivante très précieuse.

Quand les jeunes Saumons se sont ainsi habitués à chercher leur nourriture, ils sont mis en rivière.

L'établissement de Bergerac rend des services signalés pour le repeuplement des cours d'eau de cette région.

Établissement de Réaumont (Isère).

L'établissement de Réaumont a été fondé par M. Rivoiron. Il est situé près de Rives, dans la petite vallée de la Fure. La Fure reçoit les nombreuses sources qui jaillissent à Réaumont, petit village de sept cents habitants, situé au fond d'un vallon. M. Rivoiron a longtemps dirigé un établissement qu'il avait fondé à Servagette, sur la rive droite du Guiers. Obligé d'abandonner cet établissement, M. Rivoiron est venu s'installer à Réaumont, sur les propriétés de MM. Blanchet et Kléber, qui dirigent et possèdent en cet endroit une des plus importantes papeteries de notre pays.

L'établissement comprend deux laboratoires bien aménagés ; dans le premier de ces laboratoires, les appareils sont disposés de manière à faire facilement éclore 120,000 œufs ; les rigoles d'éclosion ont $0^m,40$ de profondeur, et le fond en est recouvert d'une couche de $0^m,05$ à $0^m,06$ de gravier et de charbon de bois. Ces rigoles reçoivent les claies de verre sur lesquelles sont disposés les œufs à faire éclore. Toutes les auges sont recouvertes d'un grillage pour mettre les alevins à l'abri des attaques des Musaraignes aquatiques. M. Rivoiron conserve les alevins dans ces auges jusqu'à l'âge de sept mois. Un deuxième laboratoire permet de mettre à la fois 180,000 œufs en incubation.

L'établissement est complété par une série de bassins alimentés par les eaux de source.

Les Truites adultes sont nourries avec de la viande de cheval. Quant aux alevins, j'ai rappelé précédemment [1] que M. Rivoiron avait le premier indiqué une méthode pour se procurer une grande quantité de daphnies. Enfin, j'ai eu également occasion de rappeler les beaux succès obtenus par M. Rivoiron dans le repeuplement des lacs situés à des altitudes élevées.

1. Voir p. 224.

Établissement de la Buisse (Isère).

Cet établissement est certainement un des plus anciens qui existent en France. Il a été, en effet, créé en 1849 par M. le comte de Galbert.

La Buisse est située au pied des contreforts de la Grande-Chartreuse, dans un des angles nord de la vallée inférieure du Grésivaudan. L'établissement est alimenté d'eau par des sources d'une abondance et d'une fraîcheur extrême (4° C.). Ces eaux pénètrent dans la propriété de M. de Galbert après avoir fait tourner les ailes d'un moulin et s'être ainsi chargées d'oxygène[1].

En dehors de ces eaux il y a encore un grand nombre de sources qui sourdent au fond des pièces d'eau.

Les bassins ne gèlent jamais; leur profondeur varie de $0^m,50$ à $1^m,80$. Un seul a 4 mètres de profondeur; c'est le vivier d'approvisionnement et de réserve pour les fécondations[2].

Les eaux donnent naissance, au printemps, à une grande quantité d'herbes aquatiques dans lesquelles vivent en abondance des hydrophiles, des infusoires, des crustacés, des mollusques, etc. A la Buisse, on s'est toujours servi d'un vieil appareil en zinc pour contenir œufs et alevins; les petits trous des boîtes ne laissent passer aucun insecte et la circulation de l'eau y est très suffisante. Ces boîtes reçoivent les eaux et sont placées sur un lit de gravier. L'eau arrive à une température constante de 9° C.

Établissement de Thonon (Haute-Savoie).

L'établissement de Thonon appartient à l'État. Mais malheureusement il est tout à fait incomplet. Il se compose

---

1. A l'époque des Romains, un établissement hydrothérapique existait à la Buisse; on y trouve encore des ruines nombreuses, des piscines, etc.

2. De Galbert, *Établissement de pisciculture de la Buisse (Isère)* (*Bull. S. C. d'Aquic.*, t. V, p. 143).

essentiellement d'une grande salle dans laquelle sont installées
des rigoles pour l'incubation des œufs. Les appareils sont alimentés par une eau excellente dont la température est, en hiver,
de 8° C., et cette température ne s'élève pas au-dessus de
12 degrés pendant les jours de grande chaleur[1]. Les œufs
arrivent facilement à éclosion. Mais on ne peut, dans cet établissement, conserver ni reproducteurs ni alevins. On est obligé
d'acheter à haut prix les œufs fécondés et de se borner à les
faire éclore. Il serait à la fois bien utile et bien facile de compléter cet établissement, qui est situé sur les bords du lac
Léman et entouré de terrains propriétés de l'État, où pourraient être creusés des bassins d'alevinage.

Actuellement, ne disposant d'aucun bassin pour conserver
les jeunes poissons, l'établissement de Thonon est obligé de les
expédier presque immédiatement après leur naissance dans les
diverses localités de la Haute-Savoie.

L'établissement a, d'ailleurs, des ressources bien faibles.
Son budget est réduit à 1,000 francs. Il est possible avec cette
subvention de faire éclore quelques œufs, mais c'est absolument
insuffisant pour le bon fonctionnement d'un établissement de
l'État destiné à fournir *gratuitement* des alevins à tout un département[2].

Établissement de Gremaz (Ain).

L'établissement de Gremaz est situé dans le département
de l'Ain, près de la frontière suisse, à proximité de Genève.
Il est connu surtout par la facilité avec laquelle des crustacés
de petite taille, Daphnies, Gammarus, etc., semblent se multiplier dans ses bassins. Je me suis déjà occupé de cette question

1. Brocchi, *Rapport sur la pisciculture en Savoie* (*Bull. du Minis., de l'Agr.*, 1893, p. 389).
2. Peut-être serait-il possible d'appliquer à cet établissement les subventions que l'on accordait à celui de Bouzey, si tragiquement disparu.

en parlant de l'alimentation des alevins. Je ne veux donc pas y revenir ici. Je me contenterai de répéter que plusieurs personnes, parmi lesquelles je citerai M. Raveret-Wattel, M. le docteur Le Play, M. d'Halloy et moi-même, ont pu constater l'abondance de la nourriture naturelle dans les bassins de Gremaz.

L'établissement comprend : 1° 66 bassins ayant chacun 32 mètres de longueur sur 1^m,10 de largeur, et 7 autres bassins ayant 44 mètres de longueur sur 4 mètres de largeur. Tous ces bassins sont alimentés par une eau de source ayant constamment une température de 8° à 9° C. Jusqu'à présent, l'établissement a fourni surtout des alevins, mais peu de poissons comestibles. Comme je l'ai rappelé déjà, l'École pratique de pisciculture de Gremaz a été abandonnée.

A ces divers établissements il convient d'ajouter tous ceux qui ont été installés par les soins du Ministère de l'agriculture dans diverses écoles ou fermes-écoles.

Tels sont ceux des écoles pratiques de Merchines (Meuse), de Saint-Remy (Haute-Saône), de Saint-Bon (Haute-Marne) [1], d'Écully (Rhône), du Paraclet (Somme), des fermes-écoles de Laroche (Doubs), des Plaines (Corrèze), de la Villeneuve (Creuse), de Chavaignac (Haute-Vienne), de la Pilletière (Sarthe), école d'irrigation du Lézardeau (Finistère).

La plupart de ces établissements ont été établis à peu de frais et sur une petite échelle, mais ils n'en rendent pas moins de sérieux services. Non seulement, en effet, ils fournissent aux cours d'eau une certaine quantité d'alevins, mais encore — et c'est peut-être là leur plus grande utilité — ils mettent les élèves de ces écoles à même de s'occuper plus tard pratiquement de ces intéressantes questions.

Je n'ai eu ni la prétention ni la possibilité d'énumérer ici tous les établissements de pisciculture existant sur notre territoire. Je pense que cette énumération est suffisante pour montrer

1. Voir p. 260.

que la France n'est pas aussi en arrière qu'on veut bien le dire des autres nations au point de vue de la pisciculture.

L'élan est maintenant donné, et les propriétaires d'étangs surtout commencent à comprendre quelle était leur erreur de laisser à l'abandon des propriétés qui, avec peu de soin, peuvent devenir si productives. C'est là, d'ailleurs, suivant moi, qu'est le véritable avenir de la pisciculture. Ce sont les eaux closes (étangs ou lacs) dont la *culture* doit surtout attirer notre attention. Ici la réussite est certaine. La surveillance est plus facile à établir, les méthodes à employer absolument fixées.

Est-ce à dire qu'il faut négliger l'entretien et le repeuplement de nos cours d'eau? Je suis bien loin de le penser, et ici il convient de distinguer entre les rivières dont la pêche appartient aux riverains et les grands cours d'eau appartenant à l'État.

Les petites rivières peuvent être améliorées au point de vue de la production en poisson sans trop grandes difficultés. Soins donnés aux frayères, repeuplement au besoin à l'aide d'alevins déposés près des sources, ce sont là des méthodes sûres, à condition cependant, et toujours, de surveiller les eaux ensemencées. Mais ici les propriétaires peuvent s'entendre, former des sortes de syndicats qui se chargeront de payer les gardes nécessaires pour une surveillance sérieuse. De plus, ces syndicats peuvent *louer le droit de pêche* et les fermiers se chargeront de la surveillance.

Quant aux cours d'eau appartenant à l'État, il ne faut pas se dissimuler que les difficultés sont ici beaucoup plus nombreuses et beaucoup plus difficiles à surmonter. Avec cet engouement pour les choses venant de l'étranger, engouement dont, paraît-il, rien ne peut nous corriger, on nous cite souvent les résultats obtenus dans le repeuplement de certains cours d'eau d'Amérique. Il est facile de comprendre cependant que nous ne *pouvons* pas réussir de la même manière, parce que les conditions ne sont pas les mêmes. On a réussi à l'étranger à repeupler des cours d'eau à rives presque inhabitées. Mais dans notre France à population si agglomérée on ne peut songer à agir de même.

La loi a beau exister, comme nous l'avons vu, certains cours d'eau sont irrévocablement perdus pour la pisciculture. Il faut bien, quoi qu'on en ait, fermer les yeux sur la perte de quelques poissons, quand on voit que cette perte est compensée par le développement d'industries importantes.

Dans les grands fleuves, les grandes rivières, on peut certainement agir. Nous avons vu les moyens à préconiser (échelles, établissement de frayères, etc.). Mais tous ces moyens resteront impuissants si on ne poursuit pas les braconniers et autres délinquants. L'Administration ne peut, il faut bien le dire, agir aussi énergiquement qu'elle le voudrait, sans doute. Certaines considérations d'un ordre tout à fait extra-scientifique ne peuvent être complètement négligées... Je n'ai pas besoin d'insister.

Il est cependant un moyen de répression d'application plus facile, parce que cette application est pour ainsi dire indirecte. Que l'on agisse sur les *marchés* en saisissant les poissons mis en vente en temps prohibé. Si les marchands voient que leur commerce devient trop difficile, ils ne feront plus d'achat et les braconniers diminueront, s'ils ne cessent complètement, leurs pêches clandestines. Il en est malheureusement pour les poissons comme pour le gibier. On fulmine contre les braconniers, et, poussés par la gourmandise, on leur achète le produit de leur coupable industrie.

CHAPITRE VII

De l'Écrevisse.

REPEUPLEMENT DES COURS D'EAU EN ÉCREVISSES.
MALADIE DES ÉCREVISSES.

———

Parmi les animaux qui vivent dans nos eaux douces à côté des poissons, et dont l'homme peut tirer parti, le plus important est certainement l'Écrevisse. On sait que l'Écrevisse est un crustacé appartenant au groupe des *Décapodes,* c'est-à-dire ayant cinq paires de pattes ambulatoires, la première de ces pattes étant transformée en pinces qui servent à l'Écrevisse d'armes offensives et défensives. L'animal est trop bien connu pour que je m'arrête à en donner une description détaillée. Je me contenterai de rappeler que le corps est légèrement comprimé latéralement, qu'il y a deux paires d'antennes, antennes internes et antennes externes, ces dernières surmontées d'un long fouet. La tête se termine par un rostre aigu, et le dernier anneau thoracique est mobile (fig. 120).

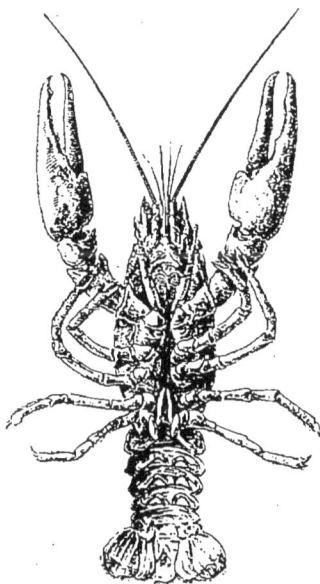

Fig. 120. — Écrevisse mâle.

Il y a en France deux variétés d'Écrevisses. L'une est désignée ordinairement sous le nom d'*Écrevisse à pattes rouges* (*Astacus fluviatilis*) ; l'autre, sous le nom d'*Écrevisse à pattes blanches* (*Astacus pallipes* ou *fontinalis*). Les caractères distinctifs de ces deux espèces ne sont pas, à vrai dire, d'une bien grande importance. En dehors de la couleur des pattes, on peut remarquer que chez l'Écrevisse à pattes rouges il y a deux tubercules se suivant de chaque côté de la base du rostre, tandis que chez l'autre espèce on ne voit qu'un seul tubercule de chaque côté. Mais c'est principalement par leur genre de vie que ces deux crustacés se distinguent. L'Écrevisse à pattes blanches vit surtout dans les ruisseaux à eaux froides ; elle ne prend jamais de bien grandes proportions. L'Écrevisse à pattes rouges se plaît dans les eaux profondes et relativement chaudes ; c'est elle d'ailleurs qui de beaucoup est la plus estimée et la plus recherchée, non seulement à cause de ses dimensions plus considérables, mais aussi parce que sa chair est plus délicate.

Fig. 121.
Pièces buccales
du côté droit
chez
l'écrevisse.

Les Écrevisses ont une bouche bien développée, placée à la partie inférieure de la tête. Cette bouche est armée de mâchoires et de pattes-mâchoires (fig. 121), qui lui servent à triturer et à maintenir les aliments. Ces derniers subissent pour ainsi dire une seconde mastication dans l'*estomac* de l'animal ; cet estomac, en effet, présente à son intérieur des denticulations calcaires mues par des muscles spéciaux qui leur permettent de se rapprocher ou de s'écarter les unes des autres ; ce sont donc des sortes de mâchoires stomacales. De cet estomac part un intestin qui se dirige directement vers la partie postérieure du corps où se trouve l'ouverture anale.

L'Écrevisse a un cœur formé d'une seule cavité, mais présentant à sa surface une série de boutonnières qui permettent au sang de pénétrer à l'intérieur du cœur, mais qui ne laissent pas ce liquide refluer au dehors au moment de la contraction du cœur. Cet organe est enveloppé d'une mem-brane dite *péricarde*. J'ai montré, il y a long-temps déjà[1], que ce péricarde, qui peut se contracter grâce à la présence de fibres muscu-laires striées, joue ici le rôle d'oreillette. Le sang, en effet, qui est amené des branchies, vient se déverser non pas à l'intérieur du cœur, mais bien dans cette poche péricardique qui, en se contractant, fait pénétrer le liquide sanguin, par les boutonnières, dans le cœur proprement dit ou ventricule. Du cœur, le sang pénètre dans divers vaisseaux, puis ensuite baigne

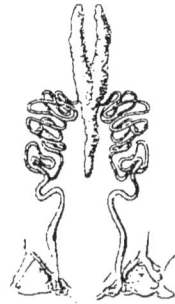

Fig. 122.
Appareil mâle.

directement les organes internes (circulation lacunaire). Ce sang vient ensuite dans des sinus placés au-dessous des branchies, est repris par des petits vaisseaux qui le conduisent à ces organes respiratoires, et, après s'être chargé d'oxygène, il se dirige vers la cavité péricardique, comme je l'ai déjà dit.

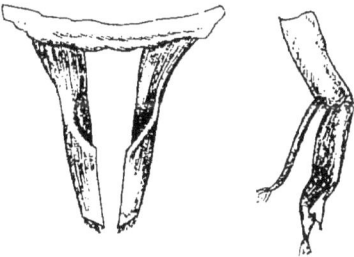

Fig. 123 et 124. — Les deux premières paires de fausses pattes chez le mâle.

Mais ce sont surtout les or-ganes reproducteurs qui doivent fixer notre attention. Les sexes sont séparés ; *l'appareil mâle* (fig. 122) se compose d'une paire de testicules formés de longs tubes blancs, enroulés et se continuant avec un canal dé-férent qui vient aboutir à la *base de la cinquième paire de pattes*. Deux paires de fausses pattes, modifiées dans leur forme, peuvent être considérées comme des organes annexes de l'appareil reproducteur (fig. 123, 124).

1. Brocchi, *Recherches sur les organes génitaux mâles des crustacés décapodes*, p. 8. Thèse pour le doctorat ès sciences. Paris, 1875.

L'*appareil femelle* comprend deux ovaires (fig. 125); chacun d'eux se continue par un oviducte qui vient aboutir à la *base de la troisième paire de pattes*. Au moment de la reproduction, la liqueur fécondante est versée sur la partie terminale de l'abdomen et sur le plastron sternal de la femelle. On ne conçoit pas bien d'ailleurs comment les œufs sont fécondés dans ces conditions. A cette époque, en effet, ces œufs se trouvent encore dans l'ovaire et aucune parcelle de sperme ne pénètre dans l'oviducte. Les œufs ne sont pondus qu'environ vingt-cinq jours après l'approche du mâle.

Fig. 125.
Appareil femelle.

Il faut remarquer cependant que le sperme est contenu dans des sortes de tubes à enveloppes amorphes et désignés sous le nom de *spermatophores*. Ces petits tubes blancs restent fixés sur le plastron sternal de la femelle[1]. Il faut admettre que la liqueur fécondante conserve ses propriétés jusqu'au moment de la ponte.

Quoi qu'il en soit, après ce rapprochement des sexes qui a lieu vers la fin d'octobre, la femelle cherche un abri. Pour cela, se rapprochant des berges du ruisseau, de la rivière ou de l'étang dans lequel elle se trouve, elle se creuse un trou ayant juste ses dimensions. Voici comment elle procède : elle détache d'abord quelques parcelles de terre à l'aide de ses pattes ambulatoires et arrive ainsi à creuser une petite cavité ayant 0^m,01 ou 0^m,02 de profondeur. Ceci fait, elle introduit les lamelles de sa nageoire caudale dans la cavité et lui imprime un mouvement de rotation; elle finit ainsi par pénétrer complètement dans la terre en prenant ses pinces comme appui. Elle se trouve alors à l'abri de tout danger, car sa cachette ne présente qu'une ouverture défendue par les robustes pinces du crustacé.

Quant aux mâles, ils continuent à errer après l'accouplement; mais quand vient l'hiver, ils se réfugient dans des trous,

1. Ils ont été pris à diverses reprises pour des *vers* par des observateurs d'un pays voisin.

se plaçant en assez grand nombre les uns auprès des autres. Revenons aux femelles. Quand arrive le moment de la ponte, la femelle sort de son trou, et alors commence la sortie des œufs qui viennent se fixer aux fausses pattes, sous l'abdomen de l'animal, et cela grâce à une matière visqueuse secrétée par des glandes spéciales. Pendant la ponte, l'Écrevisse prend une posture assez singulière; elle se dresse la tête en bas (fig. 126) et replie sa queue sous elle; la durée de cette ponte est de trois à quatre jours. Au moment de leur évacuation, les œufs sont d'un noir vineux; la mère les agite souvent pour faire pénétrer

Fig. 126. — Écrevisse femelle
au moment de la ponte.

l'eau dans toute la masse; ceux qui n'ont pas été fécondés ne tardent pas à se décomposer et sont détachés par les pattes de l'Écrevisse. L'évolution est d'ailleurs fort lente, ce n'est guère que vers le 15 mai, c'est-à-dire six mois après la ponte, que se produit l'éclosion.

Pendant tout le temps que la femelle porte ses œufs, quand elle est *grainée,* elle reste dans son trou et ne sort que pour chercher sa nourriture.

Il est rare de voir éclore plus de cent œufs sur les deux cent cinquante environ qui ont été pondus. Les Crevettes d'eau douce, les Annélides, diverses larves d'insectes aquatiques en dévorent une certaine quantité. M. Carbonnier avait essayé autrefois d'enlever les œufs à la femelle et de les mettre en lieu sûr pour les faire éclore. Ces tentatives étaient restées infructueuses. On pourrait les reprendre, et réussir peut-être, en employant un appareil analogue à celui à l'aide duquel M. Dannevig a réussi en Norvège à faire éclore des œufs de Homard.

19

Les œufs qui, comme nous l'avons vu, étaient de couleur noirâtre au moment de la ponte, commencent, vers le mois d'avril, à devenir rougeâtres, semi-transparents, et au moment de l'éclosion, ils sont d'un rouge groseille.

L'Écrevisse nouvellement née est d'un blanc grisâtre; elle a environ 0^m,01 et demi de longueur. Ces petits crustacés sont d'ailleurs très agiles, mais pendant les premiers jours de leur existence s'éloignent peu de leur mère, à laquelle ils ressemblent tout à fait. Il n'y a donc pas ici de métamorphoses, comme chez beaucoup d'autres crustacés.

Mues. — L'Écrevisse est soumise à une série de mues. D'après M. Koltz, l'animal subirait cinq à huit mues pendant la première année, cinq pendant la deuxième, deux durant le troisième été et une les années suivantes[1].

Peu de jours avant la mue, la carapace se détache du dôme et devient alors très fragile. Quand l'enveloppe externe est ainsi détachée, l'Écrevisse exécute une série de mouvements, de contractions pour arriver à la briser. L'endroit où se produit la première fente se trouve à la partie supérieure du thorax. Une fois débarrassée, l'Écrevisse reste inactive pendant une demi-heure environ, les membres s'étirent, se gonflent beaucoup, l'animal est alors complètement mou. La mue de l'Écrevisse se produit vers le 15 juin.

On voit donc que ces animaux, enfermés pendant toute l'année dans une sorte d'armure rigide, ne peuvent, pour ainsi dire, grandir *qu'une seule fois* pendant cette année. Ce fait explique la lenteur de leur croissance.

M. Carbonnier[2] avait donné les chiffres suivants :

Les Écrevisses pèsent :

A un mois.	0^g15
A un an	1 50
A deux ans.	4 »

1. Koltz, *l'Écrevisse de rivière.* Louvain, 1892.
2. Carbonnier, *l'Écrevisse.* Paris, 1869, p. 73.

A trois ans.	10^g »
A quatre ans.	16 »
A cinq ans.	22 »
A six ans.	25 »
A sept ans.	30 »
A huit ans.	36 »
A neuf ans.	43 »
A dix ans	50 »
A quinze ans.	75 »
A vingt ans	100 à 120.

Or pour qu'une écrevisse soit marchande, il faut qu'elle pèse 45 à 55 grammes; elle aurait donc de *neuf à dix ans*.

D'après M. Balloteau, les dimensions des jeunes Écrevisses seraient les suivantes :

Au moment de la naissance.	0^m,004
A un an.	0 020 à 0^m,025
A deux ans	0 035 à 0 040
A trois ans	0 055 à 0 060
A quatre ans	0 075 à 0 085
A cinq ans.	0 090 à 0 100

M. Koltz donne des chiffres un peu différents, suivant lui :

A un an, la taille serait de	0^m,05 à 0^m,06
A deux ans —	0 08 à 0 09
A trois ans —	0 10 à 0 12
A cinq ans —	0 15

REPEUPLEMENT DES COURS D'EAU EN ÉCREVISSES

L'Écrevisse à pattes rouges doit avoir à sa disposition une profondeur d'eau de 1^m,50 à 2 mètres, et les eaux doivent renfermer une certaine quantité de carbonate de chaux, substance qui entre dans la composition de la carapace de l'animal. Aussi, à l'époque de la mue, on trouve dans l'estomac de ce crustacé des concrétions calcaires, discoïdes, blanchâtres. Ces concrétions, employées autrefois en médecine sous le nom d'*Yeux d'écrevisses*, sont formées de carbonate de chaux.

Il ne me semble pas qu'il y ait d'inconvénients sérieux à élever des Écrevisses dans les étangs. On les a accusées de détériorer les berges, mais il est facile de parer à cet inconvénient. Quand on veut élever des écrevisses dans un étang, il est utile de leur préparer des habitations. On peut installer de petits îlots factices placés dans des endroits ombragés. Voici comment on doit procéder. On commence par enfoncer dans le sol une série de pieux séparés et disposés circulairement. Au centre, on jette des racines garnies de leur chevelu, des souches, des pierres, en un mot toutes espèces de matériaux laissant entre eux des intervalles, des trous, qui serviront de refuge aux crustacés. On recouvre le tout de plaques de gazon. Au milieu de ces îlots est ménagé un trou où l'on pourra facilement pêcher les Écrevisses et que l'on recouvrira d'une planche.

Quand on veut placer des Écrevisses dans un cours d'eau, l'âge de ces animaux n'est pas indifférent. Il faut, autant que possible, se procurer des Écrevisses de cinq à sept ans, c'est-à-dire pesant 25 à 30 grammes. Quand on se sert de trop grosses Écrevisses, elles s'échappent le plus souvent si les eaux ne sont pas bien closes. Les femelles sont moins vagabondes que les mâles, surtout lorsqu'elles sont *grainées*.

La saison la plus favorable pour introduire les Écrevisses dans un cours d'eau est le printemps, du 15 mars au 15 avril. On profite ainsi de l'éclosion des œufs, et les écrevisses cherchent immédiatement un abri. On admet que l'on doit mettre quarante mâles pour soixante femelles, cependant on met souvent autant de mâles que de femelles. Mais des observations faites à l'établissement de Starnberg (Bavière) sembleraient montrer que cette dernière manière d'agir est inutile et même dangereuse. Voici, en effet, ce que rapporte M. Glath[1] : « Dans un

---

1. Glath, *de l'Élevage de l'Écrevisse en bassin.* (*Bull. S. c. d'Aquic.*, t. VI, p. 95.)

étang fermé, alimenté par de l'eau de source et n'ayant jamais
contenu d'Écrevisses furent placés, le 28 septembre 1892,
120 écrevisses mâles et 300 femelles. De cette date jusqu'au
5 mars 1893, époque de la mise à sec de l'étang, on constata
une mortalité de 18 mâles et de 26 femelles. Sur les femelles
survivantes, 258 étaient pourvues d'œufs fécondés; 11, quoique
fécondées, n'avaient pas pondu; 5 seulement restèrent non
fécondées.

« En conséquence, 102 mâles avaient fécondé 269 femelles.
Ce fait démontre qu'une Écrevisse mâle peut féconder plusieurs
femelles, et qu'il n'est pas nécessaire, dans la pratique, de placer
autant de mâles que de femelles. »

Quant au danger que ferait courir aux femelles la présence
d'un excès de mâles, il est démontré par l'observation suivante.
Dans un étang, on supprima avec soin toute espèce de refuge,
l'on disposa pour servir de logement commun aux Écrevisses
quelques bouts de tuyau en terre cuite, d'environ 0m,15 de diamètre sur 0m,60 de long, qui restèrent ouverts aux deux extrémités. L'étang, qui n'avait jamais été peuplé d'Écrevisses et qui
était facile à surveiller, reçut, le 28 septembre 1892, 165 femelles
et 165 mâles. Les mâles étaient généralement plus grands et
plus forts que les femelles. Chaque jour la nourriture, consistant
en morceaux de poissons, était distribuée abondamment, et les
Écrevisses mangèrent pendant tout l'hiver. Pendant la durée de
l'essai, il mourut 8 femelles et 11 mâles qu'on prit soin d'enlever.
Lors de la mise à sec de l'étang, le 6 mars 1893, on retrouva
en tout 44 femelles et 150 mâles. Donc 113 femelles avaient été
dévorées par les mâles, malgré la nourriture abondante qui avait
été donnée[1].

Il ne faut pas jeter brusquement les Écrevisses dans l'eau
quand elles sont restées un certain temps hors de leur élément
naturel. En effet, il pénètre alors sous la carapace une certaine

1. Gluth, *loc. cit.*, p. 96.

quantité d'air et ce gaz s'accumulant à la partie supérieure de la cavité branchiale, il peut survenir des accidents, si on immerge brusquement les animaux qui se trouvent dans ces conditions. On déposera donc les Écrevisses sur des claies flottantes, et on les recouvrira de quelques branches si le soleil brille ; les crustacés entrent peu à peu dans l'eau et finissent par disparaître. Enfin, il est bon de ne faire ces repeuplements que le plus *discrètement* possible, de peur que les braconniers du voisinage ne s'emparent rapidement des Écrevisses mises à l'eau.

Alimentation des Écrevisses. — Lorsque l'on veut conserver les Écrevisses en réservoir, il faut pourvoir à leur nourriture. Ces crustacés sont d'ailleurs à peu près omnivores ; à défaut de viande, ils mangent des végétaux, et les marchands des halles les nourrissent souvent avec des carottes ; mais il est préférable de leur donner de la viande, et de la viande fraîche, car c'est une erreur de penser que les crustacés ont une préférence pour la viande en décomposition. Dans les conditions ordinaires, les Écrevisses mangent des mollusques, des vers, des larves d'insectes, quelques petits poissons, etc.

Élevage artificiel de l'Écrevisse. — Étant donnée la lenteur avec laquelle grandit l'Écrevisse, son élevage présente quelques difficultés, cependant on s'en occupe dans les pays du Nord.

M. Koltz nous apprend[1] que dans le Mecklembourg on se procure de la manière suivante les jeunes Écrevisses destinées au peuplement des eaux. Une large cuvette en bois, à ouverture supérieure plus étroite que le fond, est, jusqu'aux trois quarts inférieurs de sa hauteur, garnie sur sa périphérie intérieure de rangées superposées de tuyaux de drainage ramenés à la longueur d'une Écrevisse. Au printemps, on place dans ce récipient autant de femelles *grainées* qu'il s'y trouve de drains. Ces femelles prennent possession de ces abris artificiels où elles se tiennent immobiles pendant le jour ; la nuit, elles vont prendre

1. Koltz, *Traité de pisciculture*, 1883.

la nourriture déposée sur le fond de l'appareil qui est alimenté par un filet d'eau continu. Quand les œufs sont éclos, on retire les mères, et les jeunes sont conservés dans le bassin.

Ce système, imaginé par M. Brussow en 1876[1], ne semble pas donner des résultats bien remarquables. Comme le fait remarquer M. Koltz, « un récipient destiné à la culture de l'Écrevisse ne sera parfait que pour autant qu'il n'entravera pas son habitant dans sa manière de vivre et dans ses moyens de défense ; or les appareils en terre cuite pèchent contre ce principe[2] ».

On tend à adopter les bassins mis en usage en Suède ; ces bassins sont munis d'un double fond à claire-voie permettant le passage aux jeunes, les mettant à l'abri des attaques des adultes et où ils se rendent pour prendre leur nourriture. Ce fond s'établit avec des tuiles plates reposant sur un réseau de lattes. On laisse un interstice de $0^m,15$ entre les tuiles pour le passage des jeunes.

Je ne puis passer sous silence l'établissement créé, en 1864, par M. de Selve, sur les conseils et avec l'aide de M. Carbonnier. Cet établissement était situé à Villiers, près de la Ferté-Alais, sur la rivière d'Essonne. J'ai donné ailleurs[3] des renseignements précis sur cette tentative remarquable, je n'y reviendrai pas ici ; mais je tiens à remarquer que ces essais avaient, quoi qu'on en dise parfois, parfaitement réussi. L'exploitation était dans un état florissant au moment où éclata la guerre de 1870. A la suite de nos revers, l'établissement fut occupé par l'ennemi, et les Allemands détruisirent avec soin tous les canaux, brisèrent les barrages, etc.

Après la guerre, M. de Selve recula devant la nécessité de recommencer un travail qui avait coûté tant de soins et aussi une somme d'argent considérable.

1. Carbonnier avait préconisé l'usage des drains.
2. Koltz, *l'Écrevisse de rivière*, p. 12.
3. Brocchi, *Traité de zoologie agricole*, p. 710.

MALADIES DES ÉCREVISSES.

Les Écrevisses de notre pays ont, pendant ces dernières années, péri en nombre immense, par suite d'une maladie qui malheureusement n'est pas encore bien connue, au moins quant à ses causes. Les États voisins ont d'ailleurs été éprouvés de la même façon, et cette épidémie a fait périr une grande partie des Écrevisses qui vivaient en Allemagne. Il semble établi que c'est en 1878 que cette maladie fit son apparition en Alsace. Ce furent d'abord les crustacés de l'Ill qui se montrèrent atteints, et le mal s'étendit rapidement dans le duché de Baden, puis dans le Wurtemberg, la Bavière, la Prusse et l'Autriche.

Sur le territoire français, l'épidémie progressa de même; en 1881, tout le bassin de la Seine était envahi, et, depuis, le mal s'est étendu jusqu'à nos frontières méridionales.

J'ai résumé et discuté ailleurs les diverses causes auxquelles on a attribué cette épidémie[1]; il serait oiseux d'y revenir ici. Je rappellerai seulement que M. le docteur Harz avait cru trouver la cause du mal dans la présence d'un distome parasite enkysté dans les muscles des Écrevisses[2]; d'autres observateurs accusèrent des annélides (*Branchiobdelles*), que l'on trouve souvent fixées sur les branchies du crustacé. M. Leuckart enfin a pensé que la mortalité était due au développement d'un cryptogame parasite de la famille des Saprolegniées.

Toutes les causes invoquées jusqu'à présent ne me semblent pas expliquer les faits observés. En ce qui concerne, par exemple, les Saprolegniées, il ne faut pas oublier que presque tous les corps organiques que la vie a cessé d'animer et qui se trouvent dans l'eau se couvrent rapidement de ces végétaux. Ici l'effet pourrait avoir été pris pour la cause. D'ailleurs on a vu

1. Brocchi, *Zoologie agricole*, p. 71 et suivantes.
2. Harz, *Die sogennante Krebspest, etc.* Wien, 1880.

souvent les Écrevisses périr d'une manière presque subite et par grandes masses à la fois. Or les parasites animaux ou végétaux ne sauraient produire de semblables phénomènes.

Quant aux autres causes invoquées, l'influence des eaux empoisonnées, l'introduction de grandes quantités d'anguilles, etc., elles peuvent avoir une petite influence, mais ne sauraient expliquer l'extension et l'intensité de l'épidémie.

A l'heure actuelle, il est donc bien difficile encore de se prononcer. Cependant, il importe d'attirer l'attention sur le fait suivant : *La maladie s'étend toujours en allant d'aval en amont; elle est arrêtée par les barrages, mais continue sa route si ces obstacles disparaissent.*

Ce fait a été remarqué tant en France qu'à l'étranger; ainsi M. Linroth rapporte que le fleuve Klar-elsen, qui communique avec le grand lac Wenern, était autrefois très riche en belles Écrevisses. Au-dessous du lac se trouve une chute d'eau et le fleuve se jette dans la mer quelques milles plus loin. On pouvait pêcher dans cette partie diverses espèces de poissons et particulièrement des anguilles qui venaient de la mer, arrivaient jusqu'à la chute, mais là se trouvaient arrêtées par cet obstacle. Depuis un canal a été construit, les poissons ont pu remonter et les Écrevisses ont disparu du lac et de la partie supérieure du fleuve. En France, des observations analogues ont été faites et m'ont été transmises par M. Foëx dans l'Yonne, par M. Tanviray dans le Loir-et-Cher, etc. Ces phénomènes et d'autres du même ordre porteraient à établir une relation entre l'épidémie et la présence de certains poissons qui seraient le véhicule du mal, mais encore une fois rien de précis ne nous est connu.

Dans ces dernières années on a fait quelques tentatives pour remplacer dans nos eaux l'Écrevisse ordinaire par un autre crustacé provenant de Russie (*Leptodactylus*); on a également essayé d'introduire dans les eaux d'Europe un crustacé d'origine américaine (G. Gambarus), mais, jusqu'à présent, les résultats obtenus ne sont pas encourageants. A la vérité, on voit, en

Suisse, par exemple, les grosses Écrevisses (Leptodactylus) russes souvent mises en vente, mais elles ont été prises dans leur pays d'origine.

En dehors de l'Écrevisse, les autres animaux aquatiques qui habitent notre pays n'ont, au point de vue de l'alimentation, qu'une importance secondaire. Dans quelques régions cependant, les Grenouilles sont l'objet d'un commerce de quelque importance, mais elles ne sont pas *cultivées*.

CHAPITRE VIII

Législation en France.

La pêche fluviale est réglée en France :

1° Par la loi du 15 avril 1829 ;
2° Le décret du 29 août 1862 ;
3° La loi du 31 mai 1865 ;
4° Le décret du 2 décembre 1865 ;
5° Le décret du 10 août 1875 ;
6° Le décret du 26 décembre 1889.

J'examinerai successivement ces diverses lois et leurs applications, en prenant pour guide l'excellent petit livre publié par M. Martin [1].

Loi du 15 avril 1829.

TITRE PREMIER. — DROIT DE PÊCHE

L'article premier dit que :
Le droit de pêche sera exercé au profit de l'État :
a) *Dans tous les fleuves, rivières, canaux et contre-fossés navigables et flottables avec bateaux, trains ou radeaux, et dont l'entretien est à la charge de l'État ou de ses ayants cause ;*

1. Martin, *Code nouveau de la pêche fluviale*, 6ᵉ édit., 1882.

b) Dans les bras, noues, boires et fossés qui tirent leurs eaux des fleuves et rivières navigables et flottables, dans lesquels on peut en tout temps passer ou pénétrer librement en bateau de pêcheur, et dont l'entretien est également à la charge de l'État.

Sont toutefois exceptés les canaux et fossés existant ou qui seraient creusés dans des propriétés particulières et entretenus aux frais des propriétaires.

ART. 2. — *Dans toutes les rivières et canaux autres que ceux qui sont désignés dans l'article précédent, les propriétaires riverains auront, chacun de son côté, le droit de pêche jusqu'au milieu du cours d'eau, sans préjudice des droits contraire sétablis par possession ou titre.*

Il résulte de cet article que l'État n'a pas le droit d'affermer la pêche dans les huit départements suivants, qui n'ont que des rivières flottables à bûches perdues : Cantal, Corse, Gers, Lozère, Orne, Pyrénées-Orientales, Haute-Vienne et Var.

L'article 3 s'occupe des moyens de déterminer les parties des fleuves où le droit de pêche doit être réservé par l'État, et l'article 4, dit que les contestations s'élevant entre l'État et les adjudicataires des pêches seront portées devant les tribunaux.

L'article 5 est ainsi conçu :

Tout individu qui se livrera à la pêche sur les fleuves et rivières navigables, flottables, canaux, ruisseaux ou cours d'eau quelconques sans la permission de celui à qui le droit de pêche appartient, sera condamné à une amende de vingt francs au moins, et de cent francs au plus, indépendamment des dommages et intérêts. Il y aura lieu en outre à la restitution du prix du poisson qui aura été pêché en délit, et la confiscation des filets et engins de pêche pourra être prononcée.

Néanmoins, il est permis à tout individu de pêcher à la ligne flottante dans les fleuves, rivières et canaux désignés dans les deux premiers paragraphes de l'article premier, le temps de frai excepté.

Titre II. — Administration et régie de la pêche

Les articles 6 et 7 indiquent les conditions que doivent remplir les gardes-pêche. L'article **8** dit que ces gardes pourront être déclarés responsables des délits commis... quand ils n'auront pas dûment constaté les délits.

L'article 9 a été abrogé.

Titre III. — Adjudication des cantonnements de pêche

Les articles 10 à 23 indiquent les formalités à remplir pour cette adjudication.

Titre IV. — Conservation et police de la pêche

ART. 24. — *Il est interdit de placer dans les rivières navigables ou flottables, canaux ou ruisseaux, aucun barrage, appareil ou établissement quelconque de pêcherie ayant pour objet d'empêcher entièrement le passage du poisson.*

Les délinquants seront condamnés à une amende de cinquante francs à cinq cents francs et en outre aux dommages et intérêts, et les appareils ou établissements de pêche seront saisis et détruits.

ART. 25. — *Quiconque aura jeté dans les eaux des drogues ou appâts qui sont de nature à enivrer le poisson ou à le détruire, sera puni d'une amende de trente francs à trois cents francs, et d'un emprisonnement d'un mois à trois mois.*

Cet article 25 a une grande importance au point de vue de la conservation du poisson. Il convient donc d'y insister. On doit remarquer, par exemple, qu'une cour d'appel a déclaré que « la dynamite est une substance qui, en faisant explosion, répand des vapeurs vénéneuses, qu'elle agit par conséquent sur le poisson non seulement comme agent explosif, mais encore comme poison, et produit au plus haut degré d'intensité l'effet visé par l'article 25, c'est-à-dire la destruction du poisson. (Cour de Nimes, 23 novembre 1876.)

Il faut noter aussi que la Cour d'appel de Douai avait décidé (1858), que l'article 25 n'a pour objet que de réformer un mode de pêche prohibé, et qu'il ne peut par exemple être appliqué à l'industriel qui a fait couler dans un cours d'eau les résidus liquides provenant de son usine, dans le cas même où ces liquides auraient amené la destruction ou l'enivrement du poisson.

Mais *cette solution n'a pas prévalu,* et la Cour de cassation a jugé que la loi du 15 avril 1859 n'a pas eu pour but unique de réglementer la police de la pêche dans les fleuves et rivières navigables ou flottables, ruisseaux et cours d'eau quelconques, mais qu'elle a voulu aussi et *principalement* remédier au dépeuplement des rivières et assurer la conservation et la régénération du poisson. (Cour de cassation, 27 janvier 1859.)

Il faut seulement que l'auteur du déversement ait connu les propriétés nuisibles du liquide déversé.

L'article 26 dit que les ordonnances royales détermineront les temps, saisons, etc., pendant lesquels la pêche sera interdite, les procédés et modes de pêche prohibés, les dimensions des filets, les espèces de poissons avec lesquelles il sera défendu d'appâter.

L'article 27 dit :

Quiconque se livrera à la pêche pendant les saisons, temps et heures prohibés par les ordonnances, sera puni d'une amende de deux cents à trois cents francs.

ART. 28. — *Une amende de trente francs à cent francs sera prononcée contre ceux qui feront usage en quelque temps et en quelque fleuve, rivière, canal ou ruisseau que ce soit, de l'un des procédés ou modes de pêche prohibés par les ordonnances.*

Si le délit a lieu pendant le temps de frai, l'amende sera de soixante à deux cents francs.

Je passe rapidement sur l'article 29, qui s'occupe de la

pénalité prononcée contre ceux qui se servent pour une autre pêche de filets permis seulement pour du poisson de petite espèce, mais je crois important de signaler d'une façon particulière l'article 30, qui est ainsi conçu :

ART. 30. — *Quiconque pêchera, colportera ou débitera des poissons qui n'auront pas les dimensions déterminées par les ordonnances, sera puni d'une amende de vingt francs à cinquante francs et de la confiscation desdits poissons. Sont néanmoins exceptés de cette disposition les ventes de poissons provenant des étangs ou réservoirs. Sont considérés comme étangs ou réservoirs les fossés ou canaux appartenant à des particuliers, dès que leurs eaux cessent naturellement de communiquer avec les rivières.*

Il est bon de remarquer que c'est à l'individu qui est surpris, colportant ou vendant des poissons à fournir la preuve que ces poissons proviennent d'étangs ou réservoirs particuliers. (Cour de cassation, 1883.)

Les articles suivants sont également intéressants à connaître :

ART. 31. — *La même peine sera prononcée contre les pêcheurs qui appâteront leurs hameçons, filets ou autres engins avec des poissons des espèces prohibées, qui sont désignées par les ordonnances.*

ART. 32. — *Les fermiers de pêche et porteurs de licences, leurs associés, compagnons et gens à gage, ne pourront faire usage d'aucun filet ou moyen quelconque, qu'après qu'il aura été plombé ou marqué par les agents de l'administration de la police des pêches.....*

ART. 33. — *Les contremaîtres, les employés du balisage et les mariniers qui fréquentent les fleuves, rivières et canaux, navigables ou flottables, ne pourront avoir dans leurs bateaux ou équipages, aucun filet ou engin de pêche, même non prohibé, sous peine d'une amende de cinquante francs et la confiscation des filets. A cet effet, ils seront tenus de souffrir la visite sur leurs bateaux des agents chargés de la police de la pêche aux lieux où ils aborderont.*

L'article 34 s'occupe de la visite, qui peut être exigée, des boutiques à poissons, et l'article 35 dit que les fermiers ne pourront user que du chemin de halage sur les fleuves, rivières et canaux navigables, et du marchepied sur les rivières et canaux flottables.

TITRE V. — POURSUITE ET RÉPARATION DES DÉLITS

ART. 36. — *Le gouvernement exerce la surveillance et la police de la pêche dans l'intérêt général. En conséquence, les agents spéciaux par lui institués à cet effet, ainsi que les gardes champêtres, éclusiers des canaux et autres officiers de police judiciaire, sont tenus de constater les délits qui sont spécifiés au titre IV de la présente loi, en quelque lieu qu'ils soient commis, et lesdits agents spéciaux exerceront, conjointement avec les officiers du ministère public, toutes les poursuites et actions en réparation de ces délits.*

Les mêmes agents et gardes de l'administration, les gardes champêtres, les éclusiers, les officiers de police judiciaire, pourront également constater le délit spécifié en l'article 5, et ils transmettront leurs procès-verbaux au procureur du roi.

Cet article 36, après les gardes-pêche spéciaux, les gardes champêtres et les éclusiers des canaux, nomme, d'une manière générale, les autres officiers de police judiciaire.

Les Cours de Montpellier, etc., ont décidé que la *gendarmerie* a incontestablement qualité pour dresser procès-verbaux des délits de pêche.

Parmi les fonctionnaires et agents qui ont qualité pour constater les délits de pêche par procès-verbaux, faisant foi en justice, il faut citer, en dehors du préfet, du procureur de la République et des substituts, le maire et ses adjoints, dans toute l'étendue du territoire de chaque commune, les juges de paix dans leur circonscription cantonale, les commissaires de police et les agents forestiers.

Nous verrons aussi que la loi de 1865 renferme une disposition qui charge les agents des douanes, ainsi que les employés des contributions directes et des octrois, de rechercher et de constater les infractions concernant la pêche, la vente, l'achat, le colportage, le transport et l'importation des poissons.

Les articles 37 à 69 traitent des devoirs et droits des gardes-pêche, des formalités des procès-verbaux, etc.

TITRE VI. — PEINES ET CONDAMNATIONS

ART. 69. — *Dans le cas de récidive, la peine sera toujours doublée. Il y a récidive lorsque, dans les douze mois précédents, il a été rendu contre le délinquant un premier jugement en matière de pêche.*

ART. 70. — *Les peines seront également doublées lorsque les délits auront été commis la nuit.*

Les articles suivants, 71 à 84 et dernier, n'ayant pas une grande importance au point de vue spécial auquel nous nous plaçons ici, j'examinerai immédiatement le

Décret du 29 avril 1862.

Le décret du 29 avril 1862 a eu pour but de confier la surveillance de la pêche à l'administration des ponts et chaussées.

Voici, en effet, le texte de l'article premier.

La surveillance, la police et l'exploitation de la pêche dans les fleuves, rivières, canaux navigables et flottables, non compris dans les limites de la pêche maritime, ainsi que la surveillance et la police dans les canaux, rivières, ruisseaux et cours d'eau quelconques non navigables ni flottables, sont placées dans les attributions de notre ministre secrétaire d'État de l'agriculture, du commerce et des travaux publics, et confiées à l'administration des ponts et chaussées.

L'administration des ponts et chaussées était déjà chargée (décret de 1810) de la surveillance et de la mise en ferme de la pêche dans les canaux. Cette attribution comprenait la mise en ferme de la pêche dans les rivières canalisées et dans toutes celles qui ont été rendues navigables aux moyens d'ouvrages d'art.

Voyons maintenant la

Loi du 31 mai 1865.

ARTICLE PREMIER. — *Des décrets rendus en Conseil d'État après des avis des conseils généraux détermineront :*

1° Les parties des fleuves, rivières, canaux et cours d'eau réservées pour la reproduction et dans lesquelles la pêche des diverses espèces de poissons sera absolument interdite pendant l'année entière ;

2° Les parties des fleuves, rivières, canaux et cours d'eau dans lesquelles il pourra être établi, après enquête, un passage, appelé échelle destiné à la libre circulation du poisson.

ART. 2. — *L'interdiction de la pêche pendant l'année entière ne pourra être prononcée pour une période de plus de cinq ans. Cette interdiction pourra être renouvelée.*

ART. 3. — *Les indemnités auxquelles auront droit les propriétaires riverains qui seraient privés du droit de pêche par application de l'article précédent seront réglées par le conseil de préfecture après expertise conformément à la loi du 16 septembre 1807.*

Les indemnités auxquelles pourra donner lieu l'établissement d'échelles dans les barrages existants seront réglées dans les mêmes formes.

ART. 4. — *A partir du 1er janvier 1866, des décrets rendus sur la proposition des ministres de la marine et de l'agriculture, du commerce et des travaux publics, règleront d'une manière uni-*

forme pour la pêche fluviale et la pêche maritime dans les fleuves,
rivières, canaux affluents à la mer :

1° *Les époques pendant lesquelles la pêche des diverses*
espèces de poissons devra être interdite ;

2° *Les dimensions au-dessous desquelles certaines espèces ne*
pourront être pêchées.

ART. 5. — *Dans chaque département, il est interdit de*
mettre en vente, de colporter, d'exporter et d'importer les diverses
espèces de poissons pendant le temps où la pêche est interdite en
exécution de l'article 26 de la loi du 15 avril 1829.

Cette disposition n'est pas applicable aux poissons provenant
des étangs ou réservoirs définis en l'article 30 de la loi précitée.

D'après une circulaire du directeur général des douanes
(8 janvier 1868), l'exception relative aux poissons provenant
des étangs comprend les poissons d'étangs importés de l'étranger,
sous la condition qu'on justifiera de leur origine au moyen de
certificats émanant des autorités du lieu de l'extraction.

Une décision du ministre des travaux publics (19 octobre 1879) dit que, en ce qui concerne le *saumon,* on ne consi-
dérera comme poisson de réservoirs que ceux dont la longueur,
mesurée de l'œil à la naissance de la queue, n'excède pas 0^m,25.

M. Petit [1] dit qu'une autre exception a été constatée en
ces termes : « Il n'est pas besoin de dire que l'ensemble des
dispositions de la loi de 1865 ne s'applique qu'aux poissons
frais et que l'importation, l'exportation et la vente du poisson
fumé ou salé reste libre en toute saison. » (Circulaire du ministre
des travaux publics, 12 août 1865.) Cette faculté ne saurait en
effet, dit le rapporteur de la commission du Corps législatif,
porter atteinte aux garanties qu'il s'agit d'établir, car les conserves ne sont pas préparées dans notre pays.

Une décision du ministre des travaux publics (12 juillet 1880) autorise l'importation du poisson conservé par la con-

1. Petit, *loc. cit.,* p. 204.

gélation comme celle du poisson fumé, notamment l'importation
des salmonides venant du Canada, à condition que « l'industrie des fabricants de conserves importateurs sera certifiée par
des autorités locales, dont les certificats seront visés par les
agents consulaires les plus proches, et que chaque poisson con-
gelé introduit en France sera muni d'une ficelle passée à travers la bouche et l'ouïe, et dont les extrémités seront réunies au
moyen d'un petit plomb portant l'empreinte et la marque de
fabrique.

ART. 6. — *L'administration pourra donner l'autorisation
de prendre et de transporter, pendant le temps de la prohibition,
le poisson destiné à la reproduction.*

Usant du pouvoir qui lui est donné par cet article, le Pré-
sident de la République a édicté la disposition suivante (décret du 15 juillet 1879) :

« Le ministre des travaux publics peut, dans un but de
repeuplement, autoriser les agents de l'administration des ponts
et chaussées à pêcher et à transporter en tout temps la montée
des anguilles en se servant d'engins prohibés par les décrets des
20 août 1875 et 18 mai 1878. »

ART. 7. — *L'infraction aux dispositions de l'article 1er et
du premier paragraphe de l'article 5 de la présente loi [1] sera
punie des peines portées par l'article 27 de la loi du 15 avril 1829 [2],
et, en outre, le poisson sera saisi et vendu sans délai, dans les
formes prescrites par l'article 42 de ladite loi.*

*L'amende sera double et les délinquants pourront être con-
damnés à un emprisonnement de dix jours à un mois :*

*1° Dans les cas prévus par les articles 69, 70 de la loi
de 1829 [3];*

*2° Lorsqu'il sera constaté que le poisson a été enivré et em-
poisonné;*

---

1. Réserves, mise en vente et colportage.
2. Trente à deux cents francs d'amende.
3. Récidive, délits commis la nuit.

3° *Lorsque le transport aura lieu par bateaux, voitures ou bêtes de somme.*

La recherche du poisson pourra être faite en temps prohibé à domicile chez les aubergistes, chez les marchands de denrées comestibles, et dans les lieux ouverts au public.

ART. 8. — *Les dispositions relatives à la pêche et au transport des poissons s'appliquent au frai du poisson et à l'alevin.*

Mais une exception a été faite (art. 6) dans l'intérêt de la pisciculture.

L'article 9 abroge l'article 32 de la loi de 1829 en ce qui concerne la marque et le plombage des filets. Il dit que des décrets détermineront le mode de vérification de ces engins.

ART. 10. — *Les infractions concernant la pêche, la vente, l'achat, le transport, le colportage, l'exportation et l'importation du poisson seront recherchées et constatées par les agents des douanes, les employés des contributions indirectes et des octrois, ainsi que par les autres agents autorisés par la loi du 15 avril 1829 et par le décret du 9 janvier 1852.*

Des décrets détermineront la gratification qui sera accordée aux rédacteurs des procès-verbaux ayant pour objet de constater les délits. Cette gratification sera prélevée sur le produit des amendes.

Les articles 11 et 12 ayant pour nous peu d'importance, examinons tout de suite le

Décret du 26 août 1865.

Ce décret est relatif à la vérification des filets.

ARTICLE PREMIER. — *La vérification de la dimension des mailles des filets et de l'espacement des verges des nasses autorisées pour la pêche de chaque espèce de poisson s'effectuera au moyen d'un instrument quadrangulaire, portant à la surface des traits accompagnés de chiffres indiquant les longueurs des côtés des mailles correspondantes à chaque espèce. Cet instrument sera fourni par l'administration et poinçonné par elle. Un exemplaire en sera déposé au greffe de chaque tribunal civil.*

Art. 2. — *Pour opérer la vérification, l'instrument sera introduit successivement dans plusieurs mailles prises au hasard.*

Décret du 2 décembre 1865.

Ce décret s'occupe des gratifications accordées aux agents.

Article premier. — *La gratification accordée aux agents qui auront constaté les délits en matière de pêche est fixée au tiers de l'amende prononcée contre les délinquants et recouvrée, sans pouvoir toutefois excéder, pour chaque condamnation, la somme de cinquante francs.*

Une circulaire du ministre des travaux publics, en date du 5 février 1866, énumère les agents ayant droit à cette gratification : 1° les brigadiers et gardes-pêche spéciaux ; 2° les agents de tout ordre des ponts et chaussées spécialement commissionnés pour la surveillance de la pêche, c'est-à-dire les conducteurs et agents secondaires, les cantonniers de route et de navigation, les éclusiers, gardes-rivière et de canaux, et autres agents inférieurs de la navigation ; 3° les gardes champêtres et les gendarmes (sous-officiers et simples soldats) ; 4° les agents des douanes et employés des contributions indirectes et des octrois.

Les gardes forestiers ont été oubliés dans cette circulaire, mais ils ont droit à toucher la gratification.

M. Petit dit qu'à son avis si le gouvernement use du droit de grâce au profit d'un condamné et lui fait remise de l'amende, il ne peut comprendre dans cette remise la partie de l'amende attribuée au rédacteur du procès-verbal, car ce serait disposer de ce qui ne lui appartient pas et méconnaître la règle que la grâce n'est accordée que sous la réserve des droits acquis à des tiers.

Cette manière de voir résulte d'ailleurs d'une circulaire du directeur général des forêts (1862) sur les transactions en matière de délits de chasse. M. Dalloz.[1] partage aussi cet avis ainsi que M. Legoux[2].

Mais un avis contraire a été émis par le comité des travaux publics au Conseil d'État (17 mars 1840).

Il y aurait intérêt à ce que cette question fût tranchée d'une façon définitive, car elle a une grande importance au point de vue de la surveillance des cours d'eau[3].

Décret du 10 août 1875.

Ce décret porte règlement général de la pêche fluviale.

ARTICLE PREMIER. — (Modifié suivant le décret du 18 mai 1878. — Modifié de nouveau par le décret du 26 décembre 1889).

Les époques pendant lesquelles la pêche est interdite en vue de partager la reproduction du poisson sont fixées comme il suit :

1° Du 20 octobre au 31 janvier, est interdite la pêche du saumon, de la truite et de l'ombre-chevalier[4] ;

2° Du 15 novembre au 31 décembre, est interdite la pêche de tous les autres poissons et de l'écrevisse.

Les interdictions prononcées dans les paragraphes précédents s'appliquent à tous les procédés de pêche, même à la pêche à la ligne flottante tenue à la main.

Un décret du 2 avril 1880 ajoute à cet article la disposition suivante : *Pendant la période d'interdiction de chaque pêche, il est interdit de laisser voguer les oies, les canards, cygnes et autres animaux aquatiques susceptibles de détruire le frai du poisson sur les canaux et cours d'eau dans l'étendue des réserves affectées à la reproduction.*

Le frai de la même espèce de poisson pouvant, comme nous

---

1. Dalloz, *Recueil périodique,* 1888, 3ᵉ part., p. 19, note 2.
2. Legoux, *Du droit de grâce,* p. 73.
3. Une circulaire récente a donné gain de cause aux auteurs des procès-verbaux.
4. Il faut dire en réalité l'*omble-chevalier.* L'*ombre* est un salmonide frayant au printemps.

l'avons vu, varier avec la température, la situation des cours
d'eau, et de plus la plupart des espèces de poissons vivant dans
nos eaux douces frayant *au printemps*, l'article suivant nous
paraît très utile.

ART. 2. — *Les préfets peuvent, par des arrêtés rendus
après avoir pris l'avis des conseils généraux, soit pour tout le
département, soit pour certains cours d'eau déterminés ;*

*1° Interdire complètement la pêche de toutes les espèces de
poissons pendant l'une ou l'autre période, lorsque cette interdiction est nécessaire pour protéger les espèces prédominantes ;*

*2° Augmenter, pour certains poissons désignés, la durée
desdites périodes sous la condition que les périodes ainsi désignées
comprennent la totalité de l'intervalle de temps fixé par l'article
premier ;*

*3° Excepter de la deuxième période la pêche de l'alose, de
l'anguille et de la lamproie ainsi que des autres poissons vivant
alternativement dans les eaux douces et les eaux salées ;*

*4° Fixer une période d'interdiction pour la pêche de la gre-
nouille.*

Les articles 3, 4, 5, s'occupent du règlement du transport et de la vente des poissons.

ART. 6. — (Modifié par décret du 18 mai 1878). *La pêche
n'est permise que depuis le lever jusqu'au coucher du soleil.*

*Toutefois, la pêche de l'anguille, de la lamproie et de l'écre-
visse peut être autorisée après le coucher et avant le lever du
soleil, dans des cours d'eau désignés et aux heures fixées par
des arrêtés préfectoraux rendus après avis des conseils généraux.
Ces arrêtés déterminent, pour l'anguille, la lamproie et l'écrevisse,
la nature et les dimensions des engins dont l'emploi est autorisé.*

*La pêche du saumon et de l'alose peut être autorisée par des
arrêtés préfectoraux rendus après avis des conseils généraux,
pendant deux heures au plus après le coucher du soleil et deux
heures au plus avant son lever, dans certains emplacements des
fleuves et rivières navigables spécialement désignés.*

Art. 7. — *Le séjour dans l'eau des filets et engins ayant les dimensions réglementaires est permis à toute heure, sous la condition qu'ils ne peuvent être placés et relevés que depuis le lever jusqu'au coucher du soleil.*

Art. 8. — *Les dimensions au-dessous desquelles les poissons et écrevisses ne peuvent être pêchés, même à la ligne flottante, et doivent être immédiatement rejetés à l'eau, sont déterminées comme il suit pour les diverses espèces.* (Article modifié par le décret du 26 décembre 1889.)

1° *Les saumons et anguilles,* 0^m,25 *de longueur ;*

2° *Les truites, ombres-chevaliers, ombres communs, carpes, brochets, barbeaux, brêmes, meuniers, muges, aloses, perches, gardons, tanches, lotes, lamproies et lavarets,* 0^m,14 ;

3° *Les soles, plies, flets,* 0^m,10 ;

4° *Les écrevisses à pattes rouges,* 0^m,08 ; *à pattes blanches,* 0^m,06.

La longueur des poissons ci-dessus mentionnés est mesurée de l'œil à la naissance de la queue ; celle de l'écrevisse de l'œil à l'extrémité de la queue déployée.

L'article 9 s'occupe de la dimension des mailles des filets et de l'espacement des verges des nasses et autres engins employés à la pêche. Les dimensions fixées sont les suivantes :

1° *Pour les saumons,* 40 *millimètres au moins ;*

2° *Pour les grandes espèces autres que le saumon et pour l'écrevisse,* 27 *millimètres au moins ;*

3° *Pour les petites espèces telles que goujons, loches, vérons, ablettes et autres,* 10 *millimètres.*

Les mesures des mailles et l'espacement des verges sont pris avec une tolérance d'un dixième.

Il est interdit d'employer simultanément à la pêche des filets et engins de catégories différentes.

Une circulaire du ministre des travaux publics (1er février 1868) dit que « pour les petites espèces, goujons, etc., le gouvernement a adopté les mailles de 10 millimètres en vue principalement de donner satisfaction à l'industrie assez considérable de la fabrication des perles artificielles qui emploie les écailles d'ablettes.

L'article 10 dit que les préfets peuvent, après avis des conseils généraux, réduire les dimensions des mailles; mais ces engins modifiés doivent être employés seulement dans des endroits déterminés aussi par arrêtés préfectoraux.

Art. 11. — *Les filets fixes ou mobiles et les engins de toute nature ne peuvent excéder en longueur ou en largeur les deux tiers de la largeur mouillée du cours d'eau dans les emplacements où on les emploie. Plusieurs filets ou engins ne peuvent être employés simultanément sur la même rive ou sur deux rives opposées qu'à une distance au moins triple de leur développement. Lorsqu'un ou plusieurs des engins employés sont en partie fixes et en partie mobiles, les distances entre les parties fixées à demeure sur la même rive ou sur les rives opposées doivent être au moins triples du développement total des parties fixes et mobiles mesurées bout à bout.*

Les pêcheurs se croyaient autorisés à tendre leurs filets dans la partie la plus profonde des cours d'eau ; en agissant ainsi, ils interceptaient toute la partie poissonneuse du cours d'eau. Mais une circulaire du ministre des travaux publics (juin 1878) a donné le moyen de s'opposer à cette manière de faire. « Les pêcheries fixes aussi bien que les pêcheries mobiles, dit la circulaire, ne peuvent être tolérées dans un fleuve ou dans une rivière navigable que lorsqu'elles ne portent pas obstacle à la navigation en interceptant le chenal. Les objections tirées des abus qu'entraîne l'application de l'article 2 peuvent donc être levées par la simple application des règlements de la grande voirie. »

Art. 12. — *Les filets fixes employés à la pêche seront soulevés par le milieu pendant trente-six heures de chaque semaine, du samedi à six heures du soir au lundi à six heures du matin, sur une longueur équivalente au dixième de leur développement*

*et de manière à laisser entre le fond et la valingue inférieure un
espace libre de 0ᵐ,50 au moins en hauteur.*

Art. 13. — (D'après le décret de 1878.) *Sont prohibés
tous les filets traînants, à l'exception du petit épervier jeté à la
main et manœuvré par un seul homme.*

*Sont réputés traînants tous filets coulés à fond au moyen de
poids et promenés sous l'impulsion d'une force quelconque. Est
pareillement prohibé l'emploi des lacets et collets.*

*Toutefois, des arrêtés préfectoraux, rendus après avis des
conseils généraux, peuvent autoriser à titre exceptionnel l'emploi
de certains filets traînants à mailles de 40 millimètres au moins,
pour la pêche d'espèces spécifiées dans les parties profondes des
lacs, des réservoirs, des canaux, fleuves et rivières navigables.
Ils indiquent aussi les noms locaux des filets autorisés et les heures
auxquelles la manœuvre est permise.*

La jurisprudence s'est montrée indécise dans le cas où il
s'agit de pêche à la *senne*. Il résulte, en effet, d'arrêts rendus
par la cour de Bordeaux (29 juin 1871) et par celle de Dijon
(17 novembre 1869) que le pêcheur à la senne, n'est passible
d'un procès-verbal que s'il se sert de ce filet en le faisant
traîner sur le fond de la rivière, ce qui doit être formellement
constaté, parce que la rivière pourrait avoir assez de profondeur
pour permettre au filet de flotter.

M. Petit fait justement remarquer que ces arrêts, rendus
sous l'empire du règlement général du 25 janvier 1868, impo-
saient aux agents une vérification parfois difficile. D'après le
nouveau règlement, le filet est déclaré traînant, s'il est coulé à
fond au moyen de poids et promené sous l'action d'une force
quelconque[1].

Art. 14. — *Il est interdit d'établir dans les cours d'eau
des appareils ayant pour objet de rassembler des poissons dans
les noues, boires, fossés ou mares, d'où il ne pourrait plus sortir*

---

1. Petit, *loc. cit.*, p. 259.

ou de le contraindre à passer par une issue garnie de pièges.

ART. 15. — *Il est également interdit :*

1° D'accoler aux écluses, barrages, chutes naturelles, per-tuis, vannages, coursiers d'usines et échelles à poissons, des nasses, paniers et filets à demeure ;

2° De pêcher avec tout autre engin que la ligne flottante tenue à la main, dans l'intérieur des écluses, barrages, pertuis, vannages, coursiers d'usines et passages ou échelles à poissons, ainsi qu'à une distance moindre de 30 mètres en amont ou en aval de ces ouvrages ;

3° De pêcher à la main, de troubler l'eau et de fouiller au moyen de perches sous les racines ou autres retraites fréquentées par les poissons ;

4° De se servir d'armes à feu, de poudre de mine, de dyna-mite ou de toute autre substance explosive.

L'article 16 dit que les préfets, après avoir pris l'avis des conseils généraux, peuvent interdire, en outre, d'autres engins, procédés ou modes de pêche de nature à nuire au repeuple-ment des cours d'eau.

ART. 17. — *Il est interdit de pêcher dans les parties des rivières, canaux ou cours d'eau, dont le niveau sera acciden-tellement abaissé, soit pour y opérer des curages ou travaux quelconques, soit par suite de chômage des usines et de la navi-gation.*

L'article 18 dit que les préfets peuvent autoriser, dans des emplacements déterminés et à des époques qui ne coïncideront pas avec les périodes d'interdiction, des manœuvres d'eau et des pêches extraordinaires pour détruire certaines espèces dans le but d'en protéger d'autres plus précieuses.

ART. 19. — *Des arrêtés préfectoraux, rendus sur les avis des conseils de salubrité et des ingénieurs, déterminent :*

1° La durée du rouissage du lin et du chanvre dans les cours d'eau et les emplacements où cette opération peut être pratiquée avec le moins d'inconvénient pour les poissons ;

2° *Les mesures à observer pour l'évacuation dans les cours d'eau des matières ou résidus susceptibles de nuire au poisson et provenant des fabriques et établissements industriels quelconques.*

Le dernier paragraphe de cet article semblerait pouvoir atténuer l'article 25 de la loi de 1829. Cependant, le conseil général des ponts et chaussées a exprimé l'avis que « la difficulté d'établir, dans certains cas, le caractère de nocuité des résidus n'était pas une raison suffisante de s'abstenir en principe d'employer cette arme légale pour la conservation du poisson et qu'il convenait d'y recourir toutes les fois que cela paraîtrait pratique, en tenant d'ailleurs la main à l'observation des mesures préventives prescrites par les préfets en exécution des articles 15 et 19 du présent décret ». (Circulaire, 10 juin 1879.)

L'article 20 déclare que les arrêtés préfectoraux ne seront exécutoires qu'après l'approbation du ministre des travaux publics.

L'article 21 dit que les dispositions du présent décret ne sont applicables ni au lac Léman, ni à la Bidassoa, lesquels restent soumis aux lois et règlements qui les régissent spécialement.

Pour la Bidassoa, la pêche est régie et définie conformément aux prescriptions de l'article 22 du traité de délimitation entre la France et l'Espagne (2 décembre 1856), et par un règlement international.

Rien n'est encore fixé pour le lac Léman.

Les deux derniers articles abrogent le décret de 1868 et disent que le ministre des travaux publics est chargé de l'exécution du présent décret.

Décret du 31 décembre 1889.

En 1889, le ministre des travaux publics chargeait une commission spéciale d'étudier les modifications qui pourraient être apportées à la réglementation de la pêche du saumon.

Après une enquête approfondie, dont j'ai donné plus haut les résultats, la commission avait proposé d'interdire la pêche du saumon à partir du 15 septembre jusqu'au 31 décembre.

Le Conseil d'État émit l'avis de fixer au 10 janvier la date de l'ouverture de la pêche du saumon et au 1ᵉʳ octobre celle de la fermeture. En même temps, le Conseil d'État a demandé que la dimension au-dessous de laquelle le saumon ne peut être pêché fût de 0ᵐ,40.

En conséquence, l'article premier du décret du 10 août 1875 (d'après un décret du 18 mai 1878) a été modifié comme suit :

Les époques pendant lesquelles la pêche est interdite, en vue de protéger la reproduction du poisson, sont fixées comme il suit :

Du 30 septembre *exclusivement* jusqu'au 10 janvier *inclusivement* (au lieu du 20 octobre au 31 janvier), est interdite la pêche du saumon.

Du 20 octobre *exclusivement* au 10 janvier *inclusivement* est interdite la pêche de la truite et de l'ombre-chevalier.

Du 15 novembre *exclusivement* au 31 décembre *inclusivement* est interdite la pêche du lavaret.

Du 15 avril *exclusivement* au 15 juin *inclusivement* est interdite la pêche de tous les autres poissons et de l'écrevisse.

Les interdictions prononcées dans les paragraphes précédents s'appliquent à tous les procédés de pêche, même à la ligne flottante tenue à la main.

L'article 8 du décret d'août 1875 est modifié comme suit :

Les dimensions au-dessous desquelles les poissons et écrevisses ne peuvent être pêchés, même à la ligne flottante, et doivent être rejetés à l'eau sont déterminées comme il suit pour les diverses espèces :

1° Les saumons et anguilles, 40 centimètres de longueur. En ce qui concerne les saumons, la prescription s'applique indistinctement à tous les sujets de l'espèce n'ayant pas la dimension ci-dessus fixée, quels que soient d'ailleurs les différents noms dont on les désigne suivant les localités, : *Tacons, tocans, glezicks, glézys, guimoisons, cadets, orguels, castillons, reneys*, etc., etc.;

2° Les truites, ombres-chevaliers, ombres communs, carpes, brochets, barbeaux, brèmes, meuniers, muges, aloses, perches, gardons, tanches, lottes, lamproies et lavarets, 14 centimètres de longueur;

3° Les soles, plies, flets, 10 centimètres de longueur;

4° Les écrevisses à pattes rouges, 8 centimètres de longueur; celles à pattes blanches, 6 centimètres de longueur.

La longueur des poissons ci-dessus mentionnés est mesurée de l'œil à la naissance de la queue; celle de l'écrevisse de l'œil à l'extrémité de la queue déployée.

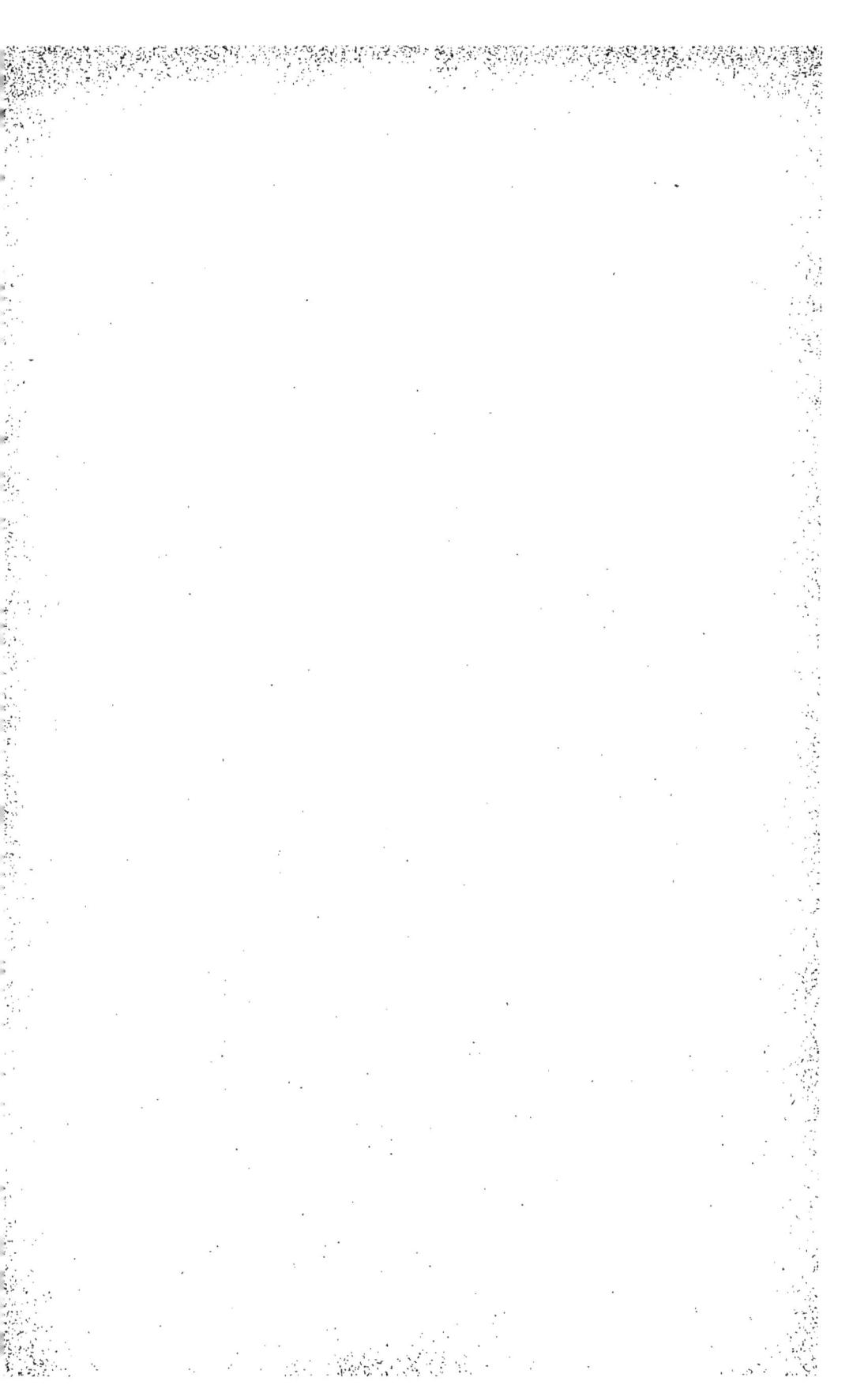

Représentation graphique des diverses époques de descente du Saumon en France

(Dépouillement de l'enquête ordonnée par décision ministérielle du 17 décembre 1888.)

N.° des Groupes	DÉTAIL PAR BASSIN		Espèces de Saumons	JUILLET	AOÛT	SEPTEMBRE	OCTOBRE	NOVEMBRE	DÉCEMBRE	JANVIER	FÉVRIER	MARS	AVRIL	MAI	JUIN
7.°		Meuse et Moselle													
6.°		Rivières du Pas de Calais													
5.°	SEINE	Somme													
		La Cure													
		Yonne													
		Eure													
		Seine Inférieure													
		Rivières Normandes													
4.°	RIVIÈRES DE BRETAGNE	Blavet										1		2	
		Aulne Scorff										1		2	
		Couesnon										1		2	
3.°	LOIRE et affluents	LOIRE	Embouchure												
			Paimbœuf à Nantes													
			Nantes à Briare													
			Briare à Bec d'Allier													
			Bec d'Allier à Digoin													
			Digoin à Roanne													
			Roanne à Aurec													
			Aurec à Issarlès													
			Allier													
			Alagnon													
			Dore													
		AFFLUENTS	Cher													
			Vienne													
			Creuse													
			Gartempe													
2.°	DORDOGNE	Départ de la Corrèze													
		Départ du Cantal													
		Départ du Lot													
		Départ de la Dordogne													
		Départ de la Gironde												1	
1.°	ADOUR	Départ des Landes												1	
		Départ des Basses-Pyrénées													
		Nive													

LÉGENDE

Époque ordinaire de la descente.

Période active.

Le graphique par les espèces de saumons.

Arrivée maxima à la descente.

RÉSUMÉ par Bassin.

1.er Groupe — Bassin de la Meuse et de la Moselle.
2.° d.° — Bassin du Pas de Calais et de la Somme.
3.° d.° — Bassin de la Seine.
4.° d.° — Rivières de Bretagne et Normandes.
5.° d.° — Bassin de la Loire.
6.° d.° — Bassin de la Dordogne.
7.° d.° — Bassin de l'Adour.

Dressé par l'ingénieur en chef soussigné
Vernon le 8 Avril 1889
Camère

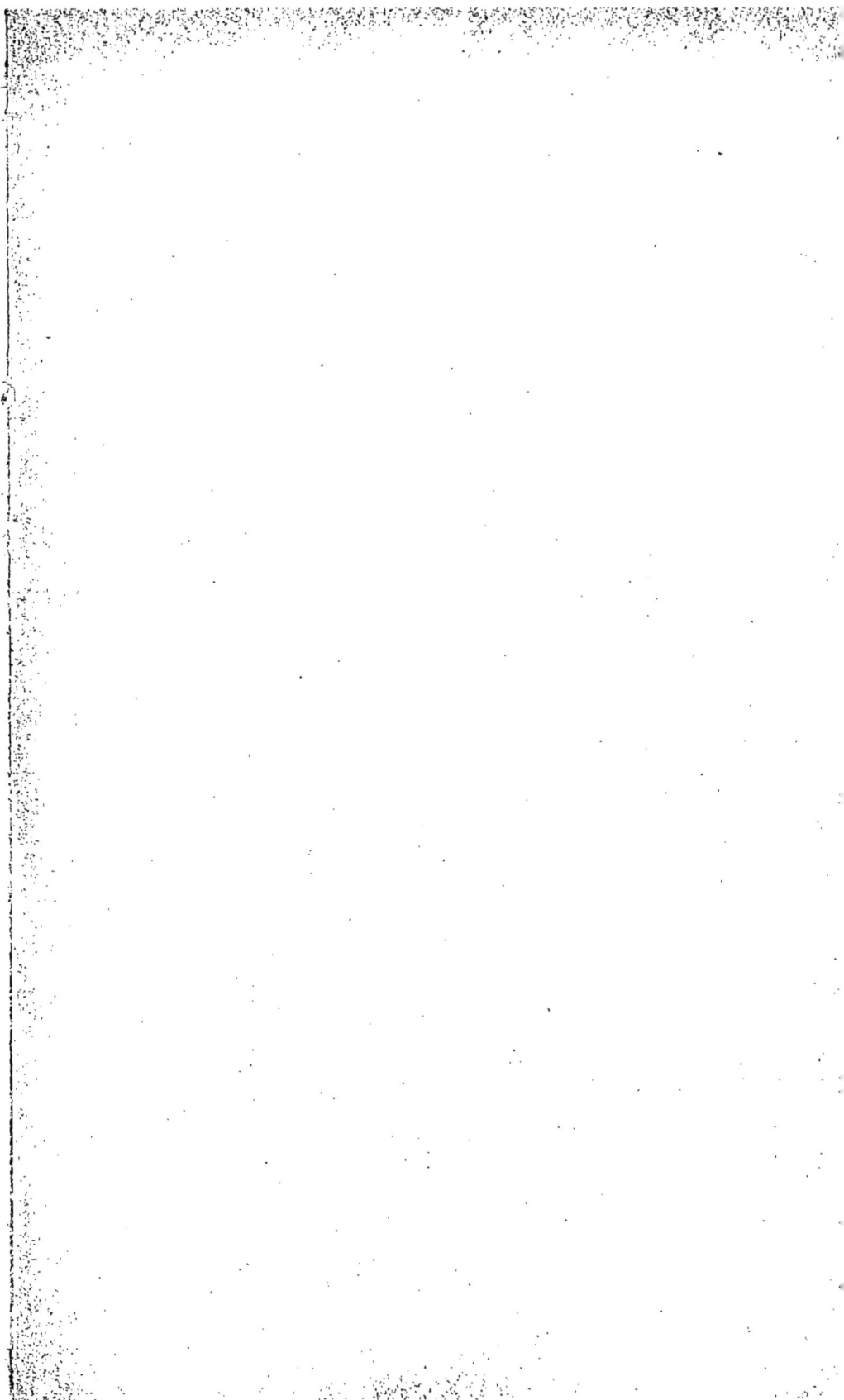

Représentation graphique des diverses époques de remonte du Saumon en France

(Dépouillement de l'enquête ordonnée par décision ministérielle du 27 décembre 1888.)

Dressé par l'ingénieur en chef soussigné
Vernon, le 8 Avril 1889
Camère

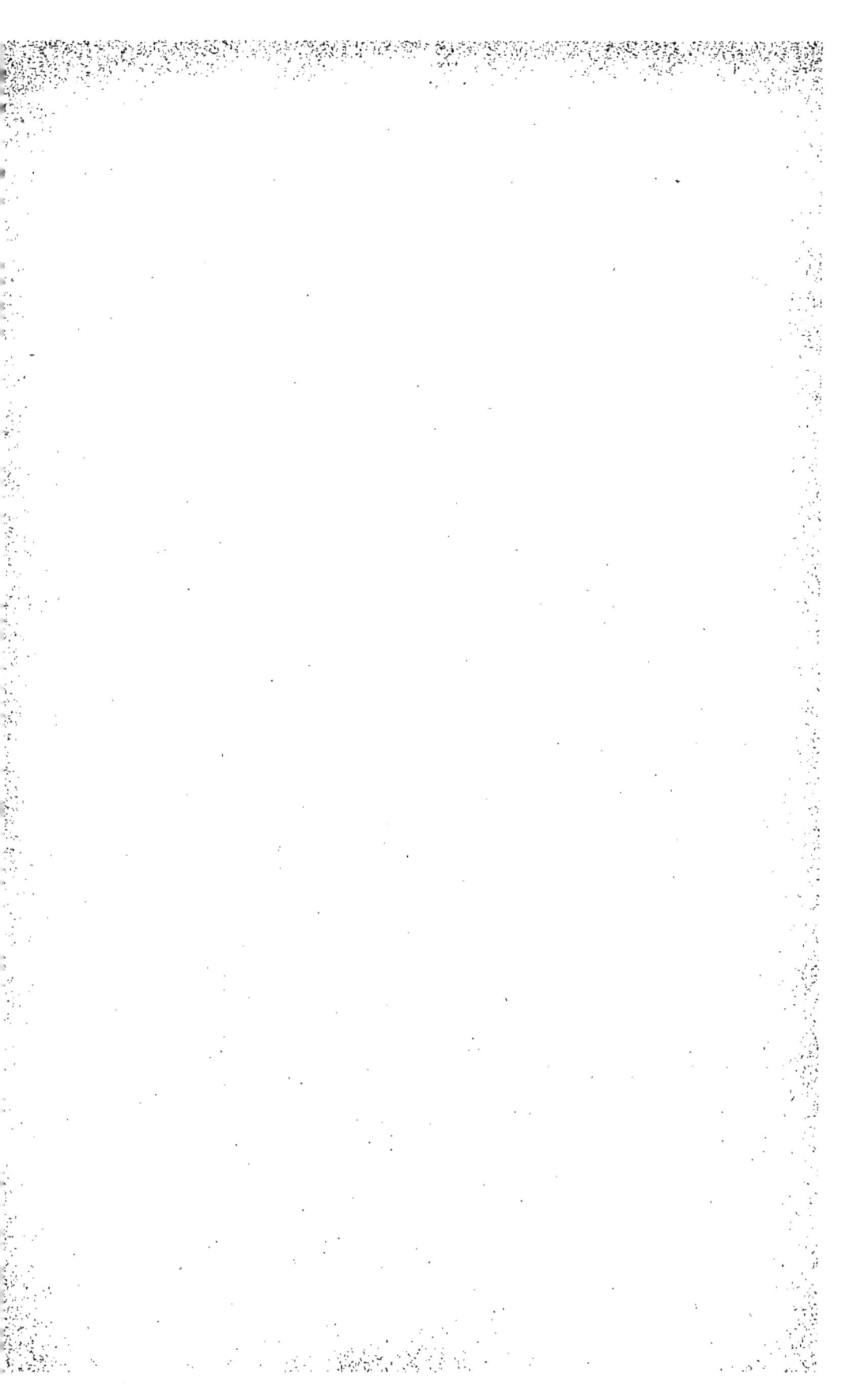

Représentation graphique des diverses époques de la fraie du Saumon en France

(Dépouillement de l'enquête ordonnée par décision ministérielle du 27 décembre 1868.)

N° des Groupes	DÉTAIL PAR BASSIN		Espèces de Saumons	JUILLET	AOÛT	SEPTEMBRE	OCTOBRE	NOVEMBRE	DÉCEMBRE	JANVIER	FÉVRIER	MARS	AVRIL	MAI	JUIN
7e		Meuse et Moselle											O		
6e		Rivières du Pas de Calais											O		
5e	SEINE	Somme													
		La Cure													
		Yonne													
		Eure									O				
		Seine Inférieure										O			
		Rivières Normandes						O							
4e	RIVIÈRES DE BRETAGNE	Blavet										O			
		Aulne Scorff										O			
		Couesnon										O			
		Dogain à Roanne										O			
3e	LOIRE et ses Affluents — LOIRE	Roanne à Aurec							O					
		Aurec à Issarlès											O		
	ALLIER	Départ de l'Ardèche									O			
		Départ de la Loire									O			
		Départ du Puy de Dôme	Réseau de Saumons ordinaires N° 1					1				O		2	
		Cher				O									
	VIENNE	Départ d'Indre-et-Loire	Saumons ordinaires N° 1 — Saumons d'hiver — Madeleineau	E	O						3	2		
		Départ de la Vienne			O						O			
		Creuse et affluente			O									
2e	DORDOGNE ET GARONNE	Départ de la Gironde					20 Octobre		31 Janvier					
		Départ de la Dordogne								O				
		Départ du Lot								O				
		Départ du Cantal								O				
		Départ de la Corrèze								O				
1er	ADOUR	Départ des Landes		O										
		Dép des Basses Pyrénées		O										

LÉGENDE

Période de la fraie: Ordinaire, Active, Douteuse

Ligne indicative des espèces de saumons

Alevins: Présence O — Présence à la descendance ⊙

RÉSUMÉ par Bassin:
1er Groupe Bassin de la Meuse et de la Moselle
2e d' — Bassin de la Seine et de ses affluents
3e d' — Rivières de la Bretagne
4e d' — Bassin de la Loire (Allier, Vienne)
5e d' — Bassin de la Loire
6e d' — Dordogne et Garonne
7e d' — Bassin de l'Adour

Résumé général pour la France

Dressé par l'ingénieur en chef soussigné
Vernon le 6 Avril 1883
Caméré

INDEX ALPHABÉTIQUE

Saumon, 58.
Savoie (Lacs de la), 133.
Schuster (Appareil), 227.
Sebago (Salmo), 144.
Seeth-Green (Boîtes de), 207.
Sermaize (Établissement de), 260.
Settons (Étang des), 72.
Silure glanis, 52.
Smolt, 60-62.
Squelette, 1.
Surmulot, 242.
Système Dubisch, 168.

T

Tacon, 58.
Tanches, 41, 129.
— (Ver des), 232.
Theix (Établissement de), 271.
Thones (Société de), 165.
Tiercelets, 130.
Tombereau, 90.
Toucher, 8.
Trimmers, 98,

Tritons, 248.
Truite, 67.
Truite de Baillon, 68.
— de mer, 68.
Truites (Étangs à), 94.

V

Vairon, 43.
Venin (Appareils à), 11.
Vertébrés, 4.
Vésicule ombilicale, 25.
— — (Hydropisie de la), 235.
Vue, 9.

W

Williamson (Appareil), 205.
Wrasky (Méthode), 185.

Y

Yearlings, 161.

TABLE DES MATIÈRES

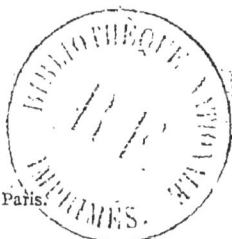

10735. — L.-Imp. réunies, 7, rue Saint-Benoît, Paris.

www.ingramcontent.com/pod-product-compliance
Lightning Source LLC
Chambersburg PA
CBHW060140200326

41518CB00008B/1093